"十三五"普通高等教育本科规划教材

机电设备管理技术

第三版

陈　庆　　刘彦辰　主编

邵泽波　　主审

化学工业出版社

·北京·

机电设备管理技术是从事设备管理者必须掌握的一门技术，它直接关系到设备的安全性与可靠性。本书从设备管理的基本理论、规章制度、管理方法与手段及企业管理标准等方面，对机电设备，尤其是石油化工设备的管理进行了较为详尽的介绍，内容包括设备管理概述，设备管理的基础工作，设备综合管理，设备的使用、维护和保养，设备的检修，设备备品配件的管理，设备的故障、事故与监测，设备管理的技术经济效果分析，设备的更新和改造，现代设备管理技术等内容。

本书可作为机械类及其相关专业的教材，也可供从事设备管理的工程技术人员参考。

图书在版编目（CIP）数据

机电设备管理技术/陈庆，刘彦辰主编. —3 版. —北京：化学工业出版社，2019.9（2023.1重印）
"十三五"普通高等教育本科规划教材
ISBN 978-7-122-35157-9

Ⅰ.①机… Ⅱ.①陈…②刘… Ⅲ.①机电设备-设备管理-高等学校-教材 Ⅳ.①TM

中国版本图书馆 CIP 数据核字（2019）第 203348 号

责任编辑：丁文璇　　　　　　　　　　　装帧设计：韩　飞
责任校对：王素芹

出版发行：化学工业出版社（北京市东城区青年湖南街 13 号　邮政编码 100011）
印　　装：三河市双峰印刷装订有限公司
787mm×1092mm　1/16　印张 13　字数 310 千字　2023 年 1 月北京第 3 版第 5 次印刷

购书咨询：010-64518888　　售后服务：010-64518899
网　　址：http://www.cip.com.cn
凡购买本书，如有缺损质量问题，本社销售中心负责调换。

定　　价：39.00 元　　　　　　　　　　　　　　　　　　　版权所有　违者必究

前 言

    智能制造和信息化技术的发展，推动了设备智能管理的进程。实施设备智能管理需要进一步厘清新环境下现代设备管理的理念和方法。本版修订是在 2013 年出版的《机电设备管理技术》（第二版）的基础上进行的，在保持原书系统性的基础上，围绕实用性、智能化等方面，对内容进行了更新，按照相关部门的新标准对本书中采用的标准进行了校对。

    本书由陈庆、刘彦辰担任主编，刘金东担任副主编。其中陈庆修订第 3～5 章，刘彦辰修订第 1、2、8～10 章和附录，刘金东修订第 6、7 章。全书由邵泽波主审。

    在本书的编写过程中，参考了部分中外专家的著作、教材和科研成果。在此，谨对原作者和研究者表示最诚挚的谢意！

    由于编者水平有限，书中不妥之处在所难免，敬请读者批评指正。

编　者

2019 年 8 月

第一版前言

伴随着科学技术发展的需要，企业装备愈来愈向大型化、复杂化、自动化、电子化等方向发展，对其性能要求也越来越高。由于设备事故停车停产不仅会给企业造成一定经济损失，同时也会危及人民生命和财产安全，甚至将关系到企业的生存和发展。因此，对企业中的机电设备进行科学管理意义重大。

机电设备管理的基本任务是：正确贯彻执行国家有关方针、政策和法规，通过一系列技术、经济、组织等有效措施，逐步做到对企业设备的设计、制造、选购、安装、使用、维修、改造和更新直至报废的全过程进行综合管理，以追求机电设备的寿命周期费用最经济、发挥设备综合效能最高为目标。

管理是时代的灵魂，我们必须要学会它，掌握它。21世纪的到来，为管理人才提供了更广阔的前景，也对管理人才提出了更高、更新的要求，这正是我们编写本书的宗旨。本书既可作为高等学校机电类专业的教学用书，也可作为从事机电类设计、制造、检验、维修和经营管理等工作的工程技术人员或其他专业管理人员的参考书。

本书共10章和2个附录，第1、2、6、7、8章由邵泽波编写；第3、4、5、10章和附录1由陈庆编写；第9章、附录2由孟庆合编写。

本书在编写过程中主要参阅了马殿举主编的《化工设备管理》及国内外相关的教材及文献资料，在此向有关文献的作者表示衷心的谢意！

本书由吉林化工学院"教材出版基金"赞助出版。

由于编者水平有限，不足之处在所难免，敬请读者批评指正。

编　者

2004 年 7 月

第二版前言

本版修订主要以科学发展观和构建和谐社会为指导，以设备节能降耗、高效经济、绿色环保、技术先进和生产适用为原则，立足学科发展前沿和设备管理科学最新成果，与时俱进，阐述新理论、新观点、新思维，使该书更好地为广大读者服务，为设备管理提供更为先进的科学指导。

本版在修订过程中，保持了原来的总体结构，参照最新研究成果，密切联系生产实际，增加了一些新的内容，引用了一些新理论。

本书由邵泽波、陈庆主编，刘彦辰副主编，参加本次修订工作的有邵泽波（第1章、第6章）；陈庆（第2~5章、第10章）；张宏巍（第7章）；刘彦辰（第8章、第9章）；祝明威（附录1、附录2）。

本书在编写过程中主要参阅了马殿举主编的《化工设备管理》及国内外相关的教材及文献资料，在此向有关文献的作者表示衷心的谢意！中油吉林石化公司染料厂周国良同志对全书的编写提出了许多宝贵意见，一并表示感谢。

本书为机械类专业学生和从事机电设备管理人员的重要参考书目之一。

本书第一版获得第八届全国石油和化学工业优秀教材二等奖。

由于编者水平有限，不足之处在所难免，敬请读者批评指正。

编　者
2013 年 10 月

目 录

第1章

设备管理概述

1.1 设备管理发展概况

马克思说过，机器设备是生产的骨骼和肌肉系统。可见没有机器就没有企业。按政治经济学观点，机器设备属于生产工具，是构成生产力的重要因素之一。而生产工具是衡量人们和谐改造自然、创造出适合自身需要的物质资料的能力，是衡量社会发展水平与物质文明程度的重要标尺，是人类改造自然能力的物质标志。

设备管理是随着工业生产的发展、设备现代化水平的不断提高，以及管理科学和技术发展而发展起来的一门学科，是将技术、经济和管理等因素综合起来，对设备进行全面研究的学科。设备管理过程动员全员参与，对设备采取一系列技术、经济组织措施，对设备的计划、研究、设计、制造、检验、购置、安装、使用、维护、改造、更新直至报废的全过程进行综合管理，使设备寿命周期费用最经济，并最大限度地发挥设备的效能。

1.1.1 设备管理科学的发展

随着设备技术的进步，设备管理学科的发展也有了本质的变化。英国、美国、日本等国家的设备工程与管理都各具特色，基本形成了各自的设备管理体系。除此之外，国际上设备工程与管理的新趋势、新思想不断涌现，给这一学科注入了新的活力，设备管理已逐步发展成为企业文化的重要组成部分。

设备管理科学的发展大致分为3个历史时期。

1.1.1.1 事后维修时期

事后维修就是企业的机器设备发生了损坏或事故以后才进行修理。

在18世纪末到19世纪初，以广泛使用蒸汽机为标志的第一次技术革命后，由于机器生产的发展，生产中开始大量使用机器设备。但此时期工厂规模小、生产水平低、技术水平落后、机器结构简单，机器操作者可以兼作维修，不需要专门的设备维修人员。随着工业发展和技术进步，尤其在19世纪后半期，以电力的发明和应用为标志的第二次技术革命以后，由于内燃机、电动机等的广泛使用，生产设备的类型逐渐增多，结构愈来愈复杂，设备的故障和突发的意外事故不断增加，对生产的影响更为突出。这时设备维修工作显得更加重要，由原来操作工人兼做修理工作已很不合适，于是修理工作便从生产中分离出来，出现了专职机修人员。但这时实行的仍然是事后维修，也就是设备坏了才修，不坏不修。因此，设备管理是从事后维修开始的。但这个时期还没有形成科学的系统的设备管理理论。

1.1.1.2 预防维修时期

预防维修就是在机械设备发生故障之前，对易损零件或容易发生故障的部位，事先有计划地安排维修或换件，以预防设备事故发生。计划预防修理理论及制度的形成和完善时期，可分为以下 3 个阶段。

（1）定期计划修理方法形成阶段

在该阶段中，苏联出现了定期计划检查修理的方法和修理的组织机构。该阶段在苏联也称为检查后修理制度，这是以检查获得的状态资料或统计资料为基础的定期计划修理制度，它建立于 20 世纪 30 年代中期。

（2）计划预修制度形成阶段

在第二次世界大战之后到 1955 年，机器设备发生了变化，单机自动化已用于生产，出现了复杂、高效率的设备。苏联先后制定出计划预修制度。

这是以经验为根据的计划修理制度，也称为标准修理制度。根据经验制订修理计划，计划一旦制订，则按规定时间周期对设备进行强制性修理。这种制度在 1932 年～1933 年建立，1945 年前曾做过多次修订。

（3）统一计划预防维修制度阶段

随着自动化程度不断提高，人们开始注意到了维修的经济效果，制定了一些规章制度和定额，计划预修制日趋完善。

苏联后来的"计划预修制"就是在"定期修理制度"的基础上逐渐发展完善起来的，定期修理制度是以磨损为依据，以时间为基础的计划预防修理制度。

在美国，第二次世界大战期间，就开始采用了预防维修（Preventive Maintenance），简称 PM。预防维修基本上是以检查（日常检查和定期检查）为主的维修制度，其出发点是改变原有的事后维修做法，防患未然，减少故障和事故，减少停机损失，提高生产效益。但由于当时的检查手段、诊断仪器设备还比较落后，有些故障，尤其是深层次的故障，不一定能及时发现，因而也就很难避免故障停机和事后修理。这一维修体制，以设备实际状况为根据，安排维修计划，比较注意维修的经济性，到 20 世纪 50 年代初已普遍推广。与苏联的"计划预修制"相比较，这也是它的特点。

日本于 1951 年开始，从美国引进了"预防维修制"。战后至 1970 年，日本设备管理发展进程大体经历三个阶段：

ⅰ.事后修理（BM）阶段（1950 年前）；

ⅱ.预防维修（PM）阶段（1950～1960 年）；

ⅲ.生产维修阶段（1960～1970 年）。这三个阶段基本上是学习美国的设备管理经验。

中国从 20 世纪 50 年代开始，学习苏联设备管理经验，推行了计划预防维修（简称计划预修制）。

1.1.1.3 综合管理时期

由于科学技术的进步，生产装备现代化水平大大提高，设备逐渐向大型化、高速化、电子化方面发展。在现代化设备使用和管理中出现了诸如故障损失大、环境污染严重、能源消耗多、设备投资和使用费用昂贵等一系列问题，于是也就迫切需要提高设备管理的经济效益。而且，设备从研究、设计、试制、制造、安装调试、使用、维修直至报废的环节很多；各环节又互相影响、互相制约。因此对设备管理就不能只限于维修。这就带来了一系列技术、经济、管理上的问题，要求对现代化的设备进行系统管理、综合管理。

基于上述使用现代化设备所产生的一系列问题，现行的传统设备管理越来越显示出它的局限性和不适应性。具体地说有以下几个方面。

ⅰ.传统设备管理的大量工作集中在设备维修阶段，而忽视了从研究、制造、安装、调试、使用维修、更新、改造到报废的全过程的设备管理。虽然设备维修工作是重要的，但维修工作只是全过程管理中的一小部分，就其性质来说仍是事后救护工作。

ⅱ.传统的设备管理把设备在使用过程的管理与制造过程中的管理分家，而且设备在使用过程中的各个环节（选型、安装、调试、使用、维修、改造、更新）也是脱节的。

ⅲ.传统设备管理将设备的技术管理与经济管理分家，只注重技术管理，忽视经济管理。只强调经常保持设备的良好技术状态，对提高设备的经济效益重视不够。

ⅳ.传统设备管理只有部分机构和部分职工参加，没有把同设备有关的机构和职工组织起来，一起参加到设备管理工作中来。

由此看来，传统设备管理已经不适应新条件下设备管理现代化的客观要求。在现代化管理理论的启示与推动下，在设备管理领域内首先提出设备综合管理的概念，使设备管理进入了综合管理时期。

1971年，英国丹尼克·派克斯（Dennic Parkes）提出设备综合工程学。其基本观点是：用设备寿命周期费用作为评价设备管理的重要经济指标，以追求寿命周期费用最佳为目标（寿命周期费用包括设备研究、设计、制造、安装、使用、维修直到报废为止全过程所发生的费用总和）。要求对设备进行工程技术、财务经济和组织管理三方面的综合管理和研究。重点研究设备的可靠性和维修性，提出"无维修保养"设计的概念。将设备管理扩展到设备整个寿命周期，对设备的全过程进行系统研究处理，以提高每一环节的机能，对设备工作循环过程信息（设计、使用效果、费用信息）反馈进行管理。

20世纪70年代，日本在学习美国"预防维修"的基础上，又接受了英国设备综合工程学的观点，结合本国的传统经验，形成了全员参加的生产维修（Total Productive Mainte-nance），简称"TPM"，作为日本的设备管理维修制度。TPM又称为全面生产维修或全面生产保全，是日本前设备管理协会（中岛清一等人）于美国生产维修体制后，在日本的Nippondenso电器公司试点基础上，于1970年正式提出的。

TPM是具有生命力和影响力的设备管理理念与模式，是现代设备管理发展中的一个典型代表。日本设备工程协会对TPM下的定义是：

ⅰ.以达到设备综合效率最高为目标；

ⅱ.确立以设备一生为对象的全系统的预防维修；

ⅲ.涉及设备的计划部门、使用部门、维修部门等所有部门；

ⅳ.从领导者到第一线职工全体参加；

ⅴ.通过小组自主活动推进预防维修。

从定义上看，TPM具有以下特点：

ⅰ.全效率——追求设备的经济性；

ⅱ.全周期——设备一生管理全过程；

ⅲ.全系统——全员参加。

美国于20世纪60年代首先提出后勤工程学（Logistics）的观点。美国后勤工程学会将后勤工程学定义为：涉及保障目标、计划、设计和设施的各项要求，以及与资源供应、维持等相关的管理、工程与技术的艺术与科学。由此可见，后勤工程学从一开始就不单单是以设备为研究对象，而是包括了设备保障在内的综合后勤保障。后勤工程学涉及生产活动的各个方面，如装备器材的设计、生产、验收、储存、运输、分配、维修、淘汰、处置，人员的投送、撤离、治疗，设施与工厂的施工、接收、维修、经营，以及各种所需服务的获取和供给等。

德国的设备综合管理以"一体化"观点研究设备寿命周期中的经济问题,注重研究设备费用的构成,将设备直接维修费用和间接维修费用(故障停机费用)之间的关系视为不可分割的整体关系,认真开展设备投资收益分析、盈亏分析、经济技术分析,追求设备一生全过程管理的最高综合效益。

1.1.1.4 设备管理发展的新趋势

进入21世纪,随着工业化和信息化的发展,智能制造成为制造业发展的主流。面对智能化的设备系统,设备管理呈现了智能维护、智能管理的发展趋势。

在广大生产企业中,设备智能维护大体归结为以下几个方面:设备的智能检查、智能分析诊断,维修策略的智能生成,智能信息流管理,智能化的设备维护培训,智能化的知识管理,交互式电子技术(智能维修标准手册),智能化备件管理,智能润滑管理,智能集成服务以及机器人的点检、维护和检修等。

在智能维护时代,设备管理要做适应性的变革。首先,组织结构由传统的金字塔结构向扁平化和碎片化结构转变,矩阵式、小微创客群组织也许会成为未来的主导方向。设备管理行为由单纯依赖指令转变成依赖信息源,而信息源来自网络的各个节点,有各级领导,有基层员工,也有各类的信息采集系统、状态监测系统,这些节点将成为工作指令的生成源头。随之而变的是维修策略,将来"信息为基础的维护"或者"数据为基础的维护",简称 IBM (Information Based Maintenance) 或者 DBM (Data Based Maintenance),也许会成为最主要的维护策略。这些信息来自大数据,包括以往的维护维修记录、点检和状态监测信息、设备运行参数信息以及停机机会信息等。

当然,未来的设备信息采集方式将更多依赖现代化的监测系统和可移动、可穿戴的辅助检测与诊断系统。显然,未来设备的操作系统变得越来越简单,逐渐走向车间无人化、工厂黑灯化,而设备维修会变得越来越复杂。未来的维修将会更多依赖细分的社会化服务资源,其中一部分来自生产厂家对其提供设备的远程监测、诊断和就地上门服务——他们将从卖设备转化为卖服务;一部分来自专业性极强的维修公司驻厂或者流动性服务——他们将对某些专业总成提供专项技术服务。

智能维护时代企业内部的自主维护不会减弱,仍然是设备维护的第一道防线。未来,企业工人将被赋予多技能、多功能、多任务。操检合一、操维合一将变得越来越具有可行性和经济性,因而也更具有普遍性。

1.1.2 我国机电设备管理的发展

新中国成立后,我国的设备管理工作大致经历了以下几个阶段。

(1)第一阶段(1949—1958年),苏联计划预修制引入阶段

在设备管理方面,基本上是学习苏联的工业管理体系,照搬了不少规章制度,引进了总机械师、总动力师的组织编制,当时对加强管理起了一定推动作用,使管理工作从无到有,逐步建立了起来,为我国的工业管理打下了一定的基础。但是由于设备本身和技术水平比较落后,不考虑国情的生搬硬套式管理带来了一些弊病和负面影响。

(2)第二阶段(1958—1978年),定期计划维修管理阶段

从20世纪50年代末期至60年代中期,中国的设备管理工作进入自主探索和改进阶段。从计划预修制蜕变为计划维修制,强调"先维修后生产",提出了"以预防为主,维护保养

与计划检修并重"的方针。比如修订了大修理管理办法，简化了设备事故管理办法，改进了计划预修制度和备品配件管理制度，采取了较为适合各厂具体情况的检修体制，实行包机制、巡回检查制和设备评级活动等，使设备管理制度比较适合我国具体情况。

（3）第三阶段（1978—1987年），设备管理规范化阶段

改革开放以后，我国设备管理工作逐步得到了恢复和发展，通过企业整顿，建立、健全了各级责任制，恢复了许多行之有效的规章制度，建立并充实了各级管理机构，充实完善了部分基础资料。

1980年，中国机械工程学会设备维修分会主办的《设备管理与维修》（Plant Maintenance Engineering，PME）杂志创刊。1985年，中国设备管理协会（China Association of Plant Engineering，CAPE）创办会刊《设备管理》，后改为《中国设备管理》，最后改为《中国设备工程》（China Plant Engineering，CPE）。除此之外，湖北省设备维修学会和二汽机动处主办的《装备维修技术》，上海市机电工业设备管理协会主办的会刊《设备工程信息》等杂志，积极宣传国家有关设备工程的方针政策，报道设备管理的新经验、新方法和新技术，对企业设备管理工作起到积极的交流和推动作用。1987年7月28日，国务院正式颁布了《全民所有制工业国交通企业设备管理条例》，标志着中国设备管理工作踏上了良性循环的法制化轨道。

（4）第四阶段（1988—2000年），设备管理现代化起步阶段

随着改革开放的深入，我国的设备管理也进入了一个新的发展阶段。国外的"设备综合工程学""全员维修""后勤工程学"和"计划预修制度"等的新发展，给我们以启发和促进，加速了我国设备管理科学的发展。中国设备维修管理经历了从借鉴国外经验到创建具有中国特色设备管理理论和实践的发展过程，从理论研究、体系创新、教育培训、设备检查与诊断技术、设备资产管理信息系统到维修方法手段，均取得明显进步。

1998年，我国著名学者李葆文提出了全员规范化生产维修（Total Normalized Production Maintenance，TnPM）的概念，又称为全面规范化生产维护。其定义为：TnPM是以设备综合效率和完全有效生产率为目标，以全系统的预防维修体系为载体，以员工的行为规范为过程，以全体人员参与为基础的生产和设备系统的维护、保养、维修体系。

（5）第五阶段（2001年以后），设备管理现代化阶段

随着我国社会主义市场经济体制的建立、完善以及全球工业化和信息化发展的推进，我国的设备管理进入了现代化发展的崭新阶段。逐步形成了具有中国特色的设备管理体系、模式和方法，如TnPM管理体系、设备完整性管理、设备健康维护、绿色设备管理等。

在《中国制造2025》中明确提出促进工业化与智能化融合，提出2025年的关键设备数控化率、全员生产劳动生产效率等指标，着力推进制造过程智能化，实现人机智能化、制造工艺的数字化控制、状态信息实施监测及自适应控制等目标。因此，以设备信息化管理为基础的现代化设备管理将成为今后研究的主要方向之一。2017年6月，中国设备管理协会发布了团体标准《设备管理体系　要求》，成为中国企业未来设备管理的行动指南。

1.2　设备管理工作的任务、目的与意义

1.2.1　设备管理的基本任务

设备管理的基本任务是正确贯彻、执行党和国家的方针政策，要根据国家及各部委、总公

司颁布的法规、制度，通过技术、经济和管理措施，对生产设备进行综合管理。做到全面规划、合理配置、择优选型、正确使用、精心维护、科学检修、适时改造和更新，使设备经常处于良好技术状态。以实现设备寿命周期费用经济、综合效能高和适应生产发展需要的目的。设备管理的具体任务如下所列。

i. 搞好企业设备的综合规划，对企业在用和需用设备进行调查研究，综合平衡，制定科学合理的设备购置、分配、调整、修理、改造、更新等综合性计划。

ii. 根据技术先进、经济合理原则，为企业提供（制造、购置、租赁等）最优的技术装备。

iii. 制定和推行先进的设备管理和维修制度，以较低的费用保证设备处于最佳技术状态。提高设备完好率和设备利用率。

iv. 认真学习、研究，掌握设备物质运动的技术规律，如磨损规律，故障规律等。运用先进的监控、检测、维修手段和方法，灵活有效地采取各种维修方式和措施，搞好设备维修。保证设备的精度、性能达到标准，满足生产工艺要求。

v. 根据产品质量稳定提高，改造老产品，发展新产品和安全生产、节能降耗、改善环境等要求，有步骤地进行设备的改造和更新。在设备大检修时，也应把设备检修与设备改造结合起来，积极应用推广新技术、新材料和新工艺，努力提高设备现代化水平。

vi. 按照经济规律和设备管理规律的客观要求，组织设备管理工作。采取行政手段与经济手段相结合的办法，降低能源消耗费用和维修费用的支出，尽量降低设备的周期费用。

vii. 加强技术培训和思想政治教育，造就一支素质较高的技术队伍。随着化工企业向大型化、自动化和机电一体化等多方面迅速发展，对设备管理要求不断提高，从而对设备管理人员和维修人员提出了更高的要求。能否管好、用好、修好设备，不仅要看是否有一套好制度，还取决于设备管理和设备维修人员的素质（包括知识结构和能力）。

viii. 搞好设备管理和维修方面的科学研究、经验总结和技术交流。组织技术力量对设备管理和维修中的课题进行科研攻关。积极推广国内外新技术、新材料、新工艺和行之有效的经验。

ix. 搞好备品配件的制造，为供应部门提供备品配件的外购、储备信息和计划。推进设备维修与配件供应的商品化和社会化。

x. 组织群众参加管理。搞好设备管理，要发动全体员工参与，形成从领导到群众，从设备管理部门到各有关组织机构齐抓共管的局面。

1.2.2 设备管理的主要目的

设备管理的主要目的是用技术上先进、经济上合理的装备，采取有效措施，保证设备高效率、长周期、安全、经济地运行，保证企业获得最好的经济效益。

设备管理是企业管理的一个重要部分。在企业中，设备管理搞好了，才能使企业的生产秩序正常，做到优质、高产、低消耗、低成本，预防各类事故，提高劳动生产率，保证安全生产。

加强设备管理，有利于企业取得良好的经济效果。如年产 30 万吨合成氨厂，一台压缩机出故障，会导致全系统中断生产，其生产损失很大。

加强设备管理，还可对老、旧设备不断进行技术革新和技术改造，合理地做好设备更新工作，加速实现工业现代化。

总之，随着科学技术的发展，企业规模日趋大型化、现代化，机器设备的结构、技术更加复杂，设备管理工作也就越重要。许多发达国家对此十分重视。西德 1976 年"工业通报"载，一般情况下，用于设备维修的年财政支出额，大约相当于设备固定资产原值的 6%～10%或企业产值的 10%。如将配件等其他资金考虑在内，估计维修支出要占企业总开支的 1/4。据 1978 年资料介绍，苏联每年用于设备维修的资金超过 100 亿卢布。不难看出，要想做好设备管理，就得不断地开动脑筋，寻找更好的对策，促进设备管理科学的发展。

1.2.3　设备管理的意义

设备管理是保证企业进行生产和再生产的物质基础，也是现代化生产的基础。它标志着国家现代化程度和科学技术水平。它对保证企业增加生产、确保产品质量、发展品种、产品更新换代和降低成本等，都具有十分重要的意义。

1.2.3.1　设备在企业中的地位（作用）

ⅰ.设备是工人为国家创造物质财富的重要劳动工具，是国家的宝贵财富，是进行现代化建设的物质技术基础。

ⅱ.设备是企业固定资产的主体，在固定资产价值总额中一般占到 60%～70%，是企业物化了的资金，是企业有形资产。

ⅲ.设备在生产力中具有决定性因素，是生产力三要素之一。

ⅳ.设备是企业安全生产五要素之一，安全生产五要素即"人、机、物、法、环"。所谓"人"就是在企业现场的所有人员。"机"指企业中所用的设施、设备、工具以及其他的辅助生产工具。生产中，设备是否正常运作、工具的好坏都是影响生产进度、产品质量的要素。"物"指原材料、半成品、零配件、产成品等物资。"法"是指法则，是企业员工所需遵循的各种规章制度。没有规矩，不成方圆。各种规章制度是保证企业人员严格按照规程作业，保证生产进度和产品质量、提高工作效率的有力保证。"环"则是指环境和环保，环境也会影响产品质量。

1.2.3.2　设备管理在企业管理中的地位

设备管理是企业管理的基础。生产中的各个环节和工序要严格地衔接与配合，生产的连续性主要靠设备的正常运转来保证，一旦故障停机，环节就会中断，全线生产就会停顿，所以，只有加强管理，正确操作，精心维护，使设备处于良好的技术状态，才能保证生产的连续性和稳定性，所以说设备管理是企业生产管理的基础，也是核心管理之一。

设备管理是产品和服务质量的保证。质量是企业的生命，必须保证精良的设备和有效地管理，否则就会出现质量问题。本着"下一个工序就是我们的客户"的理念，设备可靠性差，造成中后工序都在待料，拖延生产计划的达成，那就是没有满足客户的服务要求。

设备管理是实现安全生产的前提。如果管理不善，就会导致设备事故和人员伤害，所以设备管理人员必须重视，为安全生产和环保创造良好的环境。

设备管理是降低生产成本，提高经济效益的重要保证。产品原材料的消耗、能源的消耗、维修费等都摊销在产品的成本上，都与设备直接相关。设备管理影响到产品成本的投入，影响到企业的产出，所以要向设备要质量、要效益。

设备管理是企业长远发展的重要条件。企业要在激烈的市场竞争中求得生存和发展，需要不断采用新技术，开发新产品，依靠科技进步，提高装备水平，实现企业的长远发展。

任何一种工业管理制度和技术管理制度，都是为满足和适应当时科学技术和工业发展的需要而出现的。随着企业生产规模的急剧扩大，管理现代化程度的提高，设备管理的地位越来越突出，作用越来越显著。在现代管理阶段，由于科学技术的高速发展，企业的许多生产过程由机器设备逐步取代人的作用，因此生产开始受到设备影响，设备管理在企业管理中的作用也越来越重要。

1.2.3.3 设备管理在生产和技术进步中的作用

工业企业的劳动生产率不仅受工人技术水平和管理水平的影响，而且还取决于设备的完善程度。设备的技术状态对企业生产有直接影响。随着科学技术的进展，化工生产的机械化和自动化程度越来越高，而且生产装置都是连续性的，设备状况完好程度，对整个连续生产线的影响更加明显。例如某炼油厂，常减压蒸馏装置与催化裂化装置及延迟焦化装置构成一个完整生产体系进行连续生产，如果其中任何一台设备发生故障，都可能造成生产装置甚至全厂停产。年产90万吨的提升管催化裂化炼油装置，每停产一天，造成的直接经济损失达一百多万元。况且化工生产设备常在高温、高压、高转速条件下工作并多处于易燃、易爆、有毒和有腐蚀性介质的环境中，如果设备发生事故，不仅使国家财产和经济效益受到损失，甚至会造成人身事故及环境污染。可见，搞好设备管理，对化工企业的安全生产和经济运行是多么重要。

设备管理工作对技术进步和工业现代化起促进作用。这是因为一方面科学技术进步的过程也就是劳动手段不断完善的过程，科学技术的新成就往往迅速地应用在设备上，从某种意义上讲设备是科学技术的结晶。另一方面新型劳动手段的出现，又进一步促进科学技术的发展。新工艺、新材料的应用，新产品的发展都靠设备来保证。可见，提高设备管理的科学性，加强在用设备的技术改造和更新，力求设备每次修理和更新都使设备在技术上有不同程度的进步，对促进技术进步，实现工业现代化具有重要意义。

1.3 设备管理的范围和内容

1.3.1 设备管理的范围

一般所指的设备就是有形固定资产的总称，它是设备的广义定义，包括一切列入固定资产的劳动资料。在企业管理工作中所指的设备，必须符合以下两个条件：

ⅰ.是用以直接开采自然财富或把自然财富加工成为社会必需品的劳动资料。例如化工企业的塔设备、换热设备、反应设备等。

ⅱ.符合固定资产应具备的条件。所谓固定资产，根据中国财政部规定，一般应同时具备以下两个条件的劳动资料才能被列为固定资产，即其使用期限在一年以上；单位价值在一定限额以上。在限额以下的劳动资料，如工具、器具等，由于品种复杂，消耗较快只能作为低值易耗品，不能算作固定资产。这里所讨论的设备是指符合固定资产条件的，能够将直接投入的劳动对象加以处理加工，使之转化为预期产品的设备，以及维持这些设备正常运转的附属装置。

在研究设备管理时，所讨论的设备不仅是固定资产设备，也包括非固定资产设备。例如一台压缩机，当它处于制造、装配和试验阶段时是压缩机制造厂的劳动对象，而入库后待销售的压缩机是产品，直到使用单位将压缩机安装移交生产后才能算作固定资产。但无论哪一种状态，都在设备管理的范围之内。

大型综合性企业，拥有成千上万种设备，设备管理工作范围也很广，主要是生产、运输、化验、科研等系统用的设备，包括工艺生产设备，如塔（精馏塔、合成塔）、炉（加热炉、裂解炉）、釜（反应釜、聚合釜）、机（压缩机、分离机）、泵（离心泵、真空泵）等；机修设备，如机床（车床、铣床、磨床……）；采暖通风设备；动力设备，如锅炉、给排水装置、变压器等；运输设备，如机车、汽车、桥式起重机、电梯等；传导设备，如管网、电缆等；以及化验、科研用的设备。此外还有生活用设备，如生活用建筑物、炊事机械、医疗器具等。

1.3.2 设备管理的内容

设备管理的内容，主要有设备物质运动形态和设备价值运动形态的管理。企业设备物质运动形态的管理是指设备的选型、购置、安装、调试、验收、使用、维护、修理、更新、改造、报废；对企业的自制设备，还包括设备的调研、设计、制造等全过程的管理。不管是自制还是外购设备，企业有责任把设备后半生管理的信息反馈给设计制造部门。同时，制造部门也应及时向使用部门提供各种改进资料，做到对设备实现从无到有再到应用于生产的一生的管理。

企业设备价值运动形态的管理是指从设备的投资决策、自制费、维护费、修理费、折旧费、占用税、更新改造资金的筹措到支出，实行企业设备的经济管理，使其设备一生总费用最经济。前者一般叫做设备的技术管理，由设备主管部门承担；后者叫做设备的经济管理，由财务部门承担。将这两种形态的管理结合起来，贯穿设备管理的全过程，即设备综合管理。设备综合管理有如下几方面内容。

1.3.2.1 设备的合理购置

设备的购置主要依据技术上先进、经济上合理、生产上可行的原则，一般应从下面几个方面进行考虑，合理购置。

ⅰ.设备的效率，如功效、行程、速度等。

ⅱ.从精度、性能的保持性、零件的耐用性、安全可靠性。

ⅲ.可维修性。

ⅳ.耐用性。

ⅴ.节能性。

ⅵ.环保性。

ⅶ.成套性。

ⅷ.灵活性。

1.3.2.2 设备的正确使用与维护

将安装调试好的机器设备，投入到生产使用中，机器设备若能被合理使用，可大大减少设备的磨损和故障，保持良好的工作性能和应有的精度。严格执行有关规章制度，防止超负荷、拼设备现象发生，使全员参加设备管理工作。

设备在使用过程中，会有松动、干摩擦、异常响声、疲劳等，应及时检查处理，防止设备过早磨损，确保在使用时设备台台完好，处在良好的技术状态之中。

1.3.2.3 设备的检查与修理

设备的检查是对机器设备的运行情况、工作精度、磨损程度进行检查和校验。通过修理和更换磨损、腐蚀的零部件，使设备的效能得到恢复。只有通过检查，才能确定采用什么样的维修方式，并能及时消除隐患。

1.3.2.4 设备的更新改造

应做到有计划、有重点地对现有设备进行技术改造和更新。包括设备更新规划与方案的编制、筹措更新改造资金、选购和评价新设备、合理处理老设备等。

1.3.2.5 设备的安全经济运行

要使设备安全经济运行，就必须严格执行运行规程，加强巡回检查，防止并杜绝设备的跑、冒、滴、漏，做好节能工作。对于锅炉、压力容器、压力管道与防爆设备，应严格按照国家颁发的有关规定进行使用，定期检测与维修。水、气、电、蒸汽的生产与使用，应制定各类消耗定额，严格进行经济核算。

1.3.2.6 生产组织方面

合理组织生产，按设备的操作规程进行操作，禁止违规操作，以防设备的损坏和安全事故的发生。

1.4　如何做好设备管理工作

目前许多企业都采用了现代设备管理理论与方法——设备综合管理。设备综合管理是运用长远的、全面的、系统的观点，采取一系列技术的、经济的、组织的措施，力求设备寿命周期费用最经济，综合效率最高，从而获得最佳经济效益。设备综合管理的特点：一是全过程（一生）管理；二是全员参加管理（从企业领导到生产工人）；三是价值管理。全过程管理是基础，全员参加是手段，价值管理是目的。

搞好设备管理工作，必须根据国家及各部委、总公司所颁布的法规、制度行事。坚持专管与群管相结合；技术管理与经济管理相结合；设备管理与生产相结合；设计、制造与使用相结合；设备维护保养与计划检修相结合；设备维修与技术改造相结合；设备管理与技术开发及智力开发相结合；思想政治工作与物质奖励相结合。上述原则具体说明如下。

1.4.1　专管与群管相结合

各企业应当按照上级规定，根据本单位生产规模与实际需要，建立一套强有力的设备专门管理系统。建立优化组合的组织机构及专业设备管理队伍，制定切实可行的管理制度。公司经理和生产厂长等主要领导干部要把设备管理工作列入主要议事日程，对设备管理的方针、目标做出决策。要有一名副经理（副厂长）主管设备工作，同时根据需要设置总机动师或分设总机械师和总动力师。总机械师和总动力师在主管经理（厂长）和总工程师领导下，负责设备技术管理工作。车间由一名副主任主管设备，并配备管理设备的专职工程技术人员；工段、班组也有兼职设备员；形成一个设备管理网。并建立相应的管理制度和规程，使工作有章可循。

在工厂企业中，直接操纵设备、维修设备的是广大生产工人和检修工人。他们对设备的性能、工作状态及存在的问题最熟悉了解。他们是设备的主人，而且他们对自己操纵的设备日常维护负有具体责任。因此，完全应当发挥他们管理设备的积极性。在设备管理工作中要强调人的因素，要充分调动生产工人和维修工人的积极性。

中国石油化工总公司在其制定的《设备技术管理制度（试行）》中，要求设备维护实行专机专责制或包机制。要求做到台台设备、条条管线、个个阀门、块块仪表有人负责。操作人员对所用设备要做到"四懂"（懂结构、懂原理、懂性能、懂用途）、"三会"（会操作、会维护保养、会排除故障）。搞好设备润滑，坚持"六定"和"三级过滤"（即定点、定质、定法、定量、定人、定时；"三级过滤"为从领油大桶到岗位储油桶、岗位储油桶到油壶、油壶到加油点）。操作工应保持本岗位的设备、管道、仪表盘、油漆、保温完整，地面清洁。应加强静密封点管理，消除跑、冒、滴、漏，努力降低泄漏率。要搞好环境卫生，做到文明生产。1990年4月，中国石油化工总公司检查某石化总厂的一个循环水泵房：14台泵，台台完好；14个润滑点都及时保持润滑良好；7692个静密封点，只有一点不明显的泄漏，泄漏率只有0.13‰；37盏灯具完好；774块玻璃，块块明亮无缺；工具箱工具摆放整齐，对号入座；备用设备班班盘车，靠背轮上有记号；泵体的颗颗螺丝发亮，阀门的根根丝杆见光。他们真正做到了"屋外与屋内一个样，高空与地面一个样，后院与前院一个样，系统与装置一个样"。

1.4.2 技术管理与经济管理相结合

设备综合管理是广义的设备管理，即设备的技术和经济的全面管理，要做到技术上先进，经济上合理。设备管理本质上是设备运动过程的管理。设备的运动有两种形态：一是设备的物质运动形态，包括设备的研究、设计、试制、生产、购置、安装、使用、维修、改造、更新直至报废；二是设备的价值运动形态，包括设备的投资、折旧、维修费用支出与核算、更新改造资金的筹措和经济效果分析等。前一种运动形态的管理称技术管理，后者称为经济管理，它们分别受技术规律和经济规律的支配。据此，设备管理要最终取得两个成果：技术成果和经济成果。即一方面要求经常保持设备良好的技术状态，另一方面要求节约设备维修与管理的经费支出。技术管理与经济管理二者必须紧密结合，以求获得设备寿命周期费用最低，设备综合效能最高。

设备从规划到设计、制造阶段，费用是递增的；安装阶段以后费用开始下降；运转阶段的费用大体保持稳定的水平，而且历时较长；最后费用再上升，说明设备已到了应进行修理、改造或更新的阶段。对使用单位，购置新设备时不仅考虑购置时的购置费（即生产费），还要考虑设备在运转阶段的使用费（或维持费）。

设备综合管理在经济管理方面的任务就是采取各种措施，使企业设备消耗的费用最少。它不是只顾设备的某一阶段，而是设备的规划、设计、制造、购置、安装、使用、维修、改造、更新直至报废的全过程的费用最经济，即设备的寿命周期费用为最经济。寿命周期费用包括设备的生产费用和使用费用。生产费用是设备构成以前调研、设计、试制、制造、储存、运输等付出的费用，一般是产品的售价。使用费用（又叫维持费用）是设备在使用阶段付出的费用，包括动能、工资、维修、折旧、保险、培训等费用。在设计阶段不能只顾降低制造成本而忽略设备的可靠性、耐久性、节能性等，要长远地估计到运行阶段的管理和维修费用。在使用阶段不能只强调设备的良好技术状态，而要将所花费的人力、物力、财力与所获得的生产成果进行比较，力求获得最佳的经济效益。

传统的设备管理多注重于设备的技术管理，在设备管理的考核指标中也突出了考核设备的技术指标，满足于把设备管好、用好、修好，而对经济效益不那么重视。运用设备周期费用的概念，就可以克服在设备管理上只看技术成果，不看费用消耗；在设备使用上只重工艺需要，不讲合理使用和发挥设备潜力的现象。

为了便于对设备管理工作中的经济效益做出判断，应适当增加经济效益指标。

$$设备的产值率 = \frac{年总产值（万元）}{固定资产原值（万元）} \times 100\%$$

$$设备的利税率 = \frac{年上缴利税和（万元）}{固定资产原值（万元）} \times 100\%$$

$$设备维修费用率 = \frac{年修理费用（包括大、中、小修）（万元）}{固定资产原值（万元）} \times 100\%$$

$$投资回收期 = \frac{起初设备投资额（万元）}{预计年新增净利润＋折旧（万元）} \times 100\%$$

由于企业普遍推行了设备维修费用等项目的考核，因而节省了大量维修费用支出。

1.4.3　设备管理与生产相结合

现代化的化工企业，设备是生产的物质技术基础，是完成生产任务的手段。设备管理水平和设备状况的好坏与生产任务的顺利完成密切相关。

设备管理工作，必须适应企业经营方向的变化，为生产服务。随着企业产品结构的变更、市场需求的变化和用户在不同时期的不同要求，企业的经营方向，在不同时期会有不同的侧重点。当企业经营方向转变的时候，企业的设备管理工作也应及时地调整、改善和提高，以适应变化了的经营方向对设备管理工作的要求。应当树立重视设备管理、加强设备管理为生产服务的思想。要根据企业的生产任务、品种质量、设备修理工作的难度，确定重点设备。对重点设备实行维护、修理、备件供应、改造、更新五优先，确保企业生产任务的完成。

1.4.4　设计、制造与使用相结合

设备的设计、制造过程由设计、制造部门管理；设备的使用过程由使用单位管理。两者应该密切结合，互通信息。设计、制造部门不能只顾降低设备成本而忽略设备的可靠性、耐久性、维修性、环保性、安全性及节能性等。要熟悉使用单位的工艺要求和使用条件，要考虑到设备运行阶段的管理和维修费用，使研制出来的设备符合用户要求。在设备制造出厂后，研制人员要参加设备的安装、调试、使用，并做好技术服务工作。用户应及时地把安装、调试、使用中发现的问题向设计、制造部门进行信息反馈，以便改进设备的设计。

1.4.5　设备维护保养与计划检修相结合

生产实践证明，设备管理工作应执行"维修为主，检修为辅"的原则。没有正确的维护保养，就不可能有周到的计划检修。

设备的维护保养和计划检修之间常会出现一些矛盾。如果计划检修只是抢进度，忽视检修质量而遗留下设备隐患，就会加大维护保养的工作量。反之，如果维护保养不精心，发现问题不及时处理，操作人员不严格执行规章制度，不仅会带来"小洞不补，大洞吃苦"的后果，而且会加大检修工作量，正常计划被打乱，甚至会造成严重后果。

1.4.6　设备维修与技术改造相结合

在今后相当长的时期内，要求集中力量对现有企业进行设备更新与技术改造工作。只有把设备的更新与改造工作做好，才能克服现有企业耗费高、能耗大、质量差等弊端。另外设备的更新与改造也是科学技术迅速发展的客观要求。

在设备管理工作中，延长设备寿命和保持设备良好状态无疑是正确的。但是不能无止境地延长"寿命"，不能不惜工本地保持良好的技术状态。这是因为设备使用时间过长，技术性能日益落后，能源、原材料消耗逐渐增多，修理费用一次比一次高，修理周期越来越短。据资料统计，一台普通车床如折旧周期按 22 年计算，则在 22 年中所花的使用费用为设备价值的 6 倍。所以在设备维修中，应通过技术经济分析，正确处理设备维修与改造关系，把维修与改造结合起来。一方面利用检修的机会采用新技术、新材料、新工艺来代替技术落后、能耗大、效率低的设备和零部件；一方面对陈旧落后，进一步维修价值不大的设备，按手续进行报废，更换先进的设备。

1.4.7　设备管理与技术开发及智力开发相结合

设备是科学技术发展的结晶。随着现代科学技术的进步，生产装备现代化水平不断提高，设备向着大型化、高速化、机电一体化及结构复杂化等特点发展。为了搞好对现代化设备的管理，要求设备管理人员和维修人员必须掌握专门的科学技术知识和现代管理理论与方法。现代设备管理本质上是现代化设备与现代化管理理论与方法的结合。

面对现代化的生产装置和复杂的设备，操作人员对所使用的设备要做到"四懂""三会"。设备管理人员要做到对设备全过程综合管理。作为工程技术人员，不仅要对原有设备进行技术改造，而且要对引进的外国先进设备，在学习、消化、吸收的基础上进行技术开发。为了达到这些目的，就必须对全体人员进行有组织、有计划、长期、多层次、多渠道及多种形式的专业技术和管理知识的技术教育培训，并开展继续教育工作。

为了搞好设备管理工作，应加强对现代设备管理理论与方法的学习与研究，积极组织国内、国外及本部门与其他部门之间的技术经验交流。对国外先进技术设备和管理经验进行考察、学习、引进、移植、总结、推广，使企业技术装备水平与设备管理水平逐步达到国际先进水平。

各企业必须进行设备研究工作。对于重点设备研究项目或具有广泛应用价值的项目，要组织各企业的设备研究力量或与科研单位、大专院校协作，集中力量，分工协作进行攻关。研究出来的技术成果应及时推广应用。

1.4.8　思想政治工作与物质奖励相结合

在 20 世纪 60 年代，大庆工人和工程技术人员，在生产装备落后，生产及生活条件极其艰苦的条件下，以一不怕苦，二不怕死的铁人精神，在短时间内，为国家拿下大庆油田，为我国社会主义建设做出了巨大的贡献，树立了工业学大庆的光辉旗帜。大庆油田 30 多年以来，一直稳产高产，具有世界先进水平。大庆油田的设备管理工作也非常出色。大庆人在生产斗争中，磨炼出来的"三老"（做老实人、说老实话、做老实事）、"四严"（严密的组织、严肃的纪律、严格的要求、严细的作风）的好思想、好作风、好经验，都是非常宝贵的财富。试问大庆人在当时那么艰苦的条件下艰苦创业创造了奇迹，主要原因何在？结论是明确的：

他们靠的是中国共产党的正确领导，靠的是党的思想政治工作。

　　和 20 世纪 60 年代相比，如今确实发生了很大的变化。在新形势下，中国共产党提出要加强思想政治工作，搞好两个文明建设，弘扬雷锋精神，学习大庆经验。在设备管理工作中，首先要做好思想政治工作，做好人的工作。设备再先进也是人造的，结构再复杂要靠人去操作、维修和管理。而人的思想觉悟水平和技术水平与搞好设备管理工作关系极大。要教育广大职工爱护工厂的设备。当然，思想工作也不是万能的，只有把思想教育和物质奖励结合起来，才能充分调动全体职工的积极性。才能把设备管理工作持久地搞好，达到预期的管理目标。

　　总之，设备管理是一项系统工程，设备综合管理与许多因素有关。根据许多在设备管理改革和设备管理工作中取得成效的优秀单位来看，领导重视是搞好设备管理工作的重要前提与保证，这是一条成功的经验。

思　考　题

1-1　简述设备管理的基本概念。

1-2　什么是固定资产？

1-3　设备管理科学的发展经历了哪些阶段？

1-4　设备管理的内容和目的是什么？

1-5　简述设备管理的意义。

1-6　如何做好设备管理工作？

第2章
设备管理的基础工作

基础工作是企业的"三基"(基础工作、基本功、基层工作)工作之一。设备的基础资料对设备综合管理工作非常重要,其主要内容之一是收集资料、积累资料,即积累数据,也可称为数据管理。

数据管理要抓好三个环节。

占有数据。为达到占有数据,首先要建立健全原始记录和统计。原始记录是生产经济活动的第一次记录;统计是对经济活动中,人力、物力、财力及有关技术经济指标所取得的成果进行统计和分析。原始记录和统计要求准确、全面、及时、清楚。其次是做好定额工作。定额是指在一定的生产条件下,规定企业在人力、物力及财力的消耗上应达到的标准。定额要求先进、合理。再次,做好计量工作。计量是原始记录与各项核算的基础,也是制定定额的依据。对计量要求是一准,二灵。计量不准、不灵,不仅影响生产过程,经营过程,还会影响企业内部的考核。此外,技术情报工作和各种反馈资料也是数据来源之一。情报工作要求全面及时;对各种反馈资料要求准确。

处理、传递、储存数据。处理数据,要去伪存真;传递数据,要迅速准确;储存数据,要完整无遗。为此,企业要建立数据中心——数据库。同时建立数据网,要建立数据管理制度。

运用数据。占有、处理和储存数据,目的在于运用。运用方法十分广泛,但如何应用现代数学方法、科学的企业管理方法以及应用电子计算机来处理数据,则是摆在我们面前的新课题。

2.1 设备的分类

一般企业的设备数量都比较多。由于企业的规模不同,有的企业少则数百台,多则几千台,此外还有几万平方米的建、构筑物、成百上千公里的管道等。准确地统计企业设备的数量并进行科学的分类,是掌握固定资产构成、分析企业生产能力、明确职责分工、编制设备维修计划、进行维修记录和技术数据统计分析、开展维修经济活动分析的一项基础工作。设备分类方法很多,可根据不同的需要,从不同的角度来分类。下面介绍几种主要的分类方法。

2.1.1 按固定资产分类

凡使用年限在一年以上、单位价值在规定范围内的劳动资料,称为固定资产。企业采用哪一种固定资产单位价值标准,应该根据行业特点、企业大小等情况来决定。中央企业由主管部门同财政部门商定;地方企业由省、直辖市、自治区主管部门同财政部门商定。

如按经济用途和使用情况，分析固定资产的构成，固定资产可分为以下 5 类。

（1）工业生产固定资产

工业生产固定资产是指用于工业生产方面（包括管理部门）的各种固定资产，其中又可具体划分为下列几类。

① 建筑物　指生产车间、工场以及为生产服务的各技术、科研、行政管理部门所使用的各种房屋。如厂房、锅炉房、配电站、办公楼、仓库等。

② 构筑物　是指生产用的炉、窑、矿井、站台、堤坝、储槽和烟道、烟囱等。

③ 动力设备　是指用以取得各种动能的设备。如锅炉、蒸汽轮机、发电机、电动机、空气压缩机、变压器等。

④ 传导设备　用以传送由热力、风力、气体及其他动力和液体的各种设备。如上下水道、蒸汽管道、煤气管道、输电线路、通信网络等。

⑤ 生产设备　是指具有改变原材料属性或形态、功能的各种工作机器和设备。如金属切削机床、锻压设备、铸造设备、木工机械、电焊机、电解槽、反应釜、离心机等。

在生产过程中，用以运输原材料、产品的各种起重装置，如桥式起重机、皮带运输机等，也应该作为生产设备。

⑥ 工具、仪器及生产用具　是指具有独立用途的各种工作用具、仪器和生产用具。如切削工具、压延工具、铸型、风铲、检验和测量用的仪器、用以盛装原材料或产品的桶、罐、缸、箱等。

⑦ 运输工具　是指用以载人和运货的各种用具。如汽车、铁路机车、电瓶车等。

⑧ 管理用具　是指经营管理方面使用的各种用具。如打字机、计算机、油印机、家具、办公用具等。

⑨ 其他工业生产用固定资产　是指不属于以上各类的其他各种工业生产用固定资产。例如技术图书等。

（2）非工业生产用固定资产

非工业生产用固定资产系指不直接用于工业生产的固定资产，包括公用事业、文化生活、卫生保健、供应销售、科学试验用的固定资产。如职工宿舍、食堂、浴室、托儿所、理发室、医院、图书馆、俱乐部、招待所等单位所使用的各项固定资产。这类固定资产为职工提供正常的生活条件，对职工安心生产和发挥积极性有重要意义。

（3）未使用固定资产

未使用固定资产指尚未开始使用的固定资产。包括购入和无偿调入尚待安装或因生产任务变更等原因而未使用或停止使用，以及移交给建设单位进行改建、扩建的固定资产。由于季节性生产、大修理等原因而停止使用的固定资产，存放在车间内替换使用的机械设备，均作为使用中固定资产而不能作为未使用固定资产。

（4）不需用固定资产

凡由于数量多余，或因技术性能不能满足工艺需要等原因而停止使用、已报上级机关等待调配处理的各种固定资产。

（5）土地

土地指已经入账的，一切生产用的、非生产用的土地。

按固定资产分类的概念，在设备管理中也将设备分为：生产设备与非生产设备，未安装设备与在用设备，使用设备与闲置设备等。

2.1.2　按工艺属性分类

工艺属性是设备在企业生产过程中承担任务的工艺性质,是提供研究分析企业生产装备能力、构成、性质的依据。企业设备日常管理中的分类、编号、编卡、建账等均按工艺属性来进行。

从全国范围来讲,可按用途将工业企业的设备分为5类。

① 通用设备　包括锅炉、蒸汽机、内燃机、发电机及电厂设施、铸造设备、机加设备、分离机械、电力设备及电气机械、工业炉窑等。

② 专用设备　包括矿业用钻机、凿岩机、挖掘机、煤炭专用设备、有色金属专用设备、黑色金属专用设备、石油开采专用设备、化工专用设备、建筑材料专用设备、电子工业专用设备、非金属矿采选及制品专用设备、各种轻工专用设备(如制药专用设备、食品工业专用设备、造纸专用设备)等。

③ 交通运输工具　包括汽车、机车车辆、船舶等。

④ 建筑工程机械　包括混凝土搅拌机、推土机等。

⑤ 其他　主要仪器、仪表、衡器。

2.1.3　企业设备分类

由于不同企业生产产品和装备不同,对设备的分类也不尽相同。现以化工企业为例进行分类。

① 根据化工设备在生产上的重要程度　可将设备分为主要设备和一般设备两大类;各自又分成两类:

$$设备\begin{cases}主要设备\begin{cases}甲类(级)设备\\乙类(级)设备\end{cases}\\一般设备\begin{cases}丙类(级)设备\\丁类(级)设备\end{cases}\end{cases}$$

甲类设备　是工厂的心脏设备。在无备机情况下,一旦出现故障,将引起全厂停产的设备,有的企业称为关键设备,在一个企业中约占全部设备的5%～10%。如所有合成氨厂,其关键设备是"炉、机、塔"。"炉"是指煤气炉,是故障频繁、影响生产因素极大的设备。在安全上有爆炸及火灾的危险,检修困难,不易修复。"机"是指氢气、氨气压缩机,因阀片与活塞环的故障率较高,使用寿命很短。"塔"是指合成塔,是高温、高压设备。其中的触媒需精心维护操作,一旦触媒中毒,就会影响全局,造成停工、停产。在合成氨工艺设备中,煤气炉是龙头,压缩机是心脏,而合成塔是出产品的关键设备,三者缺一不可。以新建石脑油为原料的年产30万吨合成氨厂为例,一段转化炉取代了煤气炉;透平压缩机代替了往复式压缩机;但"炉、机、塔"依然为关键设备。另如乙烯厂的原料气、乙烯、丙烯压缩机、超高压反应器等,则是乙烯厂的心脏设备。类似这样的设备为甲类设备。

乙类设备　是工厂主要生产设备,但有备用设备。其重要性不及主要设备,且对全厂生产和安全影响不严重,其重要程度比甲类设备要差一些。乙类设备约占全厂设备的10%左右。

在化工企业中,一般设备的重要性虽不及主要设备,但所占的比重较大,约占90%左右。

丙类设备　是运转设备或检修比较频繁的静止设备。如一般反应设备、换热器、机、泵设备等。另一种则属于结构比较简单,平时维护工作较少,检修也简单的设备,如高位槽、小型储槽等静止设备。前者列为丙类设备,后者则属于丁类设备。这种类别(等级)的划分,是为了便于管理,只能是相对的,是根据设备在企业经济地位中的重要性来衡量的。一般从事设备管理工作较久的人员,都能从感性认识出发,比较准确地划定其类别,或经过有关设备管理的三结合小组讨论评定,报企业生产(或设备)副厂长批准后执行。几年来原化工部和各省、市、自治区化工局，都对主要设备的划分标准作了一些规定，各厂也可参照执行。

② 根据化工企业生产性质 可将使用设备分为 14 大类。

炉类 包括加热炉（箱式、管式、圆筒式）、煤气（油）发生炉、干馏炉、裂解炉、一段转化炉、热载体炉、脱氢炉等。

塔类 包括板式塔（即筛板、浮阀、泡罩）、填料塔、焦炭塔、干燥塔、冷却塔、造粒塔等。

反应设备类 包括反应器（釜、塔）、聚合釜、加氢转化炉、二段转化炉、变换炉、氨（甲醇）合成塔、尿素合成塔。

储罐类 包括金属储罐（桥架、无力矩、浮顶）、非金属储罐、球形储罐、气柜、各类容器。

换热设备类 包括管壳式换热器、套管式换热器、水浸式换热器、喷淋式换热器、回转（蛇管）式换热器、板式换热器、板翅式换热器、管翅式换热器、废热锅炉等。

化工机械类 包括真空过滤机、叶片过滤机、板式过滤机、搅拌机、干燥机、成型机、结晶机、挤条机、振动机、扒料机、包装机等。

橡胶与塑料机械类 包括挤压脱水机、膨胀干燥机、水平输送机、振动提升机、螺杆输送机、混炼（捏）机、挤压机、切粒机、压块机、包装机等。

化纤机械类 包括抽（纺）丝机、牵伸机、水洗机、柔软处理机、烘干机、卷曲机、卷绕（折叠）机、加捻机、牵切机、切断机、针梳机、打包机等。

通用机械类 泵类，包括离心泵、往复泵、比例泵、齿轮泵、真空泵、螺杆泵、旋涡泵、刮板泵、屏蔽泵。压缩机，包括离心式压缩机、往复式压缩机、螺杆式压缩机、回转（刮板）式压缩机。鼓风机，包括离心式鼓风机、罗茨鼓风机、冰机。

动力设备类 包括汽轮机、蒸汽机、内燃机、电动机（100kW 以上）、直、交流发电机、变压器（100kV·A 以上）、开关柜。

仪器、仪表类 包括测量仪表、控制仪表、电子计算机等。

机修设备类 机床类，包括车床、铣床、镗床、刨床、插床、钻床（钻孔直径在 25mm 以上）、齿轮加工机床、动平衡机等。化铁炉（0.5 吨以上）、炼钢炉（0.5 吨以上）、热处理炉、锻锤、压力机（或水压机）、卷板机、剪板机、电焊机等。

起重运输和施工机械类 起重机，包括桥式起重机、汽车（轮胎）吊车、履带吊车、塔式吊车、龙门吊车、电动葫芦；皮带运输机；辐板车；叉车；蒸汽机车；电动机车；内燃机车；汽车，包括载重汽车、三轮卡车、拖车、消防车、救护车；槽车；拖拉机；推土机；挖掘机；球磨机；粉碎机。

其他类设备 前面各类中未包括进去的其他设备。

2.2 固定资产编号

在现代化企业中，固定资产的种类、数量很多，尤其是设备、管线、仪器仪表等，占的比重较大，而且同类设备也较多，因此，应对这些固定资产进行编号。编号的方法应力求科学、直观、简便、便于统一管理，又应减少文字说明提高工作效率。目前一些单位已运用电子计算机来汇总、存储设备技术档案等，不久将会在企业中全面采用。

2.2.1 设备编号法

2.2.1.1 设备编号的基本形式

设备编号的基本形式为：□□××××

以上编号中，第一组是一个或几个英文字母或拼音字母，代表不同类别的设备。第二组是数字，其中第一位数字代表装置（或车间）；第二位数字代表工号（或工段）；后两位数代表设备位号，是按同一类型（即用同一字母命名的）设备，按工艺顺序来编排。推荐使用表2-1或表2-2的表示方法，企业可根据本厂情况自行编制代号表。

表2-1　设备代号一览表（一）

代号	主　机　类　别	代号	主　机　类　别
F	反应设备	Q	起重机械
T	塔器	Y	运输机械
L	化工炉类	C	车辆船舶
H	热交换器	X	机修设备(金属加工、铸造锻造、焊接机械)
G	储罐	G_F	锅炉、发电设备
G_L	过滤设备	D	电器
G_Z	干燥设备	S	理化实验设备
J	压缩机	Q_T	其他设备
B	各种泵	B	变速机(包括增减机)
P	破碎机械	M	电动机

注：1. 表中除电动机外，均为拼音字母。

2. 其他未用字母可供企业选用，选定后说明其代表意义。

表2-2　设备代号一览表（二）

代　号	主　机　类　别	代　号	主　机　类　别
A		S	
B	造粒塔	T	槽、池
C	反应塔	XT	某设备用透平
D	分离器、变换炉、槽	U	
E	热交换器、冷却器	V	阀门
F	工业炉(有燃烧器的)	AV	自控阀门,自动调节阀
G	各类泵	W	
H	锅炉	WB	皮带运输机
I		WD	包装机
J	喷射器、搅拌器	WH	扒料机
K	离心式鼓风机、压缩机	WJ	振动筛
L		WK	热合机
M	电动机(紧跟工艺设备后)	WT	卸料车,料斗
N		WZ	推袋机
O		Z	造粒机
P	供企业选用	TR	变压器
Q		SG	开关柜
R			

第二组四位数字的第一位数为装置或车间代号，各厂根据本厂装置或车间数给装置或车间编一个号，当单位超过十个，则需增加一位数，或按生产系统（如氯碱、氯气、农药、聚氯乙烯、其他产品、机修系统、动力系统等）来编，可以减少第一位数不足的困难。现以年产30万吨合成氨、48万吨尿素的某化肥厂为例，对这种编号法予以说明。

用表2-2代号。该厂分为制氨、尿素、辅助、尿素储存与包装等4个装置。其装置编号第一位数分别是：1——制氨装置，2——尿素装置，3——尿素储存及包装，4——辅助装置。

另外，尚有氨储存装置，由于设备很少，作为工号来安排。

第二位数工号（或工段号），基本按流程顺序和行政划分的工序或工段依次编排，一般不会超过 9 个工序。如该合成氨厂，制氨装置（代号为 1）的工号：1100——石脑油预脱硫及最终脱硫工号；1200——转化工号；1300——一氧化碳变换工号；1400——脱二氧化碳及甲烷工号；1500——氨合成工号；1600——氨吸收工号。尿素装置（代号为 2）的工号：2100——原料供应系统工号；2200——尿素合成工号；2300——低压部分工号；2400——蒸发工号；2500——造粒系统工号；2600——氨水系统工号；2700——蒸汽及公用工程系统工号。

辅助装置（代号为 9，如锅炉及水处理等）。

9100——辅助锅炉系统；9200——给水处理系统；9300——仪表空气生产系统；9400——水冷却塔系统；9500——惰性气体系统。

第二组后二位数为位号，即设备位置代号，仍以该合成氨厂为例。

C1101 为制氨装置脱硫工号塔类设备中的第一台设备：H_2S 汽提塔。

F1201 为制氨装置转化工号炉类设备中的第一台设备：一段转化炉。

K1501 为制氨装置氨合成工号压缩机类设备中的第一台设备：合成气压缩机。

XT1501 为合成气压缩机的蒸汽透平机（为压缩机的原动机）。

G2101 为尿素装置原料系统泵类设备中的第一台设备：高压氨泵。

D9205 为辅助装置给水处理系统分离器类中的第五台设备：双床层式阴离子交换器等。

电器设备的编号，属于生产装置的电动机，一律以 M 为代表，置于主机编号英文字冠的后面，编号与设备完全相同。如 GM2101，为高压氨泵电机（高压氨泵的编号为 G2101）。其他电器设备，如变、配电所内的变压器与开关柜，则与辅助装置编号方法相同。

2.2.1.2 设备编号中应遵循的原则

ⅰ. 每一个设备编号，只代表一台设备。在一个企业中，不允许有二台设备采用一个编号（说明：字母加数字构成一个完整编号，出现同样数字的编号是允许的）。

ⅱ. 编号要明确反映设备类型，如工业炉，热交换器，聚合釜或压缩机等。

ⅲ. 能明确反映设备所属装置及所在位置。

ⅳ. 编号的起始点应是原料进入处，结尾点应是半成品或成品出口处。

ⅴ. 同型号设备的编号，同样按工艺顺序编排。即同型号设备编号的数字部分是不一样的，与习惯做法不同。其顺序应明确规定：由东向西（设备东西排列时），或由南向北（当设备南北排列时）。

ⅵ. 编号应尽量精简，数字位数与符号应尽量简单而少。例如：当一套装置或车间设备总台数少于 100 台时，就可采用不分工号（工段）、不分类别的大排号，这样装置虽多于 10 个，仍可用四位数表示；这时如装置数在 10 个以内，则有三位数即可表达。但一个企业的编号原则和方法应一致。当全厂设备编号后，应编制出全厂统一的设备一览表，并应保持稳定。如果设备调出或报废，发生空号，可在设备档案或一览表中注明。若新增设备，则可以新增编号，或填补空号。

ⅶ. 编号要便于扩展且扩展追加后不会引起设备编号体系的混乱，因此进行设备编号时要留有相应的扩展余地：一是对设备类别的扩展；二是对设备数量的扩展。

2.2.2 管道编号法

一般石化企业管道较多，尤其大型化工厂，装置的管道都比较多，往往形成管道走廊（通称管廊），大、中型的老企业的外管道也基本集中在管廊上。为加强对外管道（包括装置内的管廊）的管理、防止出现差错，影响生产等，管道应该编号。

2.2.2.1　管道编号前，应具备下列条件

ⅰ. 管道内的介质用管外（除保温、保冷层外）的涂色表示清楚。

ⅱ. 管架支柱从始端至末端，都要编号，并在支柱离地面 1.7m 左右标码。管道纵横交叉较多的厂，其支柱号码前要冠以特定文字。

2.2.2.2　外管道（厂区公用管道）按下列原则进行编号

ⅰ. 先编外厂供应的管道。面对外部输入本厂的第一个管道支架，按从东到西或从南到北的顺序进行编号，不加字冠，即以 01、02、03…往后排列即可。

ⅱ. 如管道架上分上下多层铺设时，则先编上层管道，再编下层管道。如上列为 01、02、03、04；下列为 05、06、07、08 等类推。

ⅲ. 外厂供应的管道编完后，留下一定量的空号，再进行本厂外管道的编号。对无管廊的老厂，则应从该管道输送介质的起始点起，从原料加工开始，对化工管道进行编号，直到输出成品的管道为止。对多种原料的化工企业，按化工工艺流程的先后顺序进行编号。

工艺管道编完后，留一定量空号，再进行水、汽、压缩空气等管道编号，将所有外管道全部编完为止。

ⅳ. 对有管廊的新老企业，则选择管道走廊上最密集的管架位置，标定该处支柱号码为管道编号基准点，然后面向管道中介质来的方向，进行对管架上的管道编号。仍按上面的ⅰ、ⅱ项原则进行编号。对未经该处的管道，进行后续编号。此法不分工艺管道与水、汽等管道，一律按顺序编定。编定后编制外管道编号登记一览表，其内容除管道编号、管道输送介质、管道尺寸、材质等之外，还必须列明每根外管道的起始点与终点及其总长度。如其上有阀门时还必须注明有几个阀门、型号、规格，并对阀门也进行顺序编号。此顺序从介质送出点开始，往后排列，如 01-V_1（V 代表阀门）、01-V_2 等，即代表第一根管线的第一个和第二个阀门。

另外，对于仪表也应编号，此处不再赘述。

2.3　设备管理资料

设备管理资料包括设备基础资料、设备技术档案、设备统计资料。

2.3.1　设备基础资料

（1）第一种

国家、行业、地方政府有关设备管理工作方面颁布的法规、政策、制度、标准、规程及指导性文件等。

（2）第二种

企业下发的设备管理各项制度、规定、规程及指导性文件，以及企业综合类制度或相关制度中涉及设备管理相关内容和要求的文件、规定等，如：设备管理责任制度；设备维修保养制度；设备计划检修制度；设备技术档案管理制度；设备润滑管理制度；压力容器管理制度；设备防腐蚀管理制度；设备密封管理制度；设备检查评级管理制度；设备事故管理制度；固定资产管理制度；动力管理制度；备品配件管理制度；仪表管理制度；机械加工管理制度；动土管理制度；建筑物、构筑物、设备基础管理制度；技术革新、技术培训管理制度等。

除以上主要管理制度外，各企业可根据需要，制订有关设备管理的方法、规程，规定与要求。

（3）第三种

企业设备管理部门根据设备管理职责划分或者设备管理资料规范建设要求，应该具有的

相关资料,主要包括:

　　ⅰ.设备更新改造中长期发展规划和年度规划;设备更新改造项目论证报告;设备采购过程中的产品标准、技术协议、商务合同;设备建造记录、验收调试记录、质量索赔记录。

　　ⅱ.设备维修计划及完成情况,如主要设备计划检修资料,按检修间隔期制订的大、中、小修周期的设备检修记录。

　　ⅲ.设备管理相关报表,包括设备管理经济技术分析资料等,如设备维修费用预算与执行的分析报告。

　　ⅳ.设备管理各项主要工作的通知、总结、安排、记录、汇报、请示、申请、批示等资料。包括设备管理年度总结、工作目标与安排,设备检测、润滑报告,设备事故鉴定分析相关资料等。

2.3.2 设备技术档案

　　它是设备从进厂到报废为止,这一生中各种事件的记录和有关维护检修的技术条件的记载,应齐全、准确,以反映出该设备的真实情况,来指导实际工作。一套比较完整的化工厂设备档案格式,可参照表2-3～表2-22。

　　新增加的设备,需填写设备(固定资产)卡片两份,由机动部门和车技间各存一份,其格式参见表2-3。还需填写设备性能一览表,其格式参见表2-4。

表2-3　固定资产卡片

单位

规格型号			主机原值			数量	
生产能力			主机折旧			材质	
使用及耐用年限			主机单重			制造厂	
辅机位号	名称	规格型号	数量	速比	辅机原值	折旧额	

总卡号:　　　　　　　设备位号:　　　　　　　设备名称:　　　　　　　原总值:

表2-4　设备性能一览表

车间_____　　　　　　　　　　　　　　　　　　　　　年　　月　　日

序号	位号	卡号	设备名称	安装台数	备用台数	型号规格或技术性能	外形尺寸(长×宽×高)	主要材质	质量/kg			操作条件		电动机			减速机		传动装置型式	开始使用日期	使用寿命/年	设备价值/千元	备注
									单重	台重	介质	温度/℃	压力/MPa	型号	功率/kW	转速/(r/min)	型号	速比					
1																							
2																							
3																							
4																							

车间设备主任:_____　　　　车间设备员:_____　　　　填表人:_____

表 2-5 设备技术档案封面

×××××化工厂

设 备 技 术 档 案

设备名称 ＿＿＿＿＿＿＿＿＿＿＿＿

设备位号 ＿＿＿＿＿＿＿＿＿＿＿＿

图 纸 号 ＿＿＿＿＿＿＿＿＿＿＿＿

资产编号 ＿＿＿＿＿＿＿＿＿＿＿＿

所属车间 ＿＿＿＿＿＿＿＿＿＿＿＿

注：当设备移装其他单位使用时，本档案随设备同时办理移交手续。

表 2-6 设备概况

主 机

序号	项 目	内 容	备 注
1	型号规格		
2	材质		
3	制造厂		
4	安装日期		
5	投产日期		
6	使用年限		
7	原值		
8	资产编号		
9	计划大修周期		
10	总重		
11	图号		
12	底图号		
13			

辅 机

序号	项 目	内 容	备 注
1	名称		
2	规格型号		
3	位号		
4	制造厂		
5	安装日期		
6	投产日期		
7	材质		
8	图号		
9	底图号		

表 2-7 运转设备设计基础

介质名称	
温度/℃	
密度/(kg/m³)	
黏度/(Pa·s)	
流量/(m³/h)	
扬程/m	
转速/(r/min)	
法兰口径/mm	
轴封型式	
轴功率/kW	
效率/%	
润滑方式	
润滑油(脂)	
质量/kg	
电 机	
规格型号	
极数×转速	
输出功率	
电源	
质量/kg	
水压试验(表压)/MPa	
气压试验(表压)/MPa	
运转性能试验	
特殊试验	

表 2-8 化工设备设计基础

条 件	单 位	本 体	夹 套	蛇 管
流体				
流量	m³/h			
密度	kg/m³			
黏度	Pa·s			
常用温度	℃			
常用压力(表压)	MPa			
传热面积	m²			
空间速度	m/s			
汽液比	m³/m³			
进入蒸汽量	kg/h			
进入流体量	kg/h			
放出蒸汽量	kg/h			
放出流体量	kg/h			
比热容	kJ/(kg·℃)			
潜热	kJ/kg			
流体总数				
并流数				
交换热量	kJ/h			
总传热系数	W/(m²·℃)			
平均对数温度	℃			
流速	m/s			
循环液				

表 2-9　化工设备设计条件

条　件	单　位	本　体	夹　套	蛇　管
设计温度	℃			
设计压力（表压）	MPa			
腐蚀裕量	mm			
焊接系数				
地震系数				
风压	MPa			
热处理	要否			
绝热	要否			
涂饰	要否			
适用标准				
适用技术条件				
安装条件	室内、室外		自定、构架	

检　查				
		本　体	夹　套	蛇　管
水压试验（表压）	MPa			
气压试验（表压）	MPa			
运转性能试验				
特殊试验				

表 2-10　化工设备技术特性

	单　位	规　格	数　量	材　质	备　注
直径×高					
填充高度					
填充物及规格					
多孔板数					
塔盘数					
泡罩数					
泡罩型式					
浮动喷射板数					
悬浮板数					
浮阀数					
列管规格					
列管数					

表 2-11　设备易损件备件一览表

备件名称	规格型号	材　质	数　量	储备定额	图　号	制造厂

表 2-12　设备润滑卡片

润滑油规格与牌号				
设计牌号		酸值		
代用牌号（冬季）		凝点		
黏度		抗乳化度		
闪点		机械杂质		
润滑点位置				
润滑点编号	部　位	油品牌号	润滑方式	加油方法

表 2-13　设备检修定额及检修内容

设备检修定额						
检修间隔期			检修耗用时间			检修定额审定日期
小修	中修	大修	小修	中修	大修	
修理内容						

表 2-14　设备运行、检修情况

年度	类别	月份												合计/h	运转率/%
		1	2	3	4	5	6	7	8	9	10	11	12		

表 2-15　设备技术状况表

年 度	月 份												备 注
	1	2	3	4	5	6	7	8	9	10	11	12	

表 2-16　设备大中修时间及大修费纪录

年度	类别	月 份												大修完成率/%	中修完成率/%
		1	2	3	4	5	6	7	8	9	10	11	12		
	大中修														
	费用														

表 2-17　设备事故登记表

发生时间			事故类别	事故经过、原因及损坏情况	责任者	损 失 价 值			事故教训及措施	修复时间
年	月	日				减产损失	修理费	合计		

表 2-18　设备缺陷及隐患记录

设备代号		设备代号	
检查日期	存在缺陷及隐患		处理情况

表 2-19　设备更新改造记录

时间	部位	更新改造记录(型式、尺寸及材质等)		技术经济效果	批准单位与记录人
		更新前	更新后		

表 2-20　检修简要记录

日　期		修理类别	检修内容(包括项目、原因及发现问题)
年	月		

表 2-21　安装移装及报废记录

序　号	使用单位	安装日期	变更原因	变更单号	备　注

表 2-22　××企业设备修理卡片

设备名称				故障情况			
设备位号							
故障部位							
停机时间	年　月　日　时　分			故障原因			
停机损失							
修理等级							
计划工时				修理情况			
修理人							
实际工时							
修理费用							
所耗备件及其材料	名称	规格	数量	价格	名称	规格	数量	价格
交接验收记录				签字	检修:　　　　　　 工艺:　　　　　　 机械员:　　　　　　　　　年　月　日		
遗留问题							

2.3.3　设备统计资料

企业设备统计资料也称为设备统计信息,是反映企业设备总体情况和设备总体特征或规律的数字资料、文字资料、图标资料及其他相关资料的总称。设备统计工作取得的各项数字资料及有关文字资料,一般反映在设备统计报表、统计图、统计年鉴、统计资料汇编和统计分析报告中。

统计表指标可以分为三类,一是统计类指标:主要用于基础数据收集、统计,如设备数量、期末设备原值、期末设备净值、全年计划维修费用等;二是考核类指标:主要用于监控设备状态,保证设备处于可控的状态,如设备利用率、设备运转时间、设备故障停机率等;

三是分析类指标：主要用于对设备状态进行分析，找出改善空间，如设备运行效率，设备寿命周期费用等。

2.4　各种定额

定额是指企业生产经营活动中，人力、物力、财力的配备、利用和消耗以及获得的成果等方面所应遵守的标准或应达到的水平。

定额按其内容主要可分为：

ⅰ.劳动方面的定额，如工时消耗定额、产量定额、停工率等；

ⅱ.原材料、燃料、动力、工具等消耗方面的定额，如物资消耗定额、物资配件储备定额、能源消耗定额等；

ⅲ.有关固定资产利用方面的定额，如生产设备运转时率、固定资产利用率等；

ⅳ.有关费用方面的定额，如财务费用的定额、不同车辆的年平均维护费用定额；

ⅴ.有关资金方面的定额，如流动资金占用的定额。

2.5　动力管理

ⅰ.水、电、汽、冷冻等项动力资源的生产能力核算及实际生产量统计表；

ⅱ.主要产品的各种动力消耗定额及实际单耗统计表（定额由生产技术部门提供）；

ⅲ.月动力消耗分析、年动力消耗分季统计表。

2.6　图纸资料、人员及装备分布图表

2.6.1　图纸资料

易损零件图应按备件目录备齐，并确保准确性；主要设备均应有较为齐全的总图与零部件图；化工专用设备应选用标准设计图，向标准化、系列化、通用化迈进。

全厂总平面布置图。

地下管网、电缆等隐蔽工程图。

厂区管廊图。

2.6.2　人员及装备分布图表

应包括全厂设备管理及检修人员的分布情况图表和各辅助车间的技术装备及能力图表。

思　考　题

2-1　化工设备是如何分类的？

2-2　简介设备编号的基本形式。

2-3　设备管理资料包括哪几类？

第3章

设备综合管理

设备综合管理是由全员参与的全过程管理。它是从设备的计划开始,对研究、设计、制造、检验、购置、安装、使用、维修、改造、更新直至报废的全过程管理,是一项兼有技术、经济、专业三方面的技术管理工作。设备管理的全过程涉及设备的设计、制造、安装、使用等许多部门和单位,所以从宏观范围来看,设备的综合管理是社会管理。而对使用设备的企业来说,企业的设备综合管理是一个企业范围内的微观管理。

仅仅依靠对设备使用期阶段的局部过程进行管理,已不适应现代设备管理发展的要求。一个以设备一生为对象,追求设备寿命周期费用最经济的、完整的管理理论和管理体系正在逐步完善,因此,设备的综合管理分为设备的构成期和使用期两个阶段。自制设备从计划开始到设备装配试车完毕为设备的构成期;其后一阶段直至设备的报废为使用期。设备综合管理过程流程图如图 3-1 所示。

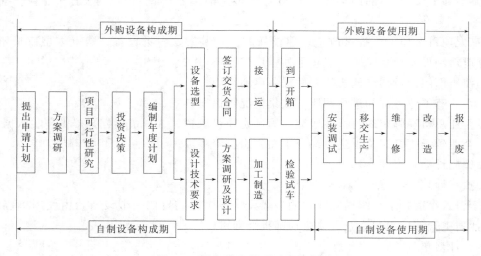

图 3-1　设备综合管理过程流程图

3.1　设备构成期的管理

设备的前期(构成期)管理,对于企业能否保持设备完好,不断改善和提高企业技术装备水平,充分发挥设备效能,取得良好的投资效益起着关键性作用。

3.1.1　设备构成期管理的重要性

设备在"使用期"的维护保养、修理、调动与移装、租赁、使用与封存保管等虽然很重要，但设备"构成期"的管理更为重要。因为它是"使用期"管理的"先决"条件，设备使用的经济效果受以下两项构成期工作影响：

ⅰ.设备在申请阶段的指导思想和经营目标；

ⅱ.确定设备购置计划的可行性研究和投资决策。

总之，设备构成期的管理不仅决定了企业的技术装备的素质，关系着战略目标的实现，同时也决定了费用、效率和投资效益。

3.1.2　计划阶段的设备管理

企业根据经营目标，为实现国家生产计划和满足市场需要，需扩大生产规模或缩短生产周期；或因产品更新换代和新产品试制、工艺技术改进、科学研究需要、节约能源和原材料；或是由于环境保护和安全生产以及旧设备更新等原因必须增加（更新）或制造设备时，要结合现有设备的技术状态、能力以及资金来源，经过调查研究和技术经济可行性分析之后，提出切实可行的设备计划。

从设备的计划阶段开始，就要发挥设备管理部门的作用。因为设备管理部门对各种设备的性能、结构、材料、工作原理等较熟悉；对设备制造厂的生产历史、产品信誉、服务态度较了解；掌握国内外设备技术发展动态，对企业内现有设备能力及构成情况较清楚，因此，在企业确定增添设备计划时是最有发言权的。同时，又因为他们要承担设备投入运行以后直至报废期内的全部维修和管理工作，因而他们不仅要顾及当前，更要预计长远。所以设备计划的编制应以设备管理部门为主，并与有关科室研究、协调进行，防止"各管一段"的现象。

对重大项目（如工厂技术改造、建设新的生产装置、引进设备、购置大型或精密仪器等），企业编制设备计划时，一般按下列程序进行：

ⅰ.使用部门经过初步调查研究后提出申请计划；

ⅱ.企业有关业务部门进行调研、收集情况，提出方案；

ⅲ.企业总机动师组织可行性研究，为确定项目取舍、选择最佳方案提供科学依据；

ⅳ.企业领导主持讨论，进行综合平衡作出投资决策；

ⅴ.编制计划；

ⅵ.执行计划。

对于引入年度技术组织措施计划的一般设备或零星购置的一般设备，由使用单位申请，设备与计划主管部门组织审查，总机动师批准即可。

3.1.2.1　计划申请

使用单位要根据需要，经过初步调查研究，并考虑投资及资金来源、安装后的利用率、技术发展方面等问题提出设备计划申请，主要需要有几方面：①企业生产经营方针目标和年度科研、新产品试制计划，围绕提高产量、质量、产品更新换代、扩大品种以及改进生产工艺等需要增加更新设备；②现有设备的有形、无形磨损严重且无修理价值，需要更新和改造设备；③为了节约能源或能源增容，需要更新或新增的动力设备；④为了改善劳动条件和环境保护，保证安全生产，需要更新改造或新增的设备等。

3.1.2.2 调查研究和计划审查（进行可行性研究）

由企业总机动师组织设备、工艺、计划、财务、环保、劳资、基建、安全等部门，对申请项目进行技术经济综合分析和各种方案对比。要求掌握详细准确的调查材料和资料，要为购进（制造）设备提供技术经济方面的数字依据。调查内容包括以下几点。

① 企业的主观因素　申请的背景和理由、现有设备利用率和潜力、厂房条件、运输安装能力、能源和原材料供应、资金来源、操作和维护技术水平、技术发展方向、环境和安全技术、劳动力配备、实施时间和进度安排、企业机构和管理水平等。

② 设备选型方面　设备的规格（生产能力、加工范围等）和技术性能、备件供应、维修专用工具和仪器、故障和事故等。

③ 设备制造厂方面　制造厂的历史和技术力量、产品的发展过程、该型号设备的新产品发展和改进计划、质量管理水平等。

④ 费用方面　售价、运输费、安装费、培训费等。根据调查资料，估算各种方案预期的经济效益，进行比较、分析和评价。虽然有些效益是不能用货币计算的，但是经济评价是决定因素。

经过可行性研究以后，从几个方案中，推荐出一个最佳方案，供决策者判定。

在申请计划时要着重提出是否决定增添设备的初步资料；在计划会审时则还要提供有关如何解决问题，增添什么样设备的详细资料。

要提高设备利用率，压缩维修工作量和费用，就要压缩设备的拥有量。所以设备管理部门应根据企业现有装备情况，尽量利用设备潜力，提高设备利用率，开展技术革新和设备改进、改造，提高劳动生产率。要坚持凡本厂能调配的设备不增添；能利用现有设备改进、改装达到生产工艺要求的，努力做到增产不增设备。

3.1.2.3 综合平衡、投资决策

经过可行性研究后，将申请的设备项目汇总，进行综合平衡。有些设备虽确实需要，但如果资金、能源等供应有限，不能一次全部解决，就只能排出轻重缓急的顺序，逐步实现。

这阶段应对资金的筹措和运用制订出详细计划。中国工业企业增添（或更新改造）设备的国内资金来源有：国家拨款、地方财政拨款、企业自有资金、银行贷款、企业参与贷款等。

（1）国家拨款

上级机关拨款有挖掘更新改造拨款和科技三项费用拨款（新产品试制费、中间试验费和重要科学研究补助费）等。下面只对企业自有资金和银行贷款作简单介绍。

（2）企业自有资金

① 更新改造基金　系"固定资产更新和技术改造基金"的简称，其主要来源是基本折旧资金。

② 生产发展基金　主要来源为各种留成，包括超额利润留成、提前投产所得利润留成、治理"三废"综合利用生产产品所得利润留成等。实行以税代利后，企业支配的这部分资金就更多了。

③ 大修基金　根据可以将更新改造基金、生产发展基金和大修基金捆起来用的规定，大修基金也可以用于补充其他两项基金的不足。

④ 其他　如国内企业之间的联合经营、补偿贸易等。

（3）可利用的银行贷款

i.小型技措贷款，用于短期能实现经济效果的项目：即金额在 20 万元以下、一二年内

可以归还贷款的项目。

ⅱ.中短期设备贷款，主要用于购置设备，贷款期不超过三年。

ⅲ.出口工业产品专项贷款，用于出口生产企业的技术改造。

ⅳ.进口设备短期外汇贷款。

ⅴ.轻纺工业中短期专项贷款。

在实行"对内搞活、对外开放"政策以后，企业在引进技术和进口设备时可以利用外资。在外资来源中，国际金融机构（如国际货币基金组织IMF）贷款、银行出口信贷等都是大型工程，由外贸部门和上级机关代表企业负责贷款的借与还，对企业来讲与国家贷款无异。工业企业直接参与贷款的是经济合作的形式，其中主要有以下几种。

① 来料加工　由外商提供全部或部分设备、仪器、工模具、原材料、辅助材料，我方按要求生产出产品后外销，用加工费来偿还外商所提供的设备。

② 补偿贸易　由外商提供贷款购置设备，设备安装投产以后，用生产出来的产品出口返销以偿还贷款的本息。

③ 合资经营　外商用技术和设备折合资金股，我方以土地、厂房、公用设施等折合资金入股，按股分配利润。

企业应广开门路，筹集资金，制定中、长期规划，合理利用财力和物力。最后由企业领导主持，各分管领导参加，听取总机动师或有关业务部门的汇报以后，经过综合平衡，作出订货、租赁、改造、自制、调整、暂缓等具体决策，最后通过计划。

3.1.2.4　编制计划并组织计划的实施

项目批准后，由计划部门（或设备管理部门）汇总编制设备购置（制造）计划、下达订货（外购设备）、设计（自制设备）任务。并规划进度，落实实施办法，采取措施尽量缩短计划实施时间，使新设备早日投产，获得收益，加速资金周转。

3.1.3　设备的选型与购置

设备选型必须从市场情况和生产需要出发。因为无论是从外厂购进设备，还是企业自行制造设备，设备选型（或确定设计方案）都是十分关键的。在设备计划确定后，由企业设备管理和工艺部门，根据设备计划的要求，对不同生产厂家的多种型号产品进行分析比较，从中选出最佳方案。即选择最适宜的技术装置，用最少的投资获得最大的经济效益。这是设备选择的最重要标准。

设备选型的总原则是：技术先进、经济合理、能源消耗少、生产适用、运行可靠、便于维修。

3.1.3.1　设备选型时应考虑的主要因素

（1）设备生产率与产品质量

设备生产率与产品质量主要是单位时间的产品产量与设备质量的工程能力，比如，对成组设备来说，流水线的节拍以及一般工人技术条件下产品的一级品、优等品率。而设备的生产率，一般是以单位时间（分、时、班、年）内所生产的产品数量来表示的，例如：空气压缩机以每小时输出压缩空气的体积；制冷设备以每小时的制冷量；锅炉以每小时产生的蒸汽吨数；发动机以功率；水泵以扬程和流量来表示等。

高效率设备的主要特点是：大型化、高速化、自动化、电子化。

大型化　采用大型设备是现代化工业提高生产效率的一个重要途径。设备大型化的优点是可以组织大批量生产，节省投资，也有利于采用新技术。但是设备大型化的优越性不是绝对的。因为不是所有行业都适于采用大型化的生产设备，另外也不是所有企业都可以无条件地采用。如大型设备对原材料、产品及工业废料的吞吐量大，受到材料供应、产品销售、能源、环保等多方面因素影响与制约。现有企业某些设备的大型化，还可能造成与原工艺技术条件不配套、不协调。因此，不能绝对地认为设备越大越好。每个企业应当根据自己的生产规模、生产特点、产品性质以及其他技术经济条件等实际情况，适当地选择一定技术参数、适应市场需要、适合本企业生产技术需要的设备规模。目前在化工行业生产装置中的炉、塔、罐、釜等，都在向大型化发展。

高速化　设备的高速化使得设备的生产加工速度、化学反应速度、运算传递速度大大加快，从而提高了设备生产率。但随着设备运转速度的加快，使设备对能源的消耗量也随之增加，对设备的设计制造质量、材质、附件和工具的要求也相应提高。由于速度快，设备零部件的磨损也快，消耗量随之增大。由于速度快，人工操作很难适应，势必要求自动控制等，这就给企业提出了新的要求。只要一个环节考虑不周，就不一定会带来相应的经济效果。

自动化、电子化　自动化、电子化设备是工业发展的方向，它可以极大地提高设备的生产率，取得良好的经济效果。设备自动化、电子化的特点是远距离操纵与集中控制相结合。例如，目前现代化的化工生产装置是由中心控制室，靠由集成电路组成的仪器仪表或电子计算机控制。自动化、电子仪表是生产现代化的重要标志之一，但是这类设备价格昂贵、投资费用大、消耗大、维修工作复杂，对管理水平要求高。这就要求企业在选择自动化、电子化设备时，必须具备一定条件，否则影响经济效益。

（2）工艺性

工艺性是指设备满足生产工艺要求的能力。机器设备最基本的一条是要符合产品工艺的技术要求。例如，加热设备要满足产品工艺的最高与最低温度要求、确保温度均匀性和控制精度；油泵要满足在操作条件下，保证扬程和流量。另外，要求设备操作方便，控制灵活，对产量大的设备要求自动化程度高，对有毒有害作业的设备则要求自动化控制或远距离监控等。

（3）安全可靠性

可靠性属于产品质量管理范畴，是指精度、准确度的保持性，零件耐用性，安全可靠性等。在设备管理中的可靠性是指设备在使用中能达到准确、安全与可靠。

在选择设备时，要选择在生产中安全可靠的设备。设备的故障会带来重大的经济损失和人身事故。对有腐蚀性的设备，要注意防护设施的可靠性，要注意设备的材质是否满足设计要求。还应注意设备结构是否先进，组装是否合理、牢固，是否安装有预报和防止设备事故的各种安全装置，如压力表、安全阀、自动报警器、自动切断动力、自动停车装置。

可靠性只能在工作条件和工作时间相同的情况下进行比较，所以其定义是：系统、设备、零部件在规定时间内，在规定的条件下完成规定功能的能力。定量测量可靠性的标准是可靠度。可靠度是指系统、设备、零部件在规定条件下，在规定的时间（t）内能毫无故障地完成规定功能的概率。它是时间的函数，用 R（t）表示。用概率表示抽象的可靠性以后，设备可靠性的测量、管理、控制均能保证有计算的尺度。

（4）维修性

维修性是指通过修理和维护保养手段，来预防和排除系统、设备、零部件等故障的难易程度。其定义是系统、设备、零部件等在进行修配时，能以最小的资源消耗（人力、设备、工具、仪器、材料、技术资料、备件等）在正常条件下顺利完成维修的可能性。同可靠性一样，对维修性也引入一个定量测定的标准——维修度。维修度是指能修理的系统、设备、零部件等按规定的条件进行维修时，在规定时间内完成维修的概率。

影响维修性的因素有易接近性（容易看到故障部位，并易用手或工具进行修理）、易检查性、坚固性、易装拆性、零部件标准化和互换性、零件的材料和工艺方法、维修人员的安全、特殊工具和仪器、设备供应、生产厂的服务质量等。我们希望设备的可靠度高些，但可靠度达到一定程度后，再继续提高就越来越困难了，可靠度相对微小的提高会造成设备成本费用呈指数增长，所以可靠性可能达到的程度是有限制的。因此，提高维修性，减少设备恢复正常工作状态的时间和费用就相当重要了。于是，产生了广义可靠度的概念，它包括设备不发生故障的可靠度和排除故障难易的维修度。

（5）经济性

对设备经济性的要求有：最初投资少、生产效率高、耐久性长、能耗及原材料损耗少、维修及管理费用少、节省劳动力等。

最初投资包括购置费、运输费、安装费、辅助设施费、起重运输费等。耐久性指零部件使用过程中物质磨损允许的自然寿命。很多零部件组成的设备，则以整台设备的主要技术指标（如工作精度、速度、效率、出力等）达到允许的极限数据的时间来衡量耐久性。自然，寿命越长，每年分摊的购置费用越少，平均每个工时费用中设备投资所占比重越少，生产成本越低。但设备技术水平不断提高，设备可能在自然寿命周期内因技术落后而被淘汰。所以不同类型的设备应要求不同的耐久性。如精密、重型设备最初投资大，但寿命长，其全过程的经济效果就好；而简易专用设备随工艺发展而改变，就不必要有太长的自然寿命。能耗是单位产品能源的消耗量，是一个很重要的指标。不仅要看消耗量的大小，还要看使用什么样的能源。油、电、煤、煤气等是常用的能源，但经济效果不同。中国能源资源虽然很丰富，但人口平均能源资源占有量却只有世界平均数的 1/2、美国的 1/10、苏联的 1/7；而每万元产值的能源消耗比美国、苏联高两倍多，所以节能是一个尖锐突出的问题。上面这些因素有些相互影响，有些相互矛盾，不可能各项指标都是最经济的，可以根据企业具体情况，以某几个因素为主，参考其他因素来进行分析计算。在对几个方案分析对比时，综合衡量这些要求就是对设备进行经济评价。

（6）可持续性

可持续性是指产品从设计、生产、销售、使用到处理，造成最低的环境和职业健康危害，消耗最少的材料和能源资源。这关系到全球的可持续发展。

（7）环保性

环保性是指设备的噪声和排放的有害物质对环境的污染要符合有关规定的要求。应选择不排放或少排放工业废水、废气、废渣的设备，或者是选择那些配备有相应治理"三废"附属装置的设备，还要附带有消声、隔音装置。

（8）成套性

成套性是指设备本身及各种设备之间的成套配套情况。这是形成设备生产能力的重要标志。设备的成套，包括单机配套和项目配套。工业企业选择适当的设备，以避免动力设备与生产设备之间"大马拉小车"或"小马拉大车"的现象。避免各种设备之间存在的"头重脚轻"等不配套现象。

此外，还必须注意企业的各种设备与生产任务之间的协调配套关系。也就是说，生产任务的安排要与设备的生产能力相协调。如果二者不相适应，不是完不成生产任务，就是不能充分发挥设备的生产能力，造成浪费。因此，不能绝对地认为先进的生产设备，就一定会取得好的经济效益。

（9）投资费用

在选择设备时，对上述各项因素进行认真评价之后，还要考虑设备的最初投资。并要顾及投资的合理平衡，不仅要考虑设备投资来源和投资费用大小，而且要顾及设备投资的回收期限和由于采用新设备带来的节约。

工业企业选择设备时，要从本企业的实际出发，对各种因素统筹兼顾，全面地权衡利弊，不应顾此失彼。企业的设备管理部门，要负责设备选择的全过程，并对设备进行技术经济等各方面的综合研究和全面评价。通过几种设备优劣的对比，为企业的生产选择最佳的技术装备。

3.1.3.2　设备选型的步骤

通常设备选型分三步进行。

（1）设备市场信息的收集和预选

广泛收集国内外市场上的设备信息，如产品目录、产品样本、产品广告、销售人员上门提供的情况、有关专业人员提供的情报、从产品展销会收集的情报以及网上信息等。并把这些情报进行分门别类汇编索引，从中选出一些可供选择的机型和厂家，这就是为设备选型提供信息的预选过程。

（2）初步选定设备型号和供货单位

对经过预选的机型和厂家，进行联系和调查访问，较详细地了解产品的各种技术参数（如精度、性能、功率等）、附件情况、货源多少、价格和供货时间以及产品在用户和市场上的反映情况、制造厂的售后服务质量和信誉等，做好调查记录。在此基础上进行分析、比较，从中再选出认为最有希望的两三个机型和厂家。

（3）选型评价决策

向初步选定的制造厂提出具体订货要求。内容包括：订货设备的机型、主要规格、自动化程度和随机附件的初步意见、要求的交货期以及包装和运输情况，并附产品零件图（或若干典型零件图）及预期的年需量。

制造厂按上述订货要求，进行工艺分析，提出报价书。内容包括：详细技术规格、设备结构特点说明、供货范围、质量验收标准、价格及交货期、随机备件、技术文件、技术服务等。

在接到几个制造厂的报价书后，必要时再到制造厂和用户进行深入了解，与制造厂磋商，按产品零件进行性能试验。将需要了解的情况调查清楚，详细记录，作为最后选型决策的依据。

在调查研究之后，由工艺、设备、使用等部门对几个厂家的产品对比分析，进行技术经济评价，选出最理想的机型和厂家，作为第一方案。同时也要准备第二、第三方案，以便适应可能出现的订货情况的变化。最后经主管部门领导批准，便完成了设备选型决策的全过程。

以上是典型的选型步骤。在选购国外设备和国产大型、高精度或价格高的设备时，一般均应按上述步骤选型。对国产中、小型设备可视具体情况而简化。

3.1.3.3　设备的订货、购置

设备选型后的下一步工作是进行订货购置；完成了订货才能实现设备的购置计划。

（1）订货程序

设备订货的主要步骤包括：货源调查、向厂家提出订货要求、制造厂报价、谈判磋商、签订订货合同。从订货程序可见，从设备选型的第三步就已经开始订货工作。在制造厂报价的基础上，作出选型评价决策后，再与制造厂就供货范围、价格、交货期以及某些具体细节进行磋商，最后签订订货合同。

（2）订货合同

所有订货产品，均需签订合同。合同是双方根据法律、法令、政策、计划的要求，为实现一定的经济目的，明确相互权利、义务关系的协议。对国外签订合同，还必须符合国际贸易的有关规定。合同要明确双方承担的责任，文字要准确。在合同正文中不能详细说明的事项可以附件形式作为补充。附件也必须双方签字盖章。

国外设备订货合同一般应包括下列内容：

ⅰ.设备名称、型号、主要规格、订货数量、交货日期、交货地点；

ⅱ.设备详细技术参数；

ⅲ.供货范围包括主机、标准件、特殊附件、随机备件等；

ⅳ.质量验收标准及验收程序；

ⅴ.随机供应的技术文件的名称及份数；

ⅵ.付款方式、运输方式；

ⅶ.卖方提供的技术服务、人员培训、安装调试的技术指导等；

ⅷ. 有关双方违反合同的罚款和争议的仲裁。

一般多数国内制造厂的订货合同内容包括上述第①、ⅲ、ⅳ、ⅵ、ⅷ条，不如国外详尽，有待完善。在签订合同时，若认为制造厂提供的合同内容有必要适当补充时，双方可议定将补充内容写成文件，作为合同附件。合同签订后有关解释、澄清合同内容的往来传真、电函也应视为合同的组成部分。

合同必须登记。合同的文件、附件、往来传真、电函、商谈纪要，预付款等都应集中管理，既便于备查，也可作为双方争执时的仲裁依据。

当完成了订货，就可以去实现设备的购置计划。

（3）设备的购置

一般来说，对于结构复杂、精度高、大型稀有的通用万能设备，以购置为宜，必要时，也可引进国外先进设备。因为这类产品质量起决定作用，从中还可消化、吸收新技术。

在选择、采购设备时，采购人员往往偏重于价格低廉的；而技术人员则偏重于机器设备性能好的；维修人员重视容易修理的。正确的做法应当是对设备的经济性、可靠性、易修性进行综合评价。这里主要介绍机器设备选购的经济评价。

投资回收期法　投资回收期等于设备投资额除以采用新设备后年节约额。

$$设备回收期（年）＝\frac{设备投资额（元）}{采用新设备后年节约额（元/年）}$$

根据设备投资费用与节约额计算不同的投资回收期。在其他条件相同的情况下，选择投资回收期最短的设备为最优设备。

据经验，回收期低于设备预期使用寿命（指经济寿命）的1/2时，此投资方案可取。

投资回收率法　投资回收率法由于考虑到设备折旧，所以它比回收期法反映的情况要实际些。计算方法如下。

$$设备回收率 = \frac{平均年收益 - 年折旧费}{设备投资费} \times 100\%$$

$$平均收益 = \frac{总收益}{预期使用寿命}$$

$$年折旧费 = \frac{设备投资额}{预期使用寿命}$$

如果投资回收率≤公司（企业）预定的最小回收率，此方案可行。

以上两种方法，即逐年从投资中扣除净收入，虽计算方便，可对措施方案作出快速评价，但它不能反映货币的时间值。

现值法 其特点是可把购置设备的各种方案在不同时期内的收益和支出全部转化为现在的价值，对总的结果进行对比。

机器在整个使用期每年都要支出经营费用，现值法是把这种逐年支出均折合成现在的一次性支出。其计算公式为

$$C' = C \frac{(1+i)^n - 1}{i(1+i)^n}$$

式中 C'——机器使用期中全部经营费用的现值；

　　 C——机器的年经营费；

　　 i——第 i 年；

　　 n——使用期。

应当指出的是，只有对比方案的使用期相同时，才能够使用现值法。

3.1.4　设备设计、制造阶段的设备管理

设备寿命周期费用是设备一生的总费用，它由构成期形成的设备成本（或生产费用，包括研究、设计和制造费用）和设备投入运行后的使用费用两部分组成。设备的生产费用（即购置费）是一次支出或在短时间内集中支出的费用。自制设备的生产费用，包括研究、设计、制造费用。外购设备的生产费用，包括购置费、运输和安装调试费。使用费是设备在整个寿命周期内为保证正常运行而支付的费用，包括能源费、维修费、保险费、固定资产税及工人的工资等。

以设备寿命周期费用最经济作为设备管理的目标，是最优化的设备管理。这就要求在设计某种新设备时，不仅制造成本便宜，而且使用费用也应低。既然设备寿命周期费用由设备成本和使用费用组成，为了使这两部分费用最经济，就要设法综合考虑降低这两部分经费。为了降低设备使用费用，一方面可以在设备运行过程中，采取技术方法（如零件的修旧利废，采用先进工艺等）和管理措施（如合理的劳动组织及工时定额等）来实现。但是，使用费用的降低幅度和设备的设计、制造阶段有密切关系。另一方面在设计、制造阶段，不仅要注意设备的生产能力和工艺性，而且要注意设备的可靠性、维修性、使用的功能和要求。

根据价值工程的概念，设备寿命周期费用与设备功能完成程度的关系如图 3-2 所示。图中，C_1 为设计、制造成本；C_2 为使用成本；C 为寿命周期成本；C_{min} 为寿命周期成本最低点；P 为寿命周期成本最低点时，功能完成程度。

设备寿命周期成本 C，是指产品从研究、制造、销售、使用直到报废的整个时期，在寿

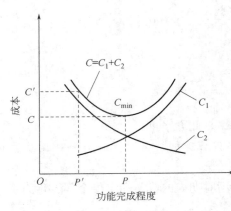

图 3-2 设备寿命周期费用与设备
功能完成程度关系

命周期内所发生的各项成本之和，也叫总成本。它是实现用户所要求的设备功能所需消耗的一切资源的货币表现。寿命周期成本包括两部分，即 $C = C_1 + C_2$。其中设计制造成本 C_1，是指产品到达用户手中之前所支出的费用总和；设备使用成本 C_2，是指用户在使用过程中所支出的费用总和，其中包括产品报废后的清理费用。价值工程既要求重视降低设计制造成本，又要求重视降低使用成本。只有寿命周期成本降低了，才能提高产品的竞争力，才能体现出对整个社会的有益的经济效益。

价值工程就是寻找寿命周期成本最低时的设备功能完成程度 P。也是寻找设备功能完成程度恰到好处时寿命周期成本最低点 C_{min}。由图 3-2 知，在 C' 点所代表的设备寿命周期成本不经济。因为，此时虽然设计、制造成本低，但设备的使用成本却很高，而且设备的功能完成程度也很低。所以这种情况不可取。经过合理的设计，把设备寿命周期成本降到 C_{min} 点，而其功能完成程度则由 P' 点提高 P 点。此时的设备设计、制造费用和使用费用均不太高，所以是合理的。

过去，由于社会分工造成设备的设计、制造过程由设计、制造单位管理；设备的使用过程由使用单位管理。两家不相往来，不通信息，彼此脱节，使设备使用单位在设备安装、调试、使用、维修过程中发现的设备缺陷，无法反馈给设计、制造单位加以改进；而使用单位在设备改造与改装中积累的科技成果，制造单位也不能加以利用。近年来，许多企业按照设备全过程综合管理观点，对设备实行全过程管理，有效地克服了设备设计、制造与使用之间的脱节现象。

3.1.4.1 外购设备的管理

向设备制造厂订购专用设备时，设备使用单位从制定技术条件提出设计任务书起，就应与设计单位保持密切联系。提供生产使用过程中的技术数据和资料，协助设计人员全面规划设备的经济性、可靠性和维修性。对设备设计工作的要求与自制设备设计阶段的要求相同。

对关键复杂设备（包括专用与通用设备）还需确定操作和维修人员的培训要求。设备使用单位可派人参加设备生产、装配、调试过程；既是培训，也是对设备构成期质量的监督。

设备运行后，设备使用单位应与设计单位建立密切联系，对设备使用过程中发现的设计问题进行记录与整理，并收集改进维修性能、提高操作性能、扩大使用范围等方面的情况，这些是设计单位改进设计的重要依据。

3.1.4.2 自制设备的管理

自制设备是指企业为适应生产需要自行设计制造（或委托外单位设计制造）的专用设备。对自制设备管理的全过程，设备管理部门应参与其规划、设计、制造、安装调试等工作。主要工作内容及程序如下。

（1）提出申请书

由使用部门或工艺部门，根据产品工艺的需要，提出申请书。其内容包括：加工的零部件、目前采用加工方法的主要缺点、推荐的新工艺方法和对新设备的基本结构的设想及预期的技术经济效果。申请书经工艺部门负责人审查同意，总工程师批准后，列入企业设备规划。

（2）编制设计任务书

设计任务书由使用部门或工艺部门负责编制。其内容包括：对加工零部件质量和产量的要求、拟采用的工艺方法、推荐的基本结构和各项技术参数、自动化程度、费用概算、验收标准及完成日期。设计任务书使决策要求具体化，可用来监督设计过程和制造过程，并可作为制造质量的验收标准。设计任务书必须经工艺部门负责人审查同意，总工程师批准。

（3）设计

自制设备可以由企业的装备设计部门负责，也可以委托生产类似产品的制造厂设计。由企业的工艺部门负责，设备管理部门参加，按设计任务书并与设计部门磋商，签订委托设计技术协议。其主要内容应包括：

设备的详细技术要求；

是否需要进行工艺性试验和试制样机；

用户需提供的资料或其他设计条件；

有关设计审查和设备鉴定的规定；

设计单位应提供的技术文件；

设计完成日期及设计费用；

任何一方未履行协议，应负的经济责任和仲裁。

设计人员必须按照设计任务书的规定，拿出两个以上设计方案进行技术经济论证，从中选定最佳方案。必须从经济观点来评价各方案的优越性，在规定的预算之内，从设计上采取措施降低费用（制造费、安装调试费、运行费和维修费）。为此，应从以下几方面入手。

尽可能从结构设计上满足对设备的要求，精心设计是设计师的主要任务。

注意采用同一规格的零部件或型式相同（或相近）的元器件，尽量采用有信誉的质量稳定的标准产品以节省开支。

要考虑本企业的制造能力和工艺水平，尽量发挥已有装备和技术优势以提高制造效率，缩短制造周期，保证质量，降低成本。

对改造设备要尽量利用原设备的可利用部分，节约开支。

采用新材料、新技术、新工艺和新设计时，应考虑技术上是否成熟，对本企业产品的适用性究竟如何，利用率如何。必须讲究经济效益，不能为改造而改造，盲目追求越新越好。

在完成初步设计后，由用户的工艺、设备及使用部门进行方案审查。其主要目的在于审定是否达到设计任务书的技术要求。在完成技术设计后，应再次审查，主要目的在于审核设备的可靠性、维修性、操作是否方便，安全防护装置是否齐全可靠。经审查后，对协商一致的修改意见应作好记录，并由审查人员和设计人员在设备总图和审查记录上签字，经总工程师签署后交付实施。

设计阶段也应按照价值工程原理加强费用管理，使设计费用尽可能合理。可以采用以下措施。

设计前的调查研究。应尽可能利用现有资料，平时就应有计划地收集、整理和分析有关设备设计的资料，专人管理，并有一套便于检索的办法。如果确实需要实地调查研究，应派得力的专业人员进行，并事先拟出调研提纲，严格控制调研费用。

减少图纸工作量。由于自制设备是单台或小批量的，对于某些不是必须的装配图可不必绘制。要提倡用标准图纸，以减少设计工作量。其余部分图纸要求做到标准化、规格化。

技术经济责任制。方案必须经过论证，既要充分听取有关人员意见，又要及时做出决断，不能议而不决，拖延时间。尽量避免到审查时才彻底推翻原方案，从头再来。实行设计、校对、审核的技术经济责任制，各负其责，使设计进度加快。

图纸设计完毕，应编制使用维护说明书、工作能力检查书、备件易损件清单和图册、对制造工艺的特殊要求，以及根据图纸提出来的制造费用预算表。这些资料的内容和格式应符合有关标准的规定。

费用预算表应较详细地列出材料、工装和工时费用等的估算数字。应把设计图与类似复杂程度的专用设备（或通用标准设备）进行比较；若设计结构较后者先进，预计其他性能亦佳，且费用合理，即可付诸实施。在目前情况下，专用设备的自制费用不得高于类似复杂程度标准设备的 $20\%\sim30\%$，或不得高于专用设备制造厂类似设备的价格。否则，应重新计算费用，或修改设计，去掉一些不会影响设备使用的设计考虑。对于特殊需要而使费用增高的设计，可另行考虑。但也不得随便增加开支。

（4）制造

自制设备可以由本企业的生产车间或机修车间制造。如委托外厂设计，则同时委托该厂制造，可参照外购设备订货办法签订合同。

设计人员参加试制工作，及时处理制造过程中发现的设计和质量问题。由制造厂的质量检验部门按产品检验制度，对零件、部件装配和总装配质量进行检查，并签发合格证。

（5）鉴定和验收

自制设备的管理最主要环节是质量鉴定和验收。按设计任务书和图纸规定的验收条件，由设计、制造和用户的工艺、设备、使用部门组成鉴定小组进行鉴定和验收。在鉴定时，除了要进行详细技术规定、性能的检验和空载运转试验外，必须按规定的工艺规范，进行工作精度试验，加工的零件数不少于 50 件。零件的精度必须达到图纸规定；班产量大于（或等于）设计规定的产量。

如果在试车鉴定中发现设计、制造的设备达不到设计任务书的规定，或者由于设计制造的缺陷，故障频繁，应由设计、制造单位修改消除缺陷，然后再进行试验，直至达到合格，在鉴定书上签字验收。

在鉴定完毕后，设计单位应将完整的技术资料（包括零件图、装配图、基础图、质量标准、说明书、易损件和附件清单等）移交给用户的设备管理部门、制造部门。

费用结算表中，设计费和制造费之和超出预算部分，若是由于管理不善或不按计划开支造成的，设备管理部门应不予承认，财务部门应不予报销。

3.2　设备使用期的日常管理

3.2.1　设备使用期管理的任务和工作内容

在设备构成期只发生对设备的投入，即科研、设计、制造、检验、运输费用投资；到设备使用期才发生设备的输出，即为企业生产服务，使企业获得效益。质量和性能好的设备，如果不能正确地使用、精心地维护、科学地检修，也就不可能正常经济地运行。企业当然不能获得预期数量和质量的产品，设备投资就无法按预计期限回收。所以，构成期管理只能为使用期有高的综合效能打下基础，使用期管理是发挥构成期管理成果的直接因素。

3.2.1.1 设备使用期管理的基本任务

ⅰ.采用群众维护、预防检修、状态监测、合理润滑和备件供应等措施来保证设备的最佳技术状态，提高设备的完好率和时间可利用率。

ⅱ.合理使用设备、提高设备利用率，充分发挥设备潜力。

ⅲ.进行成本核算，经济活动分析等工作。采取技术革新、工艺改革、节约能源和材料等措施，降低设备使用期费用。

ⅳ.做好设备的改造、更新工作，提高设备的技术水平和经济效益。

3.2.1.2 设备使用期管理的主要内容

① 工程技术方面　安装调试、维护、润滑、修理、改造等方面的技术工作和技术管理工作。

② 经济财务方面　折旧基金和大修基金管理、固定资产管理、维修成本核算与分析、设备利用经济效益分析、设备改造经济效益分析等经济工作。

③ 生产组织方面　组织机构、修理计划、生产准备、备件供应等管理工作。

3.2.2 设备的安装验收与移交

设备全过程管理关键环节之一，就是设备的安装验收与移交。

设备在安装前，首先应选择设备的安装地点，确定工艺布局。

如果在设备的计划和选型阶段进行了技术经济分析和企业工艺布局规划，则在设备到厂以前就应选择好安装位置，准备好如照明、空调等工作环境。还应组织好操作和维修人员的培训，铺设水、气（汽）、电等线路。

外购设备到厂后，应由设备采购部门会同项目负责的有关部门（即基建、技措、安装施工等）及设备管理部门共同组织开箱检验。主要检查设备在运输过程中各部位有无损伤，当场清点零件、备件、附件、技术文件与装箱单是否相符，并填写设备开箱验收单。尤其要注意进口设备，必须按规定期限，及早进行验收，以免延误索赔期。

（1）设备交验应具备的条件

对于自制设备，应由设备设计单位负责召集组织设备制造、管理、使用等有关部门参加交验工作。

ⅰ.有设计任务书（有申请责任者、审核和批准者签名），对设备的技术性能、主要参数、使用要求等明确清楚。

ⅱ.设备审批手续齐全，设计达到任务书要求。

ⅲ.制造完工、配套齐全、检验合格，经过约3～6个月试生产证实性能稳定，生产实用。

ⅳ.设备技术文件（说明书、主要图纸资料等）齐备，具备维修保养条件。

（2）在选择安装地点时应注意的问题

ⅰ.环境和设备的相互影响。如重型锻压设备的振动及铁路对附近精密加工设备的影响。

ⅱ.按工艺流程合理布置设备。减少零件周转时间与厂内运输费用。

ⅲ.合理的能源供应方式。对于耗电大的设备应靠近变电站；空气压缩机站应远离仪器仪表控制中心。

ⅳ.企业的发展规划和组织机构。

ⅴ.发挥设备最高利用率。

当设备安装完毕时，应由项目负责部门会同有关技术、设备、使用、安装、安全等部门，作安装质量检查、精度检测，并按规定先作空载运转，再作负荷试车。对于大型装置还必须作联动试车，试生产等。经检验合格，由筹建单位办理设备移交手续。填写设备安装移交验收单、设备精度检验记录单、设备运转试验记录单，经参加验收人员共同签字后送移交项目负责部门、使用部门、设备部门、财务部门各1份。对于关键设备（高精度、大型、重型、稀有）还应有总工程师、主管厂长参加验收、移交工作，并签字批准。

随机附件应由设备部门负责按照装箱单逐项清点，并填写设备附件工具明细表。设备附件工具明细表应由使用部门负责保管。随机技术文件明细表填写完后，应交技术档案室存档。还要填写备件入库单，并由备件仓库办理入库手续。

对自制设备，鉴定验收后，应算出资产价值并与投资概算进行比较分析，办理移交手续。

3.2.3 设备的租赁

成立专门的租赁公司，租赁设备不仅可以租赁国产设备还可以从国外引进设备。按这种租赁方式，租赁公司不直接向企业贷款，而是将购入的设备租给企业。使用设备的企业负责设备的选择、维护、修理；并可边生产，边产生利润，边付租金。这是解决开工初期筹集资金困难，提高资金利用率的措施。

设备的租赁有两种形式。

一种是设备使用单位之间由于生产任务变化，设备不均，进行互相支援和调剂。

另一种是使用单位资金不足，向专业租赁公司租赁设备。

设备使用者之间设备的租出租入，一般是由于租入单位临时生产紧张，而短期内又找不到货源；租出单位则由于季节性停工或产品变化、工艺改变等原因有暂时不需要的设备。

设备租赁时，租出租入单位双方应签订租赁合同，内容包括：

ⅰ.租赁设备的名称、型号、规格和数量；

ⅱ.租赁期限，以及租赁起止日期；

ⅲ.租金数额及结算方法；

ⅳ.双方应承担的经济责任，如大修应由谁负责，租赁期进行改造增添附件时如何处理等；

ⅴ.其他双方认为必须明确的问题。

租出企业对设备所有权不变，继续提取折旧和大修费用。租入单位不能将设备列入固定资产，只负责经常维修费用开支。

设备使用企业向专业租赁公司租赁设备，是社会大生产发展的产物，是设备商品化的产物。这种做法类似于用分期付款的办法购置设备，设备使用单位定期支付租金，就可获得设备的使用权，最后获得产权。这是减少国家对企业设备费用的投资，搞活设备管理的好办法。

当租赁期满以后，可以采取续租、设备退回租赁公司、由使用单位购买这三种处理形式。

3.2.4 设备的故障与事故管理

在化工生产中，设备故障与设备事故是无法避免的，是客观存在的；但在生产中应努力使故障发生率降低到最小限度，取得最佳的经济效益。为此，研究设备故障，消灭和减少设备故障是设备管理与维修工作者的一项重要任务。

3.2.5 进口设备管理

改革开放以来,一些企业先后从国外引进乙烯、合成纤维、合成树脂、合成氨等技术和成套生产装置。随着进口设备的迅速增加,进口设备的管理工作已成为工业企业管理中一个比较突出的问题。

3.2.5.1 技术引进和进口设备概念

通过一定形式引进国外先进的技术知识、经验、成果,称为技术引进。

技术引进的内容,应包括购买专利技术,即包括购买产品的设计资料、制造工艺、测试方法、材料配方或成分等制造过程中的技术资料;也包括技术输出方为使引进方掌握引进技术提供的技术人员培训,或技术输出方人员提供的现场指导等。技术引进可以提高自制能力和设备制造水平,其费用比进口设备低得多。

进口设备优点是上马快、周期短、能迅速形成生产能力和迅速填补空白,克服生产过程中的薄弱环节。但进口设备花外汇多,又不能解决设备的制造方法、技术问题。不过技术大都体现在产品上,如果进口样机或进口国内的空白及关键设备,也是技术引进的一种形式。因此在实际工作中,往往把进口设备与引进技术等同视之,称为"引进设备"。

3.2.5.2 进口设备的方式

目前一些企业进口设备的方式有以下几种。

ⅰ.先进技术和成套装置同时引进。这对于迅速发展国民经济、尽快形成生产力及迅速改变技术落后状态是可取的,必要的。以后的技术引进,应着重从引进不同产品的先进技术和装置或同一产品的不同技术和装置,过渡到只购买国外技术专利和主要设备,其余全部由国内承包工程设计、设备制造和整个工程建设。

ⅱ.引进先进技术,并从国外进口关键设备、仪器或样机。目的在于使引进技术尽快形成生产能力,或利用进口的关键设备、仪器样机,填补空白,加速产品更新换代。

ⅲ.引进产品生产线,从国外进口全套或大部分生产设备。

ⅳ.承接外商来料加工和装配业务中所进口的有偿与无偿的生产设备。

ⅴ.合资生产、合资经营从国外进口设备。

ⅵ.生产合作(即与外商合作,共同生产一种产品),从国外进口设备。

ⅶ.外商馈赠的设备等。

3.2.5.3 进口设备的管理

ⅰ.计划管理是搞好进口设备的规划,达到预期目的和要求的前提。企业都应拟定一个比较稳定的中、外长期技术改造和设备更新规划,确定进口的设备项目,以便及早收集情报,摸清国外情况(技术先进程度、价格等),并做好国内配套的各项工作。在制定规划时,要根据资金来源(利用外资或国内贷款)与偿还能力、国内设备的配套能力、企业技术水平和管理水平以及科学技术发展的趋向,量力而行,循序渐进。

制定一个切实可行的规划,必须对每一台需要进口的设备进行可行性研究,做好技术、经济分析、论证。选择技术先进、生产适用、经济合理的设备,特别要注意引进那些"适用技术"。即要从本国的实际情况出发,根据国情和国力(对进口设备的消化能力、备品配件的供应能力、原料、动力、维修能力,技术管理能力等),进行多方面的评价和比较,有选择地引进技术和设备,反对盲目引进所谓"高新技术"。

制定规划和编制计划时，应由企业主管技术的总工程师副厂长（副总经理）组织，有计划、设备、基建、财务、技术、供应等各有关部门参加讨论和研究。总工程师要能善于听取设备主管部门的意见和建议，要让设备主管部门提方案或提出初审意见。

ⅱ. 考察和谈判是计划确定后进行的。设备主管部门应直接参与对外谈判和出国考察。这样做有利于对引进技术中需要配套设备的分析，判断哪些是必须进口的？哪些可以在国内配套的？哪些可以利用已有设备进行改进、改造就可以满足要求的？避免进口国内能解决的设备。也有利于对进口设备的价格和成套性、维修性、节能性等的审查。

在考察和谈判中，能学习和了解国外设备方面的先进技术和管理方法，有利于设备管理部门今后做好设备的安装、维护、修理和国内配套设备的选型。有利于设备部门及时做好配套、安装的准备工作，促使工程项目早日投产。

同外商谈判应注意技术策略问题：

对外商的报价要从技术、性能、价格、设备成交、合作制造、合作条件、利用外资贷款的可能性等方面综合分析，进行选择。要贯彻技术经济相结合的原则，把适用的先进技术放在第一位，而不是谁便宜就买谁的，这方面已有不少教训。

由有关部门组成联合谈判领导小组，共同商量谈判计划、方案和策略，共同遵守，一致对外。尽量让外商先提方案，有利于迅速权衡和制定对策。

第一线谈判小组应精干，出国考察人员应作为主要成员参加。主要谈判人员不要中途更换。

谈判要灵活掌握，适时成交，不要因急于求成而造成被动的局面。

要了解和熟悉国际上通行做法和趋势，善于进行有理、有利、有节的斗争，对于外商的不合理要求和条款，要善于抵制或拒绝。

为做好设备进口工作，还应熟悉有关外汇、外贸、税务、海关和商检等方面的业务知识。

ⅲ. 无论是技术引进工程，还是单机进口，除了直接参与谈判、考察工作外，设备主管部门要抓住前期管理的几个环节。

做好口岸接收和运输工作。设备到达口岸（机场、港口、车站）后，订货企业应有专人驻港了解情况，掌握进口设备的船期、箱号、名称、数量，并配合货物管理部门分清批次、核对到货地点、名称是否与合同相符，查清到货件数，检查箱体有无残损；对残损问题要协助到货部门严格分清原残、工残，并及时取得船方或港务部门的有效认证。对于重要设备，应派专人负责押运。要检查有保温、防潮、防振等特殊要求的设备，在运输中是否按要求办理。

做好设备入库保管。设备运抵工厂后，应立即入库。保管员应按照包箱的保管标记，分类保管，保证开箱及安装时按需要随时出库。做好防火、防盗、防水、防虫等工作。对那些临时不能入库的设备，要加盖苫布，并要采取适当安全措施。做到账物相符，入库、出库手续交代清楚。

检验和索赔。检验是进口设备管理工作的重要环节。进口设备到货以后，应组织专门机构和人员负责这一工作。要及时开箱检验，并迅速安装试车，这样才能发现设备的规格、质量和数量是否与合同相符，以便及时提出索赔。如合同规定卖方参加开箱检验，则应通知卖方到场。如果由商品检验局办理检验，则检验时应通知商品检验局，到现场复检、出具证明。进出口公司在货到达口岸之日起 90 天内凭商检证提出索赔。如货物抵达现场以后由于某种原因不能按时开箱检验，则应向进出口公司提出申请，经同意后才能延期检验。

开箱检验应检查包装是否完整，开箱后查点箱内文件、单据、技术资料是否齐全，核对实物是否与装箱单和合同相符。若本单位不具备对某些设备检验条件，应提前与有关单位联系。

除按规定在设备到达目的港后若干天进行初步检验外，还应尽快安装投入使用。在质量保证期内（一般为12个月）如发现其质量和性能上有缺陷，达不到合同规定要求时，可凭检验证书向卖方提出索赔。

设备的安装。设备开箱检验后，应立即组织人员消化设备的技术说明书和图纸，了解设备的性能、结构、接线方式、绘制安装基础图和管线图纸、制定安装计划、准备材料、工具。做好浇灌基础、设备上位、清洗、接线工作。

设备安装试车，应有生产车间人员参加。在设备试车前就应定人、定机、定操作规程和维护保养制度。对那些应有卖方参加试车的设备应通知卖方参加。试车（试测）应按技术说明书的规定进行，试车中发现的问题应及时分析，并按规定处理。

试生产中的技术培训工作。设备安装后的试生产阶段，首先碰到的问题，是操作者对设备的性能、结构、原理等不熟悉和不会操作。因此，要组织已出国或在国内培训过的维修人员、工程技术人员和操作工人作为老师，进行操作知识、安全和保养知识的培训。

3.2.6　设备管理与公害

工厂开工后可能发生的公害，有以下几个方面。

① 燃烧排出气体和剩余排出气体　如硫的氧化物、氨的氧化物和硫化氢等有害气体。

② 废水、废液　如油、酸、碱、污浊物、氰、纸浆废液和重金属类废液。此外还有温度较高的冷却排水等。

③ 噪声　泵、空气压缩机、空冷式热交换器、鼓风机、加热炉以及其他直接生产设备、运输设备等所发生的噪声。

④ 振动　空气压缩机、鼓风机以及其他直接生产设备等所产生的各种振动。

⑤ 恶臭　生产工艺、原料、产品的储存、运输等环节泄漏出少量有臭物质，例如，硫醇、氨等。

⑥ 地盘下沉　由于工厂汲取地下水而造成的地盘下沉。

⑦ 光、热　主要是由火炬管的辉光焰造成的光和热。

⑧ 工业废弃物　塑料、浓缩污泥和炉渣等。

要想防止公害产生，就必须投资安装防止公害的设备，同时还要对这些设备进行维修保养。应当将防公害设备看作生产系统的一部分，否则，防公害设备一旦发生故障，就必然导致生产设备停产。

因此，在化工厂的设备设计阶段，不但应考虑防公害设施的配套齐全，还应该认真考虑防公害设施的维修保养问题。

3.2.7　设备的封存与保管

在正常情况下，企业的设备都应该是长期正常运转的设备。对生产所必须而又短期使用的设备，可以通过租赁或其他办法解决。所以不应该也不允许发生设备长期闲置的现象。可是，由于生产形势的大幅度变化等原因，会造成企业有一定数量的设备长期闲置。这批闲置设备不能发挥经济效益，反而给企业管理带来压力。其实设备封存并不能解决实质性的问题，不过是由于采取了正式的、集中的封存保管措施，使国家财产遭受自然损耗的程度降至最低限度，有效地保护了国家财产，也减轻了企业的压力。设备在封存期内，不考核设备指标，不提取折旧与大修基金。

另外还有一种性质不同的封存措施，即国家为了节约能源，使用行政干预手段硬性规定企业在一定时间内按一定比例封存设备。在封存的保管措施上可参照一般封存的要求来执行。

3.2.7.1 机械设备封存的条件及要求

ⅰ.凡已停用 6 个月以上而又估计为企业不需要的机械设备，由机械设备管理部门负责填写"机械设备封存申请单"，报上级主管部门批准后才能进行封存。

ⅱ.凡申请封存的机械设备，必须做到技术状态良好，附件齐全，并要挂上醒目的封存牌。对已损坏的机械设备，应予以修复并验收，合格后，才能封存。

ⅲ.凡已批准封存的机械设备又需要使用时，应首先由机械管理部门填报"机械设备启封申请单"，经上级主管部门批准后才能启封使用。严禁未经批准、擅自使用封存的机械设备。

ⅳ.设备的封存工作，一般由设备科（或机动科）组织原使用部门及技术、安全等部门的有关人员到现场进行。封存的设备必须保持结构完整、技术状态良好，并在封存前进行清洗，涂抹必要的防锈油脂。对化工设备尤应注意将内部物料清除干净，并彻底清洗，严密加封，并做好防锈和防腐蚀措施。设备封存后要指定专人保管，定期检查。所有封存设备要达到完好设备要求，并列入设备检查内容。

ⅴ.对闲置设备应积极进行处理，闲置两年以上或产品转产不用的设备，可报请上级主管部门协助处理。上级有权调给其他单位使用。设备封存期间不提取基本折旧和大修基金。

3.2.7.2 封存设备的保管工作

设备封存的目的之一，是要提高保管质量，保护其不受损失。要采取妥善措施，切实加强封存设备的保管保养工作，使设备始终处于良好的技术状况或至少保持现有的技术状况，不致遭到自然蚀损而日益劣化。

凡新设备或大修出厂后未经磨合的机械设备封存时，应在封存前完成磨合程序并进行磨合保养工作，以便使设备处于磨合完、正常待用状态，防止将来封存日久，一旦启封时发生遗漏磨合程序的现象。如果由于客观条件限制，达不到上述要求，则应该明显标明。

凡带有附属装置的机械设备，应尽可能将其附属装置集中就近存放，避免主机入库、附件散置各处，否则天长日久易发生错配或丢失现象。

一切设备的工作装置均不得悬空放置，如工程机械的铲斗、刀片等均应以木方垫起；履带下也要以木方、水泥制块、碎石层或石渣等垫起，避免与泥土地面接触，造成腐蚀。对电气设备一定要切断电源，并做好防潮、防尘、防水等措施。

3.2.7.3 封存设备的启用

当封存的设备决定再用时，应由使用单位办理再用手续，填写"启用申请单"（一式三份）报设备动力部门批准，并收回封存标志牌。启封单一份退回使用部门，作为启封的凭证；一份交财务部门作为继续提取折旧和收缴占用费的依据；一份留设备动力部门存档。

3.2.8 设备的报废

凡属固定资产的设备如需报废，必须提出申请，经过鉴定批准才能处理。设备未经批准报废以前，设备使用部门不得拆卸、挪用设备的零部件。设备报废关系到国家固定资产的利用，必须尽量做好"挖潜、革新、改造"工作。

3.2.8.1　设备报废的条件和分类

主要结构严重损坏无法修复或在经济上不宜修复、改装，或属国家政策规定必须淘汰的设备，可申请报废。根据不同原因，报废可分为以下几点。

（1）事故报废

设备由于重大设备事故或自然灾害等原因，损坏至无法修复或已不值得修理而造成的报废。

（2）蚀损报废

设备由于长期使用以及自然力的作用，使其主体部位遭受磨损、腐蚀变质、变形、劣化至不能保证安全生产或其本体丧失使用价值而造成的报废。一般情况下也不能采取修理的方法来解决，这种类型的报废基本上也就是自然寿命终了的象征。

（3）技术报废

设备由于技术寿命终了而形成的报废。这种类型的报废是设备更新的前提。

（4）经济报废

设备由于经济寿命终了而退役。如果当时社会上已有更先进的同类设备可供选用，那么这种类型的报废也就应成为实现设备更新的一种机会。在社会技术更新步伐较快的国家，这已是一种正常的现象。

（5）特种报废

凡由于不是前述几种原因而造成的设备报废统称为特种报废。例如某些小批量的进口机械，当随机配件用尽后，往往长期处于停滞等待配件的状态，这种配件国内不生产，进口无渠道，最后设备不得不予以报废。

在上述 5 个类型中，凡属（3）、（4）两项报废的设备，假如国家未明文规定不准流入社会继续使用，那么可以允许以优惠的条件向需用对象或企业转让，不一定就成为废品。

3.2.8.2　设备报废的手续

设备的报废，涉及巨额资金的核销和国家财产的报废问题，所以必须严肃认真地对待。报废的程序和有关规定如下。

ⅰ.由设备主管部门主持，吸收有关人员组成"三结合"小组，对报废机械设备作出详细、正确、全面的技术鉴定。确认符合报废条件后，填写"机械设备报废"申请（一式三份），经设备技术负责人和当地建设银行签署意见后，报上级主管部门审批。

ⅱ.批准报废的设备，除汽车按国家已有规定处理外，凡能改制、利用的材料、零部件及辅机，应充分利用，并作价入账，作为残值的一部分。

ⅲ.设备必须提够折旧费后才能批准报废，其剩余净值可在报废审批中核销。处理报废设备的资金，只能用于设备的更新和改造。

ⅳ.审批报废的权限以单机原值为依据，按规定的限额划分，高于限额以上的机械设备的报废，由省、市、自治区主管部门批准；低于限额的机械设备报企业上一级主管部门批准；重要设备要到有关部门备案。

ⅴ.经上级正式批准报废的设备，应根据批准文件及时按台销账。

3.2.8.3　报废设备的处理

当前在机械设备的报废工作中，普遍不注意报废后的清理工作。往往报废销账以后仍是原机原形停在原处，不仅影响到残值的回收，而且造成一种管理混乱的现象。这种现象不符合"增产节约、增收节支"的方针。所以在机械设备批准报废后应及时清理，并尽量做到物尽其用。例如，对有些报废设备可以作价出售给能利用的单位，或者将可利用的零部件、附件、电机等拆下留用，其余作废料处理。自批准报废起该设备从资产中注销。

思 考 题

3-1 设备的日常管理分为哪两个阶段？

3-2 中国工业企业增添设备的国内资金来源有哪些？

3-3 简述设备选型的原则及应考虑的因素。

3-4 说明设备日常管理的过程。

3-5 目前企业进口设备的方式有哪几种？

3-6 设备校验应具备哪些条件？

3-7 设备报废的类型有哪几种？

第4章
设备的使用、维护和保养

要使设备充分发挥作用，提高经济效益，就必须使之长期保持良好的性能和精度，减少磨损，延长寿命。因此，设备的正确使用、维护和保养是设备管理中的一个重要环节。企业购置设备的目的是生产，设备只有在使用过程中才能发挥生产力的作用。设备的使用价值能在较长的时间内发挥作用的关键，就是正确使用与精心维护。

设备使用寿命的长短，生产效率的高低，固然取决于设备本身的结构、材质和性能的好坏，但在很大程度上也取决于设备的使用与维护保养情况。

4.1 设备的正确使用与精心维护

各种设备或零部件都有其客观存在的使用寿命。只有正确地使用并加以精心的维护保养，才能使设备达到它应有的使用寿命，发挥其最大的生产力，达到最大的经济效益。所以企业对设备的正确使用、合理操作和精心维护是一项根本性的工作。

4.1.1 设备的正确使用

ⅰ.要根据企业产品的生产工艺特点，正确、合理地选择各种类型的设备，认真考虑设备的使用范围、技术特性。为了满足生产工艺的要求，合理选择设备是保证生产要求的重要环节，也是对设备管理产生影响的一个因素。在选择设备时，还应注意各工序设备的协调配套。

ⅱ.要根据设备的结构、性能和技术特性正确地规定设备能力。不同的机器设备是根据不同的技术原理设计制造的，所以它的性能指标和技术参数也是有规定的。企业在安排生产任务时，要根据设备的生产能力来安排生产计划。对压力容器不能超压使用；对受热设备不能超温使用；对动力设备，如工业锅炉、变压器等更要严禁超负荷运行。这样既保证了生产的安全、设备的正确使用，又能充分发挥设备的效能。

ⅲ.操作工人要严格遵守操作规程。操作工人对设备的正确使用负有责任，必须熟悉和严格按照操作程序进行操作。注意控制各项操作指标，如：温度、压力、真空度、转速、流量、电流、电压等。操作中如发现不正常现象，要立即查明原因，排除故障，保证设备的正常运转。

ⅳ.要建立健全各级责任制度。从厂长、总工程师、设备管理部门负责人、车间主任、机械员、班组长、生产工人等，都要明确其职责，以保证设备的正确使用。

4.1.2　设备的维护保养

设备的维护保养，是设备本身运动的客观要求。设备的维护保养同样是设备管理工作中的重要环节。只有精心维护保养设备，才能有效地延长设备的使用寿命，提高设备的效率，保证生产的正常进行。设备在使用过程中，由于自身的运动，必然带来对设备零部件的机械磨损以及介质的化学腐蚀。根据工艺特点的不同，各类设备都在使用中不断地产生性能劣化。按其性质来分，可分为使用劣化、自然劣化和灾害劣化三大类，设备劣化的原因及技术对策如表 4-1 所示。

表 4-1　设备劣化的原因及技术对策

劣化种类	劣化内容		技术对策
使用劣化	运转条件、运转环境	温度、压力、破损、变形、裂纹、失去弹性、材料(本体)或零部件腐蚀、疲劳磨损、冲击、应力、脆化、介质附着、加工物粉屑附着、尘埃等	耐热、耐压、耐振、防止过负荷、改换材质、防止过热、防锈、防蚀、润滑、换件、清扫、防尘、改进联锁操作、自控等
	操作方法	操作失误	
自然劣化	放置造成的锈蚀、变形、材质老化		
灾害劣化	暴风、水浸、地震、雷击、火灾、爆炸等造成的破坏		加固、耐水、排水、防振、避雷、防火、防爆等

在设备使用过程中，最常见的是磨损、蚀损、污损和老损。磨损通常是因传动设备中的相对摩擦而造成；而蚀损则由化学介质与材料相互作用而发生腐蚀等造成；污损是由尘埃及油污粉尘等造成；而老损则是材质老化、脆化和变质等造成。

设备的劣化，并不单纯指发生故障而使设备停止工作。即使设备仍在工作，然而产量、质量和收率下降，或者效率过低、消耗增大等，从严格要求来衡量都应当看成是设备的劣化。即使设备没有停止工作，这样的劣化也属于故障之列。由于这些内外因素的影响，设备的使用寿命在逐渐地减少。设备维护的任务就在于采取各种措施，以减少上述诸因素对设备使用的影响。

下面介绍设备一般的维护和保养方法。

4.1.2.1　设备投产前必须做好维护保养的准备工作

ⅰ.编制设备的维护保养规程。

ⅱ.编制填写设备的润滑卡片，重点设备要绘制润滑图表。

ⅲ.对工人进行技术培训，指导工人学习设备的结构、性能、使用、维护保养、安全操作等方面的知识。并进行理论和操作的技术考核，合格者方可操作该设备。

ⅳ.准备必需的维护保养工、器具和符合要求的润滑油、脂。

ⅴ.对设备的安装、精度、性能、安全装置、控制和报警装置等进行全面检查，对所有附件进行清点核对，一切就绪后，操作者方能使用设备。

4.1.2.2　在设备使用中，必须严格执行岗位责任制

认真执行巡回检查并填写规定的记录表格，使所有的突发故障苗头及不正常状态能及早发现并处理，尽快使其恢复正常功能与安全运行。操作工的一般日常维护保养的内容举例如下。

ⅰ.检查轴承及有关部位的温度与润滑情况。

ⅱ.检查有关部位的压力、振动和杂音。

ⅲ.检查传动皮带、钢丝绳和链条的紧固情况和平稳度。

ⅳ.检查控制计量仪、调节器的工作情况。

ⅴ.检查冷却系统的情况。

ⅵ.检查安全制动器及事故报警装置是否良好。

ⅶ.检查螺丝、安全保护罩及栏杆是否良好。

ⅷ.检查各密封点有无泄漏等。

ⅸ.认真搞好设备润滑,执行设备润滑规程,严格按"六定""三级过滤"的要求对设备进行润滑。

ⅹ.贯彻以维护为主,检修为辅的原则,严格执行设备维护保养制度。操作工要做到"四懂"(懂结构、懂原理、懂性能、懂用途)、"三会"(会使用、会维护保养、会排除故障)。

4.1.2.3 熟悉设备维护保养的基本做法,明确管理职责

ⅰ.按化工生产的特点和要求,实行专机专责制和机、电、化、仪四位一体包机制,做到台台设备、条条管线、个个阀门、块块仪表都有专人负责。

ⅱ.严格按照操作规程正确合理地使用设备;按维护保养规程精心维护保养设备,使设备达到应有的使用寿命,发挥其最大的综合效率。

ⅲ.开展完好设备、红旗设备、完好岗位(一类岗位)、无泄漏区(车间、工厂)活动,把精神文明建设和物质文明建设结合起来,提高职工的劳动热情和主人翁责任感。

ⅳ.开展群众性的设备检查、评比、竞赛活动,提高设备完好率、降低泄漏率,保证设备有高的利用率。

为了保证维护保养的各项任务能得到认真的贯彻落实,企业应制定各类人员的维修保养责任制,如表4-2所示。

表4-2 各类人员在设备维护保养中的任务和基本要求

人员	任务	基本要求
操作工人	1.巡回检查、填写设备运行记录 2.及时添加,更换润滑油、脂 3.负责设备、管路密封的调整工作 4.负责设备、岗位的清洁、清扫工作 5.定期对传动设备进行盘车和切换	1.严格执行操作规程和有关制度 2.严格执行交接班制度 3.发现设备运转不正常应及时检查并向上级报告 4.保持设备、岗位整洁,做到沟见底,轴见光,设备见本色
维修工人	1.定期上岗位检查设备运转情况 2.负责完成设备零星维修任务 3.消除设备缺陷 4.负责备用设备的防尘、防潮、防腐工作	1.主动向操作工人了解设备运转情况 2.保证维修质量符合检修质量标准 3.不能及时消除的设备缺陷要做好记录并向上级报告 4.定期检查备用设备,保持设备完好
设备管理工程师	1.组织设备评级和泄漏状况的检查 2.组织设备缺陷的消除和改善设备技术的工作 3.监督设备维修责任制的贯彻执行	1.统计计算设备完好率和静密封点泄漏率并进行分析 2.汇总设备事故次数、损失和维修费用并进行分析 3.考查设备管理制度执行情况,并用数据进行评价

4.1.3 设备的检查与评级

设备在使用过程中，要保持其良好的性能，不发生故障，就要预测出可能发生故障的部件，在它即将发生故障之前进行更新。实际上要准确地更换可能出现故障的部件是非常困难的。通常要依靠设备维修管理人员根据自己工作中收集的经验数据，并借助设备使用过程中的各种性能检查记录，来正确地选择这个最佳时刻，即在故障发生之前更换零部件。

4.1.3.1 设备检查

企业设备性能检查的实施方法有以操作工为主的巡回检查、设备的定期检查和专项检查。

(1) 实行以操作工为主的巡回检查

巡回检查是操作工按照编制的巡回检查路线对设备进行定时（一般是 1～2h）、定点（规定的检查点）、定项（规定的检查项目）的周期性检查。

巡回检查一般采用主观检查法，即用听（听设备运转过程中是否有异常声音）、摸（摸轴承部位及其他部位的温度是否有异常）、查（查一查设备及管路有无跑、冒、滴、漏和其他缺陷隐患）、看（看设备运行参数是否符合规定要求）、闻（闻设备运行部位是否有异常气味）的五字操作法，或者用简单仪器测量和观察在线仪表连续测量的数据变化。

巡回检查一般包括的内容有：

检查轴承及有关部位的温度、润滑及振动情况；

听设备运行的声音，有无异常撞击和摩擦的声音；

看温度、压力、流量、液面等控制计量仪表及自动调节装置的工作情况；

检查传动皮带、钢丝绳和链条的紧固情况和平稳度；

检查冷却水、蒸汽、物料系统的工作情况；

检查安全装置、制动装置、事故报警装置、停车装置是否良好；

检查安全防护罩、防护栏杆、设备管路的保温、保冷是否完好；

检查设备安装基础、地脚螺栓及其他连接螺栓有否松动或因连接松动而产生的振动；

检查设备、工艺管路的静、动密封点的泄漏情况。

检查过程中发现不正常的情况，应立即查清原因，及时调整处理。如发现特殊声响、振动、严重泄漏、火花等紧急危险情况时，应做紧急处理后，向车间设备员或设备主任报告，采取措施进行妥善处理，并将检查情况和处理结果详细记录在操作记录和设备巡回检查记录表上。

(2) 设备的定期检查

设备定期检查是指一般由维修工人和专业检查工人，按照设备性能要求编制的设备检查标准书，对设备规定部位进行的检查。设备定期检查一般分为日常检查、定期停机或不停机检查。

日常检查是维修工人根据设备检查标准书的要求，每天对主要设备进行定期检查。检查手段主要以人的感官为主。设备的日常检查程序、检查标准书、检查记录表举例如下：图4-1 为设备日常检查程序图；表 4-3 为透平冷冻机日常检查标准书；表 4-4 为设备日常检查记录表。

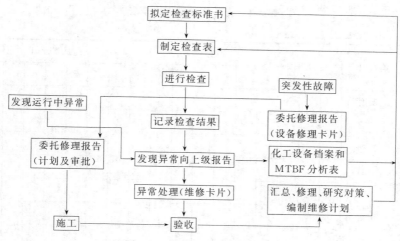

图 4-1　设备日常检查程序图

表 4-3　透平冷冻机日常检查标准书

检查内容	判定标准	检查周期	检查方法	检查工具	处理情况
电流/mA	470±5	日	看电流表	电流表	立即处理
叶轮开度	80%～100%	日	看仪表		立即处理
出口温度/℃	70±5	日	看温度计	温度计	立即处理
振动	67～70μm	1个月	用测振仪	测振仪	报请领导、研究处理
声音	无异常	日	听觉		报请领导、研究处理
主机左轴温度/℃	70	日	看温度计	温度计	检查油泵、油路和油压
主机右轴温度/℃	70	日	看温度计	温度计	检查油泵、油路和油压
增速机主动左轴承/℃	70	日	看温度计	温度计	检查油泵、油路和油压
增速机主动右轴承/℃	70	日	看温度计	温度计	检查油泵、油路和油压
增速机从动左轴承/℃	70	日	看温度计	温度计	检查油泵、油路和油压
增速机从动右轴承/℃	70	日	看温度计	温度计	检查油泵、油路和油压
主机轴承油压/10^5Pa	0.3～1.2	日	看压力表	压力表	检查油泵、油路和油压
主机轴封油压/10^5Pa	0.2～0.4	日	看压力表	压力表	检查油泵、油路和油压
增速机油压/10^5Pa	0.8～1.2	日	看压力表	压力表	检查油泵、油路和油压
油质	符合规定	6个月	取样化验		过滤或换油
主机油温/℃	45～52	日	看温度计	温度计	检查油泵、油路、油压
油路	畅通	日	看油压表	压力表	清洗
密封情况	无油漏	日	目测		修理

　　设备的定期检查，由维修管理部门指定技术熟练的维修工人（或受过专门技术培训的检测工人）进行。检查的内容和方法，按检查标准书规定。检查完毕后要填写检查记录。发现设备有缺陷隐患时报告有关领导，并进行及时处理；处理不了的问题要填写设备修理卡片，请求安排计划检修。设备的定期检查内容和方法如表 4-5 所示。

表 4-4　设备日常检查记录表

_____车间_____工段 　　　　　　　　　　　　　年　月　日

位号	设备名称	检查内容	检查											月累计（日）				检查内容
			1	2	3	4	5	6	7	8	9	10	…	31	★	▽	×	○	
		温度																	1.检查传动设备,检查轴承、油箱温度高低、油面位置、油封填料、机械密封泄漏情况。检查声响、振动是否正常
		声响																	
		振动																	
		泄漏																	
		温度																	2.温度、泄漏超过允许的规定范围为异常,声音、振动超过平常感觉暂定异常,除做好记录外,如处理有困难应及时向上汇报
		声响																	
		振动																	
		泄漏																	
		温度																	
		声响																	
		振动																	
		泄漏																	
	检查者签名																		

注：1.记录符号：★运行正常；▽运行尚可；×带病运转；○停车检修。

2.每日由检修人员将巡回检查的情况认真填写本表中，负责人签名。

3.每月由维修班长汇总报车间机械员存档。

　　定期检查可以停机进行，也可以利用生产间隙停机、备用停机进行，也可以不停机进行。必要时，有的项目也可以占用少量生产时间或利用设备停机检修时进行。

　　定期检查周期，一般由设备维修管理人员根据制造厂提供的设计和使用说明书，结合生产实践综合确定。有些危及安全的重要设备的检查周期应根据国家有关规定执行。

　　为了保证定期检查能按规定如期完成，设备维修管理人员应编制设备定期检查计划。这个计划一般应包括检查时间、检查内容、质量要求、检查方法、检查工具及检查工时和费用预算等。

　　（3）专项检查

　　专项检查是对设备进行的专门检查。除前面所说的几种检查方法外，当设备出现异常和发生重大损坏事故时，为查明原因、制定对策，需对一些项目进行重点检查。专项检查的检查项目和时间由维修管理部门确定。

4.1.3.2　设备评级

　　为了正确地评价设备维修保养的水平，掌握设备的技术状况，在设备检查完毕后，对设备要进行评级。评级的依据是部、厂颁发的"完好设备标准"。各厂应坚持高标准、严要求、实事求是、认真细致的要求进行评级工作。并在规定的表格中填写各类设备的完好率，逐级上报并需汇总出班组、车间、全厂设备完好率情况，如表4-6、表4-7所示。

表 4-5　设备定期检查内容和方法

序号	检查方法	停机/不停机	检查部位	检查人员的技术水平	说明
1	目视	不停机停机	限于外表面,如设计阶段考虑此种要求,可推广到内部零件	主要靠经验不需要特殊技术	包括很多特定的方法。广泛用于航空发动机的定期轮回检查
2	温度(通用技术)	不停机	外表面或内部	多数不用什么技术	从直读的温度计到红外扫描
3	润滑液监测(通用技术)	不停机	润滑系统和任意元件(通过磁性栓、滤油器或油样等)	为区别损伤性微粒和正常磨损微粒,需要一定技术	光谱和铁谱分析装置可用来测定内含什么元素成分
4	泄漏检查	停或不停	任意承压零件	专用仪表极易掌握	
5	裂纹检查				
	(a)染色法	停或不停	在清洁表面上	要求一定的技术	只能查出表面断开的裂纹
	(b)磁力线法	停或不停	靠近清洁光滑的表面	要求一定的技术防止漏查	限于磁性材料,对裂纹取向敏感
	(c)电阻法	停或不停	在清洁光滑表面上	要求一定的技术	对裂纹取向敏感,可估计裂纹深度
	(d)涡流法	停或不停	靠近表面,探极和表面的接近程度对结果有影响	需掌握基本技术	可查出很多种形式的材料不连续性,如裂纹、杂质、硬度变化等
	(e)超声法	停或不停	如有清洁光滑的表面,在任何零部件的任意位置都行	为不致漏查,需掌握基本技术	对方向性敏感,寻找时间长,通常用作其他诊断技术的后备方法
	(f)射线检查	停机	必要时可从两边同时进行	进行检查和解释结果都需相当技术	可同时进行大片面积检查,有放射性危险,应注意安全
6	振动监测(通用技术),总信号监测通常进行频率分析、峰值信号监测等	停或不停	任意运动零部件、任意包括有运动零部件的物体,传感器应放在振动的传播路径上,如轴承座	需要一定技术	方法从简单到复杂都有,定期的常规测量花时间很短,不影响设备运行
7	腐蚀监测		管内及容器内	要求一定技术	
	(a)腐蚀检查仪(电器元件)	不停机			
	(b)极化电阻及腐蚀电位	不停机			
	(c)氢探极	不停机			
	(d)探极指示孔	不停机			
	(e)试样失重	停机			
	(f)超声	停机			

设备完好率计算公式为

$$设备完好率 = \frac{完好设备台数}{设备总台数} \times 100\% \tag{4-1}$$

式中　完好设备台数——包括在用、备用、停用和在计划检修前属完好的设备;

　　　设备总台数——包括在用、备用和停用设备。

表 4-6　设备技术状况统计表

填表单位：　　　　　　　　　　　　　　　　　　　　　　　　　　　年　　月　　日

全部设备			主要设备			静密封点泄漏率		
总台数	完好台数	完好率/%	总台数	完好台数	完好率/%	静密封点数	泄漏数	泄漏率/%

其中：主要设备技术状况

序号	主要设备名称	台数	完好台数	完好率/%	主要缺陷分析
1					
2					
3					
4					
5					
…					

企业负责人：　　　　　　　　企业主管部门：　　　　　　　　　填表人：

表 4-7　设备技术状况汇总表

填表单位：　　　　　　　　　　　　　　　　　　　　　　　　　　　年　　　月　　　日

序号	单位	设备总台数	完好台数	完好率	主要设备总台数	主要设备完好台数	主要设备完好率	备注
	全厂合计							
1								
2								
…								

主管：　　　　　　　　　审核：　　　　　　　　　　　　制表：

凡经评定的设备，对完好设备、不完好设备分别挂上不同颜色的牌子，并促其改进。不完好设备，经过维护修理，经检查组复查认可后，可升为完好设备并更换完好设备牌。

ⅰ.设备评级范围包括完好设备和不完好设备，全厂所有在用设备均参加评级，正在检修的设备按检修前的状况评级。停用一年以上的设备可不参加评级（并不统计在全部设备台数中）。全部设备和主要设备台数无特殊原因应基本保持不变（一年可以调整一次）。

ⅱ.完好设备标准（一般规定）如下：

设备零、部件完整、齐全，质量符合要求；

设备运转记录，性能良好，达到铭牌规定能力；

设备运转记录、技术资料齐全、准确；

设备整洁，无跑、冒、滴、漏现象，防腐、防冻、保温设施完整有效。

根据这个标准，各企业还制定了设备评级实施细则，如表 4-8 是某化工厂非传动设备的评级细则，评级工作程序如图 4-2 所示。

表 4-8　某化工厂非传动设备评级细则

_____车间(部门)　_____工段　　　　　　　　检查日期：_____年____月___日

序号	检查项目	主要检查内容	应得分	检查评定结果							
				评定分	小计	完好	不完好	评定分	小计	完好	不完好
I (30分)	主体	1.本体各部分零部件完整,壳体、封头无变形	5								
		2.保温、油漆损坏面积<10%	5								
		3.内衬层无裂纹、鼓泡和脱落现象	5								
		4.焊缝等连接处不渗漏	5								
	生产状况	1.无影响生产现象,运转率≥90%	5								
		2.产品流量等能满足生产要求	5								
II (20分)	零附件状况	1.支座、基础良好,符合标准	4								
		2.安全装置有效	4								
		3.指示表(压力表、真空表、安全阀、液位计、视镜、控制仪表)等齐全、准确有效	8								
		4.平台、屋棚、照明等安全好用	4								
III (25分)	技术资料情况	1.有设备台账、固定资产卡片	2								
		2.设备结构图、备品配件图基本齐全、准确	8								
		3.设备大修记录齐全(5分),中、小修记录齐全(5分)	10								
		4.试车验收记录、运转记录齐全	5								
IV (15分)	维护及保养	1.设备维护保养职责明确,有专人维护保养	2								
		2.无跑、冒、滴、漏,泄漏点不多于3点	8								
		3.无油污、无积灰、无杂物、设备保持清洁、整齐	5								
V (10分)	其他	1.紧固螺栓整齐满扣,符合要求,接管合理	6								
		2.设备周围环境整洁	4								
汇总		单台设备评定总分	100								

注：1.本评分表内容参照化学工业部颁 "化工厂设备检修规程" 和公司 "设备评分细则"。

2.评分采用百分制,每台设备评定总分在 85 分以上者为完好设备,低于 85 分者为不完好设备。

3.评议中若有争议,则由检查部门负责裁定。

4.1.4　群众管理与专业管理

设备的管理、使用、维护修理,既是一项技术性工作,又是一项群众性的管理工作。因为设备的正确使用和维护保养都要通过本岗位的操作工人完成。由于各企业设备种类繁多,分布很广,各生产车间、班组都是由工人群众直接或间接操作设备,这就决定了设备管理工作的群众性。所以各企业管理好设备的一个重要方面,就是发动群众管理设备。同时,设备的管理、使用、维护修理又必须依靠工程技术人员,所以需要设置一定的机构、组织和人员

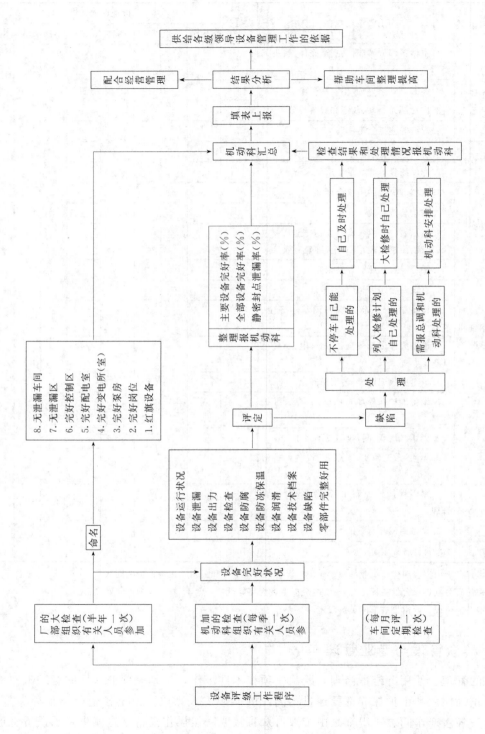

图 4-2 设备评级工作程序图

做好设备管理中的技术工作。

4.1.4.1 群众管理

群众管理的形式很多，这里重点介绍包机制和开展完好设备活动。

（1）包机制

包机制是一种设备管理形式。这种形式是把化工生产设备，按工艺流程分片包给操作工人、检修工人负责，对设备进行专职维护保养和检修。首先要抓好大型的、关键的专用设备以及传动设备的包机制。

包机制目前有两种形式，一是以三班或四班的化工操作人员组成一个包机组，共同负责一定数量设备的维护保养工作，组内再进行分工；二是以操作工人为主，吸收机、电、仪工人共同组成包机组。包机制主要是将设备的维护保养工作落到实处，做到分工明确，人人有责。各单位可按实际情况，制定具体方法和措施，确定其任务。

包机组生产车间领导、车间负责人要对包机组作具体的指导工作，并经常监督其执行包机制规定的各项任务。工厂的设备主管厂长、机动部门负责人，要对包机组工作进行检查和技术指导。

除包机制外，目前企业中还推行一种由化、机、电、仪结合的包区制。当车间设备较多，而操作人员、检修工人较少，无法实行包机制时则多数采用包区制。对大型、复杂的设备，如合成氨厂的氢氮压缩机和乙烯厂高压聚乙烯车间的乙烯压缩机等，采用化、机、电、仪联合的包机制，是目前企业中应用较多的一种形式。

无论包机制，还是包区制或化、机、电、仪联合的包机制，都是群众管理设备的好形式，各企业可根据实际情况，采用适合本企业的包机形式，把群众性的设备管理工作搞好。

（2）开展设备完好活动

为进一步推动群众设备管理活动深入开展，20世纪70年代中期又推行"完好泵房""完好配电室"等完好岗位活动。把一个操作间的设备、管线、阀门、电器，以及门窗、地面、地沟等都纳入创"完好"的范围，使设备管理工作又前进了一步。

下面介绍无泄漏工厂标准。

ⅰ.认真贯彻化工机动工作管理条例，有健全的设备管理制度。

ⅱ.静密封点泄漏率经常保持在0.5‰以下。

ⅲ.全部设备完好率保持在90％以上，20世纪70年代以后引进的装置设备完好率在95％以上。

ⅳ.密封点统计要准确无误，密封档案齐全，并建立密封管理专责制。

全厂除机动设备的连续运动部分属于动密封范畴另作统计外，其余所有设备、管路和法兰、阀门、丝堵、活接头（包括机泵上的油标）、附属管线、工艺设备空冷器、加热炉的外露涨口、电气设备的变压器、油开关、电缆头、仪表设备的孔板、调节阀、附属引线，以及其他所有设备结合部位，均作静密封点统计。

静密封点的计算方法是有一个静密封接合处，就是一个密封点。例如：一对法兰，不论其规格大小，均算一个密封点；一个阀门一般算四个密封点；如阀体另有丝堵，或阀后紧接放空，则应多算一个密封点；一个丝扣活接头，算三个密封点等。

有一处泄漏，就算一个泄漏点。不论是密封点或因焊缝裂纹、砂眼以及其他原因等造成的泄漏，均作泄漏点统计。泄漏率计算公式为

$$泄漏点泄漏率=\frac{泄漏点总数}{密封点总数}\times1000‰ \tag{4-2}$$

各企业应在每月设备检查同时，对静密封点泄漏率进行检查，并登记、造表随设备完好率一并上报主管部门。静密封泄漏率统计表如表4-9所示。

表 4-9　静密封泄漏率统计表

序　号	单位	静密封点总数	泄漏点数	泄漏率/‰	备注
	全厂合计				
1					
2					
3					
⋮					

① 静密封点泄漏检验标准　检验时，达到以下要求即认为合格。

ⅰ.设备及管路。用肉眼观察，不结焦、不冒烟、无渗迹、无漏痕。

ⅱ.仪表设备及引线。用肥皂水试漏，关键部位无气泡，一般部位允许每分钟不超过5个气泡。

ⅲ.电气设备。变压器、油开关、油浸绝缘电缆头等结合部位，用肉眼观察，无渗漏。

ⅳ.氢气系统。高温部位关灯检查，无火苗；低温部位用10mm宽、100mm长薄纸条试漏，不变色。

ⅴ.瓦斯、氨、氯气等易燃易爆或有毒气体系统。用肥皂水试漏，无气泡；或用精密试纸试漏，不变色。

ⅵ.氧气、氮气、空气系统。用10mm宽、100mm长薄纸条试漏，无吹动现象。

ⅶ.蒸汽系统。用肉眼观察无渗迹，不漏气，无水垢。

ⅷ.酸、碱等化学物料系统。用肉眼观察无渗迹，无漏痕、不结垢、不冒烟；或用精密试纸试漏，不变色。

ⅸ.水玻璃、胶体系统。用肉眼观察无渗迹、无漏痕。

② 无泄漏区标准

ⅰ.静密封点统计准确无误。

ⅱ.作风过硬，管理完善，见漏就堵，常查常改不间断。

ⅲ.泄漏率经常保持在0.5‰以下，并无明显泄漏。

ⅳ.静密封技术档案做到资料记录齐全。

创建无泄漏工厂活动的一般步骤如图4-3所示。

4.1.4.2　专业管理

一般是指专职工程技术人员，如机动科、车间设备员等对设备的管理。设备的专业管理不但要做好经常性的业务工作，而且要突出技术作用。对今后的管理重点，要加强可靠性与维修性技术的应用，使各类设备、动力供应等在可靠性与维修性问题上逐步取得显著效果。对那些需要长周期连续运行的装置，如年产30万吨合成氨和乙烯装置，可以做到两年只停产大修一次的目标，即能连续运行 660 天左右的周期。此外，在设备管理工作上必须十分强调和重视经济效益，要与财务部门合作，记录各项维护保养和各类检修的费用。设备技术人员必须彻底扭转只管设备的使用和维修，不管费用多少的"当家不理财"的旧习惯。不但在每个单项工程上要精打细算，更要全面考虑综合经济效益，这样才算是一个好的设备管理人员。

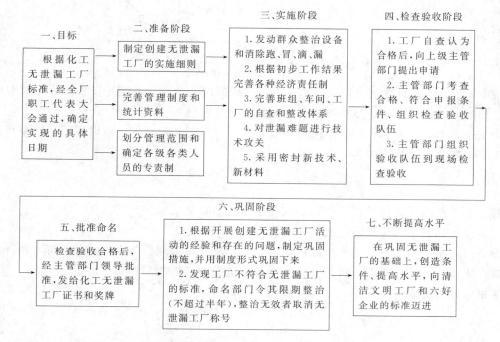

图 4-3 创建无泄漏工厂活动的一般步骤

为此，专业管理人员在日常工作中，应注意记录、整理、统计以下几种基本数据，以指导实际工作，并提高用数据分析问题的水平。

（1）设备时间利用状态数据

① 单机设备时间利用数据 设备实际运转时间：直接用于生产的运转时间（包括生产过程中必须耗费的开停车时间）。

计划检修时间：按计划停机进行设备检修的时间。

故障停机时间：设备运行过程中发生故障（事故）不得不停下来进行检修的时间（包括故障停机等待修理的时间）。

备用时间：设备处于备用状态的时间。

其他等待时间：由于没有原料、动力等原因引起的停机时间。

在统计时间时，应按照主要因素进行计算。例如，利用待料时间来进行某些设备的修理，不应计算检修时间，只计算待料时间。

按要求应在月、季、年中的日历时间内逐项汇总，计算各项时间所占日历时间的比率。

设备运转率：设备实际运转时间占日历时间的百分率

$$运转率 = \frac{实际运转时间(h)}{日历时间(h)} \times 100\% \qquad (4-3)$$

式中，日历时间＝实际运转时间＋计划检修时间＋故障停机时间＋备用时间＋等待时间＋其他时间。

② 全厂（系统）设备时间利用数据　企业生产通常是由装置（系统）完成的。因此，必须用全厂设备的平均运转率或装置开工率作为全厂（系统）设备时间利用数据。

平均运转率就是全厂（系统）主要设备的平均实际运转时间占总时间的百分率

$$平均运转率 = \frac{全厂（系统）主要设备实际运转时间总和}{全厂（系统）设备日历时间} \times 100\% \tag{4-4}$$

或

$$平均运转率 = \frac{\sum\limits_{i}^{n} 实际运转小时数}{n \times 日历小时数} \times 100\% \tag{4-5}$$

式中，n 为设备台数；全厂（系统）设备日历时间＝全厂（系统）设备实际运转时间＋计划检修时间＋备用时间＋故障停机时间＋其他等待时间。

化工企业中，很多单一产品是由一个复杂装置（系统）生产的。此时平均运转率可用装置开工率来代替。计算方法为

$$装置开工率 = \frac{实际开工小时数}{日历小时数} \times 100\% \tag{4-6}$$

实际开工小时数的计算以是否生产产品（或中间产品）为依据。

（2）设备运行中的技术性能数据

设备出力是设备运行中生产产品的能力，它是反映设备综合技术性能的指标，既能反映设备内在质量，也是控制设备负荷、评价设备改造后技术性能好坏的标准。

单机设备出力率

$$单机设备出力率 = \frac{实际生产能力}{设计（或核定）生产能力} \times 100\% \tag{4-7}$$

式中，实际生产能力指统计时间内，设备开动时的实际生产能力；设计（或核定）生产能力指在统计时间内设计（或核定）的生产能力。

全厂（系统）平均设备出力率

$$平均设备出力率 = \frac{\sum\limits_{i=1}^{n} \dfrac{设备实际生产能力}{设计（或核定）生产能力}}{n} \times 100\% \tag{4-8}$$

式中，n 为设备台数。

平均出力率可用装置负荷率来代替，计算公式为

$$装置负荷率 = \frac{装置实际生产能力}{装置设计（或核定）生产能力} \times 100\% \tag{4-9}$$

生产能力是指系统（或装置）生产产品（或中间产品）的能力，不是指某一台设备的能力。

设备事故统计　设备因非正常损坏而导致停产或效能降低者，称为设备事故。设备事故的评价标准用设备事故频率和设备事故（故障）停机率表示，它们用下式进行计算

$$设备事故频率 = \frac{设备发生事故次数}{所有设备生产时间总和} \times 100\% \tag{4-10}$$

$$设备事故停机率 = \frac{各次设备事故（故障）停机时间总和}{所有设备开动时间总和} \times 100\% \tag{4-11}$$

（3）设备维修费用数据

ⅰ．设备检修费用（包括大、中、小修理费用和维护保养费用）和设备故障损坏修理直接费用。即所用的人工、材料、备件及其他附加费用。

ⅱ．设备停机的间接损失费用。包括减产损失和损失成品（半成品）的费用。

一般每月或每年统计单位产品维修费和万元固定资产维修费，计算公式为

$$单位产品维修费 = \frac{大、中、小修费用（万元）}{产品总吨位} \tag{4-12}$$

$$万元固定资产维修费 = \frac{大、中、小修（万元）}{固定资产原值（万元）} \tag{4-13}$$

厂机动科根据各车间数据资料，汇总成为全厂性数据，作为设备管理方面的考核指标。

综上所述，企业的设备管理工作应做到专业管理和群众管理相结合。这两种管理都是基础管理工作，是两个重要方面，缺一不可。既要发挥广大群众的智慧，又要发挥专业技术人员的作用，这样才能切实地管好、用好和维护好所有设备。

4.2　设备的润滑管理

正确进行设备的润滑是机电设备正常运转的重要条件，是设备维护保养工作的重要内容。合理地选择润滑装置和润滑系统，科学地使用润滑剂和搞好油品的管理，才能减少设备磨损、降低动力消耗、延长设备寿命，保证设备安全运行。

搞好设备润滑有利于节约能源、材料和费用等，有助于提高生产效率和经济效果。据报道，美国每年通过改进润滑，节省的能源约占全国能耗的 1%。英国实行全国润滑管理，每年实际节约 7 亿～10 亿英镑。

归纳起来，润滑管理的目的是：保证设备正常运转，防止设备发生事故；减少机体磨损，延长使用寿命；减少摩擦阻力，降低动能消耗；节约用油，避免浪费；提高和保持生产效能、加工精度。

对于从事设备管理和担负设备维修和维护保养工作的维修工人和操作工人来说，应该具备一定的摩擦、磨损和润滑方面的基础知识，认真做好设备的润滑管理工作。要建立健全润滑管理制度，认真贯彻执行"六定"和"三级过滤"，切实做好润滑油品的储存、保管、发放、使用、废油回收和润滑油具的使用管理等项工作，不断提高润滑管理工作水平。

4.2.1　基本概念

4.2.1.1　摩擦的本质

摩擦是两个互相接触的物体，彼此作相对运动或有相对运动趋势时，相互作用产生的一种物理现象。它发生在两个摩擦物体的接触表面上，摩擦产生的阻力称为摩擦力。

当两个摩擦表面相互接触时，因为其表面不是绝对平滑的，接触时一般仅在个别点上发生接触。如图 4-4 所示，此时，在接触点的分子引力作用下，能互相结合起来。当物体有相对运动时，这种结合势必遭到破坏，同时在新的接触点上发生结合。破坏这种结合就使运动产生了一个阻力。另外，在两接触面上凹凸不平的谷峰之间，互相的机械啮合运动也会产生一种阻力。因此，总的摩擦力是分子结合与机械啮合所产生的阻力之和。人们从实践中观察到这样一个现象，即当两个摩擦物体表面粗糙度为某一个最适宜值 Ra' 时，其摩擦力有一个最小值 F_{min}；但当其粗糙度大于或小于 Ra' 时，其摩擦力都要增大，如图 4-5 所示。这种现

象可以用分子机械摩擦理论来解释。

4.2.1.2 润滑机理

把一种具有润滑性能的物质，加到两相互接触物体的摩擦面上，达到降低摩擦和减少磨损的手段称为润滑。常用的润滑介质有润滑油和润滑脂。

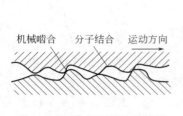

图 4-4　粗糙表面的接触情况

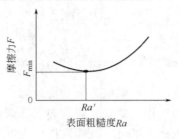

图 4-5　摩擦力和表面粗糙度的
关系曲线

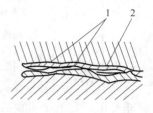

图 4-6　油膜示意图
1—边界油膜；2—流动油膜

润滑油和润滑脂有一个重要物理特性，就是它们的分子能够牢固地吸附在金属表面上而形成一层薄薄的油膜，这种特性称为油性。这层薄薄的油膜——边界油膜的形成是因为润滑剂是一种表面活性物质，它能与金属表面发生静电吸附，并产生垂直方向的定向排列，从而形成了牢固的边界油膜。边界油膜很薄，一般只有 $0.1 \sim 0.4 \mu m$。但在一定条件下，能承受一定的负荷而不致破裂。在两个边界之间的油膜，称为流动油膜。完整的油膜是由边界油膜和流动油膜两部分组成的，如图 4-6 所示。这种油膜在外力作用下与摩擦表面结合很牢，可将两个摩擦面完全隔开，使两个零件表面的机械摩擦转化为油膜内部分子之间的摩擦，从而减少了两个零件的摩擦和磨损，达到了润滑的目的。

4.2.1.3 摩擦和润滑的分类

根据摩擦物质的运动状态，摩擦可分为静摩擦和动摩擦两大类。静摩擦是物体刚开始运动，但尚未运动的那一瞬间的摩擦现象。动摩擦是两个物体在相对运动过程中的摩擦。因此静摩擦系数比动摩擦系数大。

根据物体的运动方式，摩擦可分为滑动摩擦和滚动摩擦。当一个物体在另一个物体表面上滚动，并使两个物体在一个点或者一条线上接触时，这样的摩擦叫滚动摩擦。在干燥状态下，同样材质的两物料，其滑动摩擦的摩擦系数要比滚动摩擦的系数大 $10 \sim 100$ 倍。

根据摩擦物体的表面润滑程度，摩擦可分为干摩擦、边界摩擦、液体摩擦、半干摩擦（半液体摩擦）等。

① 干摩擦　在两个滑动摩擦表面之间不加润滑剂，使两表面直接接触，这时的摩擦称为干摩擦，如图 4-7(a) 所示。

干摩擦时，摩擦表面的磨损是很严重的。因此，在机械设备中，除了利用摩擦力（如各种摩擦传动装置和制动器）的情况以外，在其他机械传动中，干摩擦是绝对不允许的，应尽量防止干摩擦。

② 边界摩擦（又叫边界润滑）　在两个滑动摩擦表面之间，由于润滑剂供应不充足，无法建立液体摩擦，只能依靠润滑剂中的极性分子在摩擦表面上形成一层极薄的（$0.1 \sim 0.2 \mu m$）"绒毛"状油膜润滑。这层油膜能很牢固地吸附在金属的摩擦表面上。这时，相互接触的不是摩擦表面本身（或有个别点直接接触），而是表面的油膜，如图

4-7（b）所示。

③ 液体摩擦（又叫液体润滑） 在滑动摩擦表面之间，充满润滑剂。表面不直接接触，这时摩擦表面不发生摩擦，而是在润滑剂的内部产生摩擦，所以称为液体摩擦，如图 4-7（c）所示。液体摩擦时摩擦表面不发生磨损。所以在一切机器零件的摩擦表面上应尽量建立液体摩擦，这样才能延长零件的使用寿命。

④ 半干摩擦（半液体摩擦） 半干摩擦是介于干摩擦和边界摩擦之间的一种摩擦形式，如图 4-7（d）所示。半干和半液体摩擦常在以下几种情况下发生：机器起动和制动时；机器在做往复运动和摆动时；机器负荷剧烈变动时；机器在高温、高压下工作时；机器的润滑油黏度过小和供应不足时等。

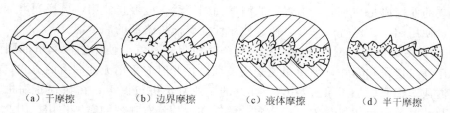

（a）干摩擦　　　　（b）边界摩擦　　　　（c）液体摩擦　　　　（d）半干摩擦

图 4-7　摩擦的种类

4.2.1.4　润滑剂及其作用

（1）润滑剂

润滑剂有液体、半固体、固体和气体 4 种，通常分别称为润滑油、润滑脂、固体润滑剂和气体润滑剂。

（2）润滑剂的作用

润滑剂的作用是润滑、冷却、冲洗、密封、减振、卸荷、保护等。

① 润滑作用 改善摩擦状况、减少摩擦、防止磨损，同时还能减少动力消耗。

② 冷却作用 摩擦时产生的热量大部分被润滑油带走，少部分热量经过传导辐射直接散发出去。

③ 冲洗作用 磨损下来的碎屑可被润滑油带走，称为冲洗作用。冲洗作用的好坏对磨损影响很大，在摩擦面间形成的润滑油很薄，金属碎屑停留在摩擦面上会破坏油膜，形成干摩擦，造成磨粒磨损。

④ 密封作用 压缩机的缸壁与活塞之间的密封，就是借助于润滑油的密封作用。

⑤ 减振作用 摩擦件在油膜上运动，好像浮在"油枕"上一样，对设备的振动起一定的缓冲作用。

⑥ 卸荷作用 由于摩擦面间有油膜存在，作用在摩擦面上的负荷就比较均匀地通过油膜分布在摩擦面上，油膜的这种作用叫卸荷作用。

⑦ 保护作用 可以防腐和防尘，起保护作用。

（3）润滑油

① 润滑油的主要物理化学性质 包括黏度、闪点、机械杂质、酸值、凝固点、水分、水溶性酸和水溶碱的含量、残炭、灰分、抗氧化安定性、腐蚀试验和抗乳化度等。选用和使用时应注意这些性质应满足要求。

② 润滑油的选择原则 在充分保证机器摩擦零件安全运转的条件下，为了减少能量消耗，应优先选用黏度最小的润滑油。在高速轻负荷条件下工作的摩擦零件，应选择黏度小的

润滑油；而在低速度重负荷条件下工作的，则应选择黏度大的润滑油。在冬季工作的摩擦零件，应选用黏度小和凝固点低的润滑油；而在夏季工作的应选用黏度大的润滑油。受冲击负荷（或交变负荷）和往复运动的摩擦零件，应选用黏度较大的润滑油。工作温度较高、磨损较严重和加工较粗糙的摩擦表面，应选用黏度大的润滑油。

在高温下工作的蒸汽机气缸和压缩机气缸，应选用闪点高的润滑油，如过热气缸油、饱和气缸油和压缩机油。

冷冻机应选用凝固点低的润滑油，如冷冻机油。

氧气压缩机应选用特殊的润滑剂，如蒸馏水和甘油的混合物。

当没有合适的专用润滑油时，可选用主要质量指标（黏度）相近（等于或稍大于）的代用油；但它的使用应是临时的，当规定的润滑油到厂后，应停止使用，更换润滑油。

要尽量使用储运、保管、来源方便、使用性能好而价格低的润滑油。

③ 压缩机中润滑油类型的选择 在氧气压缩机里，氧气会使矿物性润滑油剧烈氧化而引起空气压缩机燃烧和爆炸，因此避免采用油润滑，此时应采用无油润滑的方式，或者采用水型乳化液或蒸馏水添加质量分数 6%～8% 的工业甘油进行润滑；在氯气压缩机里，烃基润滑油可与氯气化合生成氯化氢，对金属（铸铁和钢）具有强烈的腐蚀作用，因此一般均采用无油润滑或固体（石墨）润滑；对于压缩高纯气体的乙烯气体压缩机等，为防止润滑油混入气体中影响产品的质量和性能，通常也不采用矿物油润滑，而多用医用白油或液态石蜡润滑等。在一般空气、惰性气体、烃类（碳氢化合物）气体和氮、氢等类气体压缩机中，大量广泛采用了矿物油润滑。

④ 压缩机润滑油黏度的选择 在多级的空气压缩机中，前一级气缸输出的压缩气体通常经冷却后恢复到略高于进气时的温度被送入下一级气缸，因气体已被压缩，故相对湿度较高，当超过饱和点时，气体中的水分将可能凝结，该水分具有洗涤作用，可使气缸表面失去润滑油；其次在烃类气体压缩机中，烃类气体不仅可溶解在润滑油中降低了油的黏度，而且凝结的液态烃也同水分一样对钢壁具有洗涤作用，因此对于多级、高压、排气温度较高的烃类气体压缩机和空气湿度较大的空气压缩机宜选用黏度较高的油品，黏度较高的油品对金属的附着性好，并对密封有利。如中低压烃类气体和空气压缩机宜用 L-DAA100 的空气压缩机油，高压多级宜 L-DAA150 空气压缩机油。喷油回转式空气压缩机选用的黏度情况也与此类似，压力较低时选用 100℃ 运动黏度为 5mm/s 的 N32 回转式空气压缩机油，压力较高时选用 100℃ 运动黏度为 11～14mm/s 的 N100 回转式空气压缩机油。为防止凝结的液态烃和空气中的水分对润滑油的洗净作用，可采用质量分数为 3%～5% 的动物性油（如猪油或牛油）与矿物油相混合的润滑油，动物性油与金属的附着力强，容易抵抗"水洗"，阻止润滑油的流失。

⑤ 压缩机油品的代用 在采用油润滑的往复式回转容积式空气压缩机中除用相应牌号的空气压缩机油外，还可采用防锈抗氧的汽轮机油、航空润滑油、气缸油等作为代用油品，但这些代用油品的性能不应低于相应的空气压缩机油的质量指标，或应满足具体条件下的使用要求。当气体空气压缩机采用油润滑时，外部零件和内部零件的润滑可用同一牌号的润滑油，也可采用不同牌号的润滑油，但不论内部零件采用何种类型的润滑介质，外部传动零件的润滑都应采用矿物性的润滑油。

（4）润滑脂

① 润滑脂 主要是由矿物油与稠化剂混合而成的。润滑脂的摩擦系数较小，其工作情

况与普通的润滑油基本上是一样的。而且在运转或停车时都不会泄漏。润滑脂的主要功能是减磨、防腐和密封。

润滑脂的主要物理化学性质包括针入度、滴点、皂分含量、游离有机酸、游离碱、机械安定性和胶体安定性等。

针入度 针入度表示润滑脂软硬的程度，是主要的质量指标之一。测定时，将质量为150g的标准圆锥体穿入温度为25℃的润滑脂试样中，以5s内穿入的深度作为该润滑脂的针入度，以1/10mm为单位。针入度越大润滑脂越软；针入度越小则润滑脂越硬。针入度随温度的升高而增大，即润滑脂变软。

滴点 表示润滑脂的抗热特性，也是其重要的质量指标之一。测定时，将润滑脂试样装入滴定器内加热，以润滑脂熔化后的第一滴油滴落下来时的温度作为该润滑脂的滴点。普通润滑脂的滴点大约在75～150℃之间。选择润滑脂时，应选择滴点比摩擦零件的工作温度高20～30℃的润滑脂。

皂分含量 在润滑脂中金属皂分的含量越多则针入度越小，滴点也就越高。测定时，将润滑脂溶于丙酮溶液中，而丙酮使润滑脂苯溶液中的肥分沉淀，然后用质量法测定皂分含量。

游离有机酸 指润滑脂中未经皂化的过量有机酸的含量。一般润滑脂中不应含有游离有机酸，因为它不仅会腐蚀金属，而且会使润滑脂变稀变软，致使其性能变坏。

游离碱 是指制造润滑脂时未起作用的过剩碱量，一般用所相当的氢氧化钠的质量分数表示。皂基润滑脂允许保持微碱性，游离碱含量不大于0.2%。少量游离碱可延长使用寿命和储存期，而过多的游离碱会促使油皂分离，使润滑脂发生分油现象。

机械安定性 指润滑脂抵抗机械剪切作用的能力。它在一定程度上反映出润滑脂的使用寿命长短。机械安定性不好，润滑脂容易变稀和流失。

胶体安定性 指润滑脂抵抗温度和压力的影响而保持其胶体结构的能力。胶体安定性采用"分油试验"的方法进行测定，用分油量的百分数来表示。分油量越大，胶体安定性越不好。

② 润滑脂的选择原则 重负荷的摩擦表面应选用针入度小的润滑脂。

高转速的摩擦表面应选用针入度大的润滑脂。

冬季或在低温条件下工作的摩擦表面，应选用低凝固点和低黏度润滑油稠化而制成的润滑脂，在夏季或在高温条件下工作的摩擦表面应选用滴点高的润滑脂。

润滑脂的代用品应根据滴点和针入度来选择，同时皂分含量也应符合要求。

在潮湿或与水分直接接触条件下的摩擦表面，应选用钙基润滑脂；而在高温条件下工作的摩擦表面应选用钠基润滑脂。

③ 润滑脂的选用 主要有以下几点。

工作温度 润滑脂在使用部位的最高工作温度下不发生软化流失，是选用的重要指标之一。矿油润滑脂的最高工作温度都在120～130℃以下，更高一些的工作温度应选用合成脂。

抗水性 常用润滑脂抗水性的顺序为：烃基脂＞铝基脂＞钙基脂＞锂基脂＞钙钠脂＞钠基脂。因此，常接触水的部位应使用铝基脂，潮湿部位应使用钙基脂或锂基脂。

负荷和极压性 对载荷高的场合，应选用加入极压抗磨添加剂的极压润滑脂。

润滑脂牌号的选择 润滑脂常用稠度等级为00、0、1、2、3、4、5等，低稠度等级（0和1）润滑脂的泵送分配性好，适用于集中供脂的润滑系统。汽车和大多数机械应按说明书规定用稠度等级为 1 或 2 的脂；小型封闭齿轮用稠度等级为 0 或 00 的脂；采矿、建筑、农业机械等粉尘大的场合下工作的机械，可用稠度等级为 3 或更硬的脂，以阻止污染物侵入。

④ 润滑脂的添加量　一般滚动轴承装脂量约占轴承空腔 1/3～1/2 为好，装脂量过多散热差，容易造成温升高、阻力大、流失、氧化变质快等危害。

（5）固体润滑剂

固体润滑剂是指具有润滑作用的固体粉末或薄膜。它能够代替液体来隔离相互接触的摩擦表面，以达到减少表面间的摩擦和磨损的目的。目前最常用的固体润滑剂有二硫化钼和石墨润滑剂。

二硫化钼润滑剂　二硫化钼润滑剂具有良好的润滑性、附着性、耐温性、抗压减磨性和抗化学腐蚀性。对于高速、高温、低温和有化学腐蚀性等工作条件下的机器设备，均有优异的润滑性能。二硫化钼润滑剂有：粉剂、水剂、油剂、油膏润滑脂等固体成膜剂。

石墨润滑剂　石墨在大气中 450℃ 以下时，摩擦系数为 0.15～0.20；石墨的密度为 2.2～2.3；熔点为 3527℃。在大气中及 450℃ 下可短期使用，在 426℃ 下可长期使用，石墨的快速氧化温度为 454℃。石墨的抗化学腐蚀性能非常好，但抗辐射性能较二硫化钼差。石墨润滑剂的主要品种有：粉剂、胶体石墨油剂、胶体石墨水剂、试剂石墨粉。

（6）气体润滑剂

气体润滑剂是指具有润滑作用的气体。常用作气体润滑剂的气体有空气、氦、氮和氢气等，较为广泛使用的是空气。

气体润滑剂的特点是：摩擦系数低于 0.001，几乎是零；气体的黏度随温度变化也极微小。气体润滑剂的来源广泛，某些气体的制造成本也很低。

气体润滑剂适用于要求摩擦系数很小或转速极高的精密设备和超精密仪器的润滑。如国外近年生产的大型天文望远镜的转动支承轴承、透平机的推力轴承等，都是空气润滑的。

对一些不允许漏油的设备，如某些食品、纺织、化工反应器等设备，气体润滑剂正在逐渐取代传统的润滑油和润滑脂。但目前对气体润滑剂的特点和使用方法，都还未充分掌握，正处在研究开发阶段。

4.2.2　润滑管理的基本任务

企业需设立适当的润滑管理组织机构，配备必要的专职或兼职润滑管理技术人员。要合理分工、职责明确、建立润滑管理制度，运用科学的润滑技术。润滑管理工作的基本内容如下。

ⅰ. 确定润滑管理组织、拟定润滑管理的规章制度、岗位职责条例和工作细则。

ⅱ. 贯彻设备润滑工作的"六定"管理。

ⅲ. 编制设备润滑技术档案（包括润滑图表、卡片、润滑工艺规程等），指导设备操作工、维修工正确开展设备的润滑。

ⅳ. 组织好各种润滑材料的供、储、用。抓好油料计划、质量检验、油品代用、节约用油和油品回收等几个环节，实行定额用油。

ⅴ. 编制设备年、季、月份的清洗换油计划和适合于本厂的设备清洗换油周期结构。

ⅵ. 检查设备的润滑状况，及时解决设备润滑系统存在的问题，如补充、更换缺损润滑元件、装置、加油工具、用具等，改进加油方法。

ⅶ.采取措施，防止设备泄漏。总结、积累治理漏油经验。

ⅷ.组织润滑工作的技术培训，开展设备润滑的宣传工作。

ⅸ.组织设备润滑有关新油脂、新添加剂、新密封材料、润滑新技术的试验与应用，学习、推广国内外先进的润滑管理经验。

4.2.3　润滑实施和过程控制

设备润滑工作在实施时可执行"六定""三级过滤""二洁""一密封"管理。

设备润滑"六定"是润滑管理工作的重要内容；润滑油的"三级过滤"是保证润滑油质量的可靠措施。搞好"六定"和"三级过滤"是搞好设备润滑的核心。

4.2.3.1　设备润滑工作的"六定"

"六定"指的是定点、定质、定法、定量、定人、定时。

（1）定点

按规定的润滑部位注油。在机械设备中均有规定的润滑部位、润滑装置，如油孔、油杯等。操作工人、维修工人对各自负责的设备润滑部位要清楚，并按规定部位注油，不得遗漏。对自动注油的润滑点检查油位、油压、油泵注油量，发现不正常，应及时处理。

（2）定质

按规定的润滑剂品种和牌号注油。具体要求如下。

注油工具（油桶、油壶、油枪）要清洁，不同牌号的油品要分别存放，严禁混杂，特别是废油桶和新油桶要严格区分，不得串用。

设备的润滑装置如油孔、注油杯等，均应保持完整干净，防止铁屑、尘土侵入摩擦表面或槽内。

油品在加入前要进行三级过滤，对不合格的油品不准添加。

检修工人和操作工人应熟悉和掌握所用润滑油（脂）的名称、牌号、性能和用途。

（3）定法

润滑的定法就是确定每个润滑点的最佳润滑油加注方法，以取得最佳的润滑效果。

润滑油的性质不同，润滑部位的结构也差异很大，所以必须采用不同加注的方法适应不同的环境。润滑方法包括自动、手工，还可具体分为：集中循环给油、集中自动给油、集中手动泵给脂、油浴润滑、油雾润滑、油气润滑、滴油润滑、油脂封入润滑、油枪给脂、油备给脂、手工添油、手工加脂等。机器内部必须采用压力润滑；运动部件一般采用飞溅润滑、油雾润滑；重要的部位采用循环润滑，这样可以方便地带走产生的热量；不易接触的部位常采用润滑脂。

润滑的方法一般在机器的设计阶段已经确定，比如发动机的曲轴在高速大负荷下连续工作，润滑油的作用是润滑和散热，有效的散热必须有适宜的润滑油流量，所以液压泵功率选择、油道的直径设计都是至关重要的，设计上的缺陷后天弥补会非常困难。

（4）定量

按规定的油量注油。设备润滑油量有明确规定的按规定执行；无规定的常见润滑点，可参照下列规定执行。

循环润滑　油箱油位保持在 2/3 以上为宜。

油环带油润滑　当油环内径 $D=25\sim40\text{mm}$ 时，油位高度为 $D/4$；当油环内径 $D=$

$45\sim60$mm 时，油位高度为 $D/5$；当油环内径 $D=70\sim130$mm 时，油位高度为 $D/6$。

浸油润滑 当 $n>3000$r/min，油位在轴承最下部滚珠中心以下，但不低于滚珠下缘；当 $n=1500\sim3000$r/min，油位在轴承最下部滚珠中心以上，不得浸没滚珠上缘；当 $n<1500$r/min，油位在轴承最下部，滚珠的上缘或浸没滚珠。

脂润滑 当 $n>3000$r/min，加脂量为轴承箱容积的 1/3；当 $n\leqslant3000$r/min，加脂量为轴承箱容积的 1/2。

油池润滑 以减速机润滑为例。

油池润滑的应用受到圆周速度的限制（用于 $v\approx12$m/s 以下）。当速度较大时，油被离心甩开，因而使齿轮啮合在润滑不足的情况下工作。同时齿轮的传动扭矩增大，油的温度也升高了。所以当传动圆周速度较高时，应减少齿轮浸入油中的深度。浸入油中的都是传动的大齿轮。高速齿轮的浸入深度建议为 0.7 倍的齿高左右，但不小于 10mm。低速齿轮的浸入深度不应大于 100mm。在锯齿轮传动中，齿轮的浸入深度应能使整个齿长都浸在油里。

在多级齿轮传动中，当用油池润滑大齿轮的方法不可能保证所有啮合都得到润滑时，为了润滑某些（浸入油中的）齿轮，就应采用专门的设备零件——椭轮、油杯等。

油池润滑应用于蜗轮减速器时，蜗杆的圆周速度应小于 10m/s 左右。蜗轮（在蜗杆下方）或蜗杆的浸油深度不应大于蜗轮齿或蜗杆螺旋线的高度。而且，对蜗轮在蜗杆上方的减速机，油面还不应超过蜗杆轴承下部滚动体的中心。

强制润滑 按设备使用说明书或实际情况确定。

（5）定人

每台设备的润滑都应有固定的加油负责人。如果没有专职的加油工，可按下述分工进行。

凡每班加一次油的润滑点，如油孔、油嘴、油杯、油槽、手动油泵、给油阀和所有滑动导轨面、丝杆、活动接头等处，可由操作工人负责注油。

车间内所有的公用设备，如砂轮机、手动压力机等由操作工人和维修工人负责清扫、加油和换油。

各种储油箱，如齿轮箱、液压箱及油泵箱等由操作工人定期加油或换油。

凡是需拆卸后才能加油或换油的部位，由检修工人定期清洗换油。

油箱的定期清洗换油，由操作工人负责，检修工人配合。

所有电气设备、电动机、整流器等，由电气检修工人负责加油、清洗和换油。

（6）定时

定时是指定时加油、定期添油、定期换油。

操作工人、检修工人按照设备润滑"六定"指示表中规定的时间，对润滑部位加油及对供油系统、油箱进行添油或换油。

换油期的确定方法，一般可以根据机器设备出厂说明书的规定来确定；也可以结合设备实际润滑情况进行修订。对于关键精密设备的循环润滑用油，更换前还可以对主要指标进行分析来确定是否延长换油期，做到既节约用油，又避免盲目延期。

部分用油质量在指标允许变化范围时，可供换油时参考。

酸值 是判断在用油质量变化的最基本指标。对润滑油质量要求高的精密机械，酸值不得增加 15%；对于一般机械，酸值不得增加 25%。

黏度　根据设备的重要程度，在用油的黏度变化范围应控制在±10%～±15%。

闪点　对于精密机械，闪点变化应小于油品闪点的10%；一般机械应小于15%。

机械杂质　精密机械用润滑油的机械杂质含量不超过0.1%；一般机械不超过0.5%。

凝固点　精密机械润滑油的凝固点只允许升高10%；一般机械只允许升高15%。

4.2.3.2　润滑的"三级过滤"

进厂合格的润滑油在用到设备润滑部位前，一般要经过几次容器的倒换和储存；每倒换一次容器都要进行一次过滤以杜绝杂质。一般在领油大桶到油箱、油箱到油壶、油壶到设备之间要进行过滤，共三次，故称"三级过滤"。详见图4-8所示的润滑油"三级过滤"示意图。

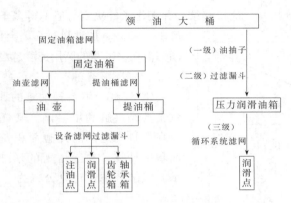

图4-8　润滑油的"三级过滤"示意图

三级过滤所用滤网应符合下列规定。

透平油、压缩机油、车用机油所用的滤网：一级过滤为60目；二级过滤为80目；三级过滤为100目。气缸油、齿轮油所用滤网：一级过滤为40目；二级为60目；三级为80目。如有特殊要求，则按特殊规定执行。

4.2.3.3　润滑的"二洁"

"二洁"是指润滑容器具与加注工具清洁、润滑点的油路油道清洁。目的是防止灰尘、杂物污染润滑系统，从而导致摩擦副的损坏或者快速磨损。

4.2.3.4　润滑的"一密封"

一密封是指要做好润滑系统密封。除了灰尘，润滑油的污染还包括水分、空气等。这些污染将导致油液润滑性能下降，会改变润滑油的黏度和润滑度；污染还可能造成摩擦副的颗粒磨损、腐蚀、锈蚀、气蚀，结果导致机器设备的泄露、阻塞、振动、失调，导致性能下降、效率下降和最终的机器失效。因此，密封工作必不可少。

4.2.4　设备润滑耗油定额

认真制定合理的设备润滑耗油定额，并严格按照定额供油，是搞好设备润滑和节约用油的具体措施之一。

4.2.4.1　耗油定额的制定方法

ⅰ.耗油定额的确定，基本上采用理论计算与实际标定相结合的办法。

ⅱ.按照国家标准和产品出厂说明书的要求，制定耗油定额。如压缩机、冷冻机可按标准选定耗油定额。

ⅲ. 对于实际耗油量远远大于理论耗油量的设备，可根据实际情况暂定耗油定额，并积极改进设备结构，根治漏损，再调整定额。

4.2.4.2　几种典型设备耗油定额的确定

（1）滚动轴承

滚动轴承润滑油耗量，可根据下式计算

$$Q = 0.075DL \tag{4-14}$$

式中　Q——轴承耗油量，g/h；

D——轴承内径，cm；

L——轴承宽度，cm。

滚动轴承润滑脂的充填量，应按其结构和工作条件决定，但不得多于轴承壳体空隙（体积）

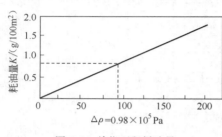

图 4-9　单位面积耗油量

的 $1/3 \sim 1/2$。加油量过多，会使轴承温度升高，增加动力消耗。轴承的圆周速度越高，充装量应越少。

（2）压缩机油

① 气缸、填料耗油量的计算　压缩机的润滑部位主要是气缸和填料函。其耗油量的计算，按照活塞在气缸内运动的接触面积及活塞杆与填料接触的面积来计算，并随压力的增加而上升，如图 4-9 所示。气缸耗油量计算公式为

$$g_1 = 1.2\pi D(S + L_1)nK \tag{4-15}$$

式中　D——气缸直径，m；

L_1——活塞长度，m；

S——活塞行程，m；

n——压缩机转速，r/min；

K——每 100m² 摩擦面积的耗油量，由图 4-9 查得（按压差查）；

g_1——气缸耗油量，g/h。

高压段填料处的耗油量计算

$$g_2 = 3\pi d(S + L_2)nK \tag{4-16}$$

式中　g_2——填料处的耗油量，g/h；

d——活塞杆直径，m；

L_2——填料的轴向总长度，m。

一台压缩机总耗油量为各气缸、填料耗油量之和。新压缩机开始运转时，耗油量要加倍供给，500h 后再逐渐减少到正常数。

压缩机的润滑油耗油量按下式计算

$$Q = \frac{2 \times 60\pi dSn}{33} \quad (\text{g/h}) \tag{4-17}$$

式中　d——活塞杆直径，m；

S——活塞冲程，m；

n——转速，r/min。

上式计算出来的是理论耗油量，并不包括漏损。

② 不带十字头氨压缩机的耗油量　可参照表 4-10 执行。

表 4-10　不带十字头氨压缩机耗油量

设备规格	耗油量/(g/h)	设备规格	耗油量/(g/h)
31.43×10^4j/h	80	$(83.8\sim167.6)\times10^4$j/h	180
62.85×10^4j/h	110	$(167.6\sim251.4)\times10^4$j/h	220

③ 齿轮　润滑油的耗油量可按下式估算

$$Q=aDB \tag{4-18}$$

式中　Q——每小时耗油量，g/h；

　　　a——油质系数，稀油为 0.07，润滑脂为 0.1；

　　　D——齿轮外圆直径，cm；

　　　B——齿轮宽度，cm。

④ 电动机　电动机的轴承，近几年来已大多采用润滑脂润滑。其耗油量可参照表 4-11 执行。

表 4-11　电动机用润滑脂消耗量

功率/kW	8h 耗油量/g	功率/kW	8h 耗油量/g	功率/kW	8h 耗油量/g
0.5 以下	0.5	5～6	1.0	20～30	1.5
0.5～1	0.5	6～7	1.0	30～40	1.5
1～2	0.5	7～10	1.0	40～50	1.5
2～3	0.5	10～15	1.0	50～75	2.0
3～4	0.5	15～20	1.5	75～100	2.5
4～5	0.5				

4.3　设备的防腐蚀管理

4.3.1　组织机构和技术管理

防腐蚀工作是关系到设备使用寿命、保证正常生产、减少污染、改善操作环境的重要工作。厂长应当重视和关心防腐工作；车间主任应当抓好本车间的防腐工作。

机动科应配备具有"腐蚀与防护"专业知识的专职防腐管理人员，负责全厂的防腐施工计划和技术管理。车间设备员负责具体的防腐工作。工厂应根据实际情况，成立防腐车间（或工段、班组），承担各类防腐项目和防腐新材料、新技术的试验和施工。全厂应当建立以机动科为核心，并组织车间生产班组长和设备员参加的防腐蚀管理网，发动群众，搞好防腐工作。

机动科专职防腐管理人员应热爱本职工作，努力钻研技术。应了解国内外先进技术，结合本厂情况积极推广和采用新材料、新技术、先进经验和科研成果。要深入实际，掌握并记录全厂主要设备的腐蚀情况，同车间技术人员、生产工人一起，共同研究设备腐蚀的原因，提出防腐措施和维修保养办法。对腐蚀严重造成生产被动的问题，要查明情况，列为专题，组织力量进行试验研究，确定合适的防腐措施。

应当建立必要的防腐管理制度、确定防腐蚀工程的施工质量和防腐蚀机械设备的使用寿命。许多行之有效的防腐措施，往往由于施工质量不好，而影响设备的使用寿命。任何一种材料都有一定的使用范围和使用方法，常常由于使用不当造成防腐结构的破坏。因此应建立各类防腐措施的施工操作规程、质量检查和验收制度，以及防腐蚀设备使用规程和责任制。设备原有的防腐措施，一律不得无故拆除或修改。由于化工工艺改变，需要或采用新的防腐措施而要修改原有防腐措施时，必须经过防腐专业人员与防腐车间同意及企业有关领导的批准。防腐蚀设备在施工修理以后，必须要有交工验收制度。防腐蚀材料应有质量标准或技术条件，购置入厂时应有证明文件，要有入厂验收制度。

防腐蚀资料和数据的积累，是项重要的基础工作，是总结经验，提高技术水平和合理选材的重要依据。凡受到生产介质腐蚀的设备和管道，必须建立防腐蚀设备档案。记录设备名称、型号、规格、操作温度、压力、物料性能、采用的防腐措施、施工日期、施工工艺、使用情况和每次检查和检修的情况等。受大气腐蚀的设备按台或按区域进行记录。

对腐蚀事故应进行现场调查和必要的实验室试验以取得必要的数据。要认真进行事故分析，弄清原因，制定措施，防止同类事故发生。

4.3.2　防腐施工安全注意事项

防腐施工过程中，所用原材料大多是易燃、易爆和有毒、有害物质。而且常常要到生产现场去检修设备。这就给防腐施工人员带来了许多不安全因素。因此在防腐施工过程中，注意安全是非常必要的。各类防腐项目都必须制定全面的施工规程、安全规程和防护措施。并经常对操作者进行安全教育，使之了解和掌握所用原材料，特别是易燃、易爆和有毒、有害物质的性质以及必要的安全知识。要建立安全考核制度，施工人员经考核合格后才能操作。

对防腐施工中使用的易燃、易爆和有毒的溶剂等，应严格执行有关防火、防爆和防毒的规定。施工现场严禁烟火，所用电器设备应采用防爆型。在室内或容器内施工时应加强通风，使空气中易燃、易爆和有毒物质的含量符合国家标准。进入设备内部施工时，要有完备的防火、防爆、防中毒措施，经安全部门检查合格后，方能进入设备施工。

到生产现场检修设备时，必须由生产车间按照化工部颁发的《化工企业安全管理制度》的有关规定对设备进行安全处理，并切断有关物料管线，保证物料不再进入设备内。设备装有搅拌器时，应将电源切断。上述措施经安全部门检查合格后，方能施工。

使用或接触有毒、有害、有刺激性的物质和粉尘时，要穿防护服、戴防毒面具、防尘口罩、防护眼镜和防护鞋、帽、手套等。使用电器设备要防止触电。高空作业要系安全带，并搭合乎要求的操作台。

总之，只要领导重视，制度健全，操作人员按规程办事，事故是可以避免的。

4.4　设备的无泄漏管理

设备的无泄漏是指泄漏量相对较少而言。化工厂由于生产工艺特性，经常处于长周期连续运行状态，要做到绝对无泄漏尚有困难。目前无泄漏区的标准是：

ⅰ.全区静密封点泄漏率低于 0.50‰；

ⅱ.设备完好率要达到 90% 以上；

ⅲ.全区动密封点泄漏量应符合部颁检修规程规定要求；

ⅳ.静密封点的技术管理要做到统计准确，档案齐全，各生产岗位有静密封点登记表，并有效地贯彻执行管理责任制；

ⅴ.设备管道保温要完整，管道的标记要鲜明合理，设备管道的涂色应符合《化工厂设备维护检修规程》（HG 1074—79）规定。

4.4.1 关于油漆粉刷涂色的规定

各种设备、仪表、电器、钢结构、管道等的油漆颜色规定如下。

（1）设备

① 静止设备　灰色或银白色。

② 机泵类　蒸汽往复泵，银白色。其他机泵，灰色或浅绿色。

（2）仪表

① 各种表　黑、灰色。

② 调节阀　钢阀体，灰色。铁阀体，黑色。执行机构（鼓膜阀体），红色。

③ 仪表盘　浅灰色或浅绿色。

④ 槽架及支架　深灰色。

⑤ 气动引线或供风管　天蓝色。

⑥ 仪表箱　深绿色或灰色。

⑦ 压差及压力引线　深绿色。

⑧ 汇线槽　黑色。

⑨ 补偿导线及电源线套管　黑色。

（3）电器

① 变压器　中灰或黑色。

② 配电盘　中灰或浅绿色。

③ 开关柜　中灰或浅绿色。

④ 油开关　中灰或浅绿色。

⑤ 电力母线　黄、绿、红色（A、B、C）、黑色（是零线）。

⑥ 电线管　黑色。

（4）钢结构

平台、梯子、栏杆及扶手，一般与设备一致。

（5）阀门

① 阀体　钢的为灰色，铸铁为黑色，合金钢为正蓝色。

② 手轮　钢的为浅蓝色，铸铁为红色，合金钢为正蓝色。

4.4.2 设备的泄漏危害及泄漏原因

化工设备在运行过程中，由于各种产品的不同工艺需要，一些设备和工艺管路必须在密闭的条件下运行。而化工生产具有高压、高温、腐蚀等特点，所以设备在运行过程中容易造成水、汽（气）、物料等的跑、冒、滴、漏。泄漏所造成的危害是极其严重的。泄漏危害归纳为：毒害空气、损害人体、污染水源、腐蚀设备、引起爆炸、造成水灾、毁坏建筑、增加消耗、危害农业、影响厂容等。

引起设备和管线法兰泄漏的原因很多，除了与介质压力、介质性质、温度、操作条件有关外，还包括如下几方面。

（1）结构型式和材质的选用

ⅰ.密封结构、密封面型式及垫片的种类选用不当。

ⅱ.法兰和螺栓的材料及尺寸选用不当。

ⅲ.垫片的厚度和宽度不适当。

（2）制造和安装方面

ⅰ.垫片和法兰密封面上有凹坑、划伤，特别是径向刻痕，或法兰面上不清洁，粘有机械杂质等。

ⅱ.法兰翘曲，或法兰有过大的偏口、错口、张口、错孔等缺陷。

ⅲ.螺栓材质弄错，或合金钢螺栓热处理不恰当，或在同一对法兰上混用不同材质的螺栓。

4.4.3　防止设备和管路连接处泄漏的措施

由于引起设备和管线法兰连接处泄漏的因素是多方面的，因此，为了防止泄漏，也必须通过设计、制造、安装和操作等各方面的共同努力。

（1）设计方面

必须根据设备和管线的介质和操作条件，选用合理的密封结构、密封面型式及垫片种类。确定适当的法兰、螺栓及垫片的尺寸，并对制造及安装提出必要的技术要求。

（2）制造和安装方面

必须遵守现行的技术规范和设计提出的技术要求，确保制造和安装质量。

（3）保证垫片安装质量的要点

① 选得对　法兰、螺栓、螺母及垫片的型式、材料、尺寸等，应根据操作条件正确选用。检修时，对于需要更换的垫片，必须按设计要求更换，不能随意改变。对于允许重新使用的金属垫圈，需做必要的处理，如表面研磨等。

② 查得细　安装前要仔细检查法兰、螺栓、垫片的质量。安装时，要仔细检查管道、法兰的安装情况，有无过大的偏口、错口、张口、错孔等现象。

③ 清得净　法兰密封面的刻痕、划伤、锈斑及污物等必须清除干净。垫片表面及螺栓螺纹不允许粘有机械杂质。

④ 装得正　垫片不能装偏，保证受压均匀。

⑤ 上得匀　把紧螺栓时应均匀用力，分数次对称地拧紧，使垫片受压均匀。

（4）操作方面

要按操作规程操作，防止操作压力和温度超过设计规定或有过大的波动。对高温设备，在开工升温过程中需进行热紧；对低温设备，在降温过程中需进行冷紧。操作人员对设备要正确操作。

4.4.4　静密封结构和材料的选用

这里主要介绍法兰结构和垫片选用。

法兰密封面的型式选择是否合理，对保证密封有很大关系。在选用时应全面了解介质性质、操作条件，并根据这些性质和条件，选用合适的静密封结构、材质和规格。

（1）中、低压法兰密封面的结构及垫片选用

常用的中、低压法兰密封面有光滑面、凹凸面和榫槽面3种，见图4-10。

光滑面法兰一般用在温度低于200℃，压力在2.5MPa以下。垫片选用橡胶石棉垫（输送汽、水、风）和耐油橡胶石棉垫片（输送油品）。螺栓用20号钢即可。用光滑面法兰时，在法兰密封面上应车有水线；水线可被石棉垫片填满，保证密封。

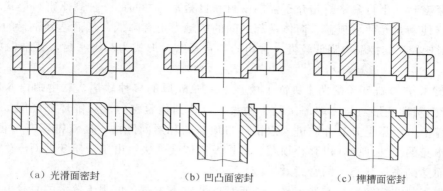

（a）光滑面密封　　　　　（b）凹凸面密封　　　　　（c）榫槽面密封

图 4-10　常用法兰密封形式

凹凸面法兰，可用在温度为 200～400℃，压力在 6.4MPa 以下。螺栓材料用 30CrMoA。垫片可用缠绕垫片、铁包石棉垫片和铝垫片等。温度在下限时可用高温耐油橡胶石棉垫片（温度应在 300℃ 以下）。选用铁包石棉垫及铝垫时，在法兰密封面上应车有水线。

榫槽面法兰，密封性能和凹凸面法兰基本相同，可在温度≤400℃，压力 6.4MPa 以下使用。垫片多用合金缠绕垫、铝垫及齿形垫等；因铁包石棉垫现场制作不易保证质量，故很少选用。螺栓的材料可选用 35CrMoA。

（2）常用高压法兰密封面的结构

在高压化工设备中采用的静密封结构一般有 3 类：强制密封、半自紧密封及自紧密封。

强制密封　是依靠螺栓的紧固来保证顶盖、密封元件和筒体的密封。

端部之间有一定的接触压力以达到密封。强制密封要求有大的螺栓紧固力。目前常用的强制密封形式为高压平垫密封（见图 4-11）。这种密封结构简单、制造方便，应用广泛。一般用在温度<200℃、压力<15MPa、封口内径≤ϕ1000mm 的条件下。垫片应选用软金属垫。常用的垫片材料有退火紫铜、退火铝及 20 号钢等。

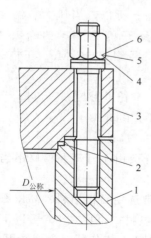

图 4-11　高压平垫密封结构图
1—筒体端部法兰；2—金属平垫；3—平盖；
4—螺栓；5—螺母；6—垫圈

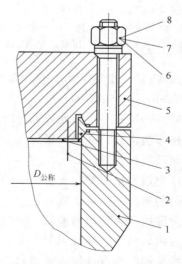

图 4-12　双锥密封结构图
1—筒体端部法兰；2—托圈螺钉；3—托圈；4—双锥环；
5—顶盖；6—主螺栓；7—螺母；8—垫圈

半自紧密封　半自紧密封是介于强制密封和自紧密封之间的一种高压密封形式。随着压力的升高，使密封元件与顶盖、筒体端部之间的接触力稍有降低，从而达到密封的目的。但与强制密封比较，其接触力降低较慢。常用的半自紧密封形式为双锥密封，其结构如图 4-12 所示。

图 4-12 中，双锥环 4 的两个锥面上放有 1～2mm 厚的多种软垫，靠主螺栓 6 压紧顶盖 5，使之产生塑性变形与筒体端部法兰 1 贴紧，以达到预紧密封。双锥环靠托圈 3 及螺钉 2 固定在顶盖上。内压上升时介质进入双锥环与顶盖的环形间隙中，使双锥环产生径向扩张，加上锥环本身的弹性回弹，以弥补顶盖、螺栓及筒体端部法兰由于升压变形而产生的密封力松弛，从而达到高压状态下的密封效果。

双锥面密封结构简单、制造容易，加工精度要求不太高。可用于较大的直径、压力及温度范围。可在温度和压力有波动的场合下工作，密封可靠。双锥环的材料和几何尺寸对密封结构影响很大，必须根据不同的使用条件认真加以选择。材料可采用：Q345、20MnMo、20CrMo、1Cr18Ni9Ti 等。

自紧密封　由于其结构特点，在压力升高后，使密封零件与顶盖、筒体端部之间的接触力加大，因而在高压下密封性能更好。组合式密封为自紧式密封的一种。此种密封结构如图 4-13 所示，由顶盖 1、四合环 5、压垫 7 及筒体端部 8 等组合而成。

拧紧牵制螺栓 2 使顶盖 1 与压垫 7 之间、压垫 7 与筒体端部之间产生预紧密封力。当内压作用后，它们之间相互作用的密封力，随压力升高而增大。压垫是开有环槽的弹性体，当顶盖受压力、温度波动影响，产生微量上升或下降时，压垫可以随着伸缩。所以，当压力、温度有波动时，仍能保持良好的密封。四合环材料为：35CrMo、20CrMo、20MnMo。牵制环材料为：20 号钢、35 号钢、35CrMo。压垫材料为 20 号钢、20CrMo、1Cr18Ni9Ti。

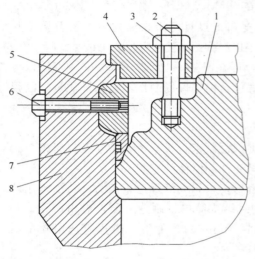

图 4-13　组合式密封结构图

1—顶盖；2—牵制螺栓；3—螺母；4—牵制环；
5—四合环；6—拉紧螺栓；7—压垫；8—筒体端部

除此以外，还有一些其他静密封结构及连接方式，如：卡托里密封、三角垫密封、B 形环密封、楔形垫密封、O 形环密封、卡箍连接等，这里就不详细介绍了。

（3）阀门填料密封

化工厂使用大量、型号规格繁多的阀门。这些阀门同样会由于管理和检修不当而泄漏，因此对阀门的密封同样要认真对待。

阀门泄漏的原因是填料泄漏。阀门填料（盘根）一般常选用石棉填料、高压石棉填料、带金属丝石棉填料、碳纤维填料、柔性石墨填料、聚乙烯填料（可用在 260℃ 以下）、芳纶填料等。特种阀门也有选用金属填料的。阀门填料必须根据工艺操作特点合理选用。如选用不当或安装不正确，必将引起阀门填料密封的泄漏。

如在高温条件下石棉填料会被烧损、老化变硬，失去弹性，孔隙增大；腐蚀性介质会腐蚀阀杆，在阀杆下部周围形成麻坑；填料的填加量不足、初压不紧，压盖在后期没有压缩量；填料加量太多，压盖没有压到填料函里；填料部分外露或填料压法不正确，从填料接缝中漏出介质等，都会造成泄漏。总之，要保证阀门填料严密可靠，必须正确掌握填料的要求及安装方法。

填料的正确使用方法：阀门在加填料前必须将填料箱清理干净；阀杆应光滑无蚀坑。先在填料箱内加少量机油铅粉，如用铅粉石棉纺织填料时，尺寸应稍大于填料箱间隙，填料应一圈一圈地加入，每加一圈应压紧一次，最后一圈压入后，填料箱应有 3～5mm 余量，使压盖有再次压缩余地，一般可保持 10～15mm（视阀门型号定）。压盖与填料箱的间隙应均匀不偏。

介质温度在 450℃ 以下的高温阀门，可用铅粉石棉填料和铅填料的混合填料。其安装方法是：在压好两圈高压石棉填料后，压一圈或两圈铅填料，再压两圈高压石棉填料，再压一圈铅填料，最后用两圈高压石棉填料封死，上紧压盖。铅填料最好是车制成圆筒形，厚度和石棉填料相等。压填料时应将阀门手轮及支架拆掉，从丝杆顶端套入，一层层压紧。

为减少铅填料的车制工序，也可以用灌注法浇入填料箱内，或用铅条弯制。但弯制铅条因有接头，效果不太好。铅填料可用在高温油管线、蒸汽管线的阀门上。

阀门腰垫的泄漏：腰垫（阀门大盖垫片）泄漏一般和法兰面泄漏情况相似。所不同的因螺栓多用单头螺栓，紧固时多为单面受力，不易拧紧。因此要求在安装时特别注意，选用符合要求的垫片，螺栓一定要均匀拧紧。为解决腰垫泄漏问题，结合生产实际经验，综合说明如下。改进腰垫密封面的型式，如 1.6MPa 级的阀门多为光滑密封面，如改为凸凹面可用在300℃ 以下。300℃ 以上的阀门，一般应选用 2.0～4.0MPa 级阀门。

合理选用垫片：腰垫可参考法兰垫片选用。一般腰垫密封面较小，常用的有缠绕垫、铅垫、铁包石棉垫、铜垫、高压耐油橡胶石棉垫等。在高温下，应根据介质腐蚀性质，可选用缠绕垫或铁包石棉垫，温度波动不大的可用铅垫，蒸汽管线还可用铜垫，300℃ 以下的阀门可用高压耐油橡胶石棉垫。不论选用哪一种，都要注意安装质量。

腰面连接结构型式：阀门腰面连接结构有法兰式和丝扣拧紧式两种。在高温下应用法兰式，不应用丝扣拧紧式，因其压紧力不足，垫片在拧紧过程中易窜动而产生泄漏。

4.4.5　常用中、低压垫片类型

中、低压容器和管道法兰所用的垫片种类很多，包括非金属垫片、半金属垫片和金属垫圈。常用的有：橡胶石棉板、金属包石棉垫片、缠绕式垫片、柔性石墨复合垫片、四氟乙烯包覆垫片、齿形垫、波齿垫及金属垫圈等。

（1）橡胶石棉板

常用的有高压、中压、低压和耐油橡胶石棉板 4 种。此外，目前已成批生产适用于400℃、4.0MPa 以下的高温耐油橡胶石棉板。它们的规格列于表 4-12。

表 4-12　橡胶石棉板规格

种　类	代号	颜　色	厚度/mm	适用范围	标准号
高压橡胶石棉板	XB450	紫红	1.0,1.5,2.0, 2.5,3.0	≤450℃ ≤6MPa	JC 125—66
中压橡胶石棉板	XB350	红	1.0,1.5,2.0	≤350℃ ≤4MPa	JC 125—66

种　类	代号	颜　色	厚度/mm	适 用 范 围	标准号
低压橡胶石棉板	XB200	灰	3.5,4.0,4.5, 5.0,5.5,6.0	≤200℃ ≤1.5MPa	JX 125—66
耐油橡胶石棉板	NY400 或 NY510	绿	1.0,1.2,1.5, 2.0,2.5,3.0	用于煤油、汽油等 ≤400℃	GB 539—65
高温耐油橡胶石棉板	XB1500	黑 涂石墨及不涂石墨	1.0,2.0,3.0	适用各种油品、溶剂、碱类 ≤500℃,≤4MPa	

橡胶石棉板的适用范围，从操作介质看，可使用于下列介质。

① 一般介质（腐蚀性不强）　例如水、盐水、空气、蒸汽、液氨（气氨）、氨水、半水煤气、变换气、乙炔、乙烯、氯乙烯、氟里昂等。

② 酸类介质　例如浓硫酸、含微量盐酸的介质、醋酸、氢氰酸等。此类介质宜采用耐酸橡胶石棉板。

③ 碱类　例如浓度 30% 以下的碱液。

④ 油和溶剂　例如各种油品、油气、溶剂等。此类介质宜采用耐油橡胶石棉板和高温耐油橡胶石棉板。

从操作温度看，橡胶石棉板一般适用于 350℃ 以下；耐油橡胶石棉板一般用于 400℃ 以下；而高温耐油橡胶石棉板使用温度可达 500℃。橡胶石棉板经浸蜡处理，也可用于低温，最低温度可达 -190℃。

从操作压力看，适用压力范围与法兰密封面型式有关，最高使用压力可达 6.4MPa。对于光滑式密封面法兰，一般不超过 2.5MPa。

（2）金属包石棉垫片

常用的金属外壳有 0.35mm 左右厚的铁皮（马口铁皮）、合金钢（1Cr13 或 1Cr18Ni9Ti）及铝、铅、铜等。内芯为白石棉板或橡胶石棉板，厚度为 1.5～3.0mm，总厚度为 2.0～3.5mm。宽度可按橡胶石棉垫片标准制作，或按法兰密封面内外圆尺寸制作，不宜过宽。其截面形状有平垫片和波形垫片两种，一般都是现场制造。使用温度为 300～450℃，压力可达 4.0MPa。一般用于温度 450℃ 以下的油品或蒸汽管线和设备法兰上。由于多用手工制造，白石棉板强度很低，易松散或折断，因此，制造质量对其密封性能影响很大。

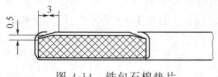

图 4-14　铁包石棉垫片

制造铁包石棉垫片时，可先用木工锉将切好的石棉板内外圆边缘倒角（图 4-14），再包铁皮，这样可以增加铁包垫片的弹性，提高其密封性能。

金属包石棉垫片对法兰及其安装要求较高。公称压力小于 2.5MPa 的平焊法兰，由于法兰刚度不够，螺栓力较小，一般不采用铁包石棉垫片。法兰安装如偏差较大，或旧法兰的密封面缺陷较多时，由于铁包垫片压缩弹性小，补偿余地小，密封性能不好。当铁包垫片的位置放得不正时，垫片沿圆周受力不均匀，其密封性也不好。因此，使用铁皮包石棉垫时，要求法兰安装必须严格保证质量，垫片尺寸合适，位置正确，均匀上紧螺栓，高温下还需热紧，才能保证密封。

（3）缠绕式垫片

缠绕式垫片是用 V 形或 W 形截面的金属带及非金属填料带间隔地按螺旋状缠绕而成，所以，它具有多道密封作用，密封接触面小，所需螺栓力较小。而且由于金属带的截面呈 V 形或 W 形，弹性较大，有多道密封作用。当温度、压力波动，螺栓松弛或有机械振动时，因垫片回弹，仍能保持密封。不同金属带与非金属带的组合可适用不同温度、压力和介质的场合。这种垫片制造简单，材料利用率高，检修方便，是一种比较好的中压垫片。适用的操作压力可达 4MPa，操作温度根据金属带材料的不同而不同。08 号钢或 15 号钢常用于 -40~300℃ 范围，最高可达 450℃ 以下；0Cr13 钢可用于 550℃ 以下；在低温及腐蚀介质中，还可用 0Cr18Ni9Ti 钢带及黄铜、紫铜等。填料带有特制石棉、柔性石墨、聚四氟乙烯。垫片厚度通常为 2.5mm、3.2mm、4.5mm，对大直径设备法兰（直径大于 1000mm），垫片厚度为 6.5mm。垫片配合用的法兰密封面，公称压力 2.5MPa 以下者，可用光滑面（不车水线）；公称压力 2.5MPa 以上者，应用凹凸面。用于光滑面法兰的缠绕式垫片，可在其内外圈加定位环，定位环一般用 Q235 钢、20 号钢、1Cr13 钢或 1Cr18Ni9Ti 钢等制成，厚度为 3mm 左右，既便于安装定位，又可以起加强作用，防止在安装和运输时变形或松散。

这种垫片使用中的主要问题是：由于焊接点不牢而易发生松散，特别是直径较大时更容易扭曲松散；内芯填料在高温条件下变脆，甚至断裂而造成泄漏；对安装要求较高，法兰不能有较大的偏口；螺栓把紧力必须均匀，而且不能过大，否则造成垫片压偏，丧失弹性，影响密封。使用缠绕垫片时，法兰密封面不车水线。

（4）齿形垫

齿形垫的齿形为密纹同心圆，密封性较好。材质有 A3、08、10、0Cr13（或 1Cr13）、0Cr18Ni9Ti（或 1Cr18Ni9Ti）等。其硬度需小于法兰密封面的硬度，厚度约为 3~5mm，主要用于温度、压力较高的部位，如铂重整的反应器及换热器等。缺点是它对法兰安装要求较高，螺栓拧紧力大，大直径垫片车制较困难，温度和压力波动时，密封性能下降。

（5）金属垫圈

金属垫圈用于在高温高压下的法兰密封。最简单的是金属平垫圈，但它与法兰密封面的接触面积大，螺栓上紧力要很大，易使法兰发生较大变形，而且不能承受温度压力的波动。配合梯形槽密封面用的金属垫圈，有椭圆形及八角形金属垫圈等，由于基本上呈线接触，螺栓上紧力小，密封性能好。高压管道螺纹法兰用的透镜式垫圈也属于这种类型。当管道内流体压力升高而使垫圈向外撑大时，垫圈与管端密封面之间的接触压力可随之变大，即有一定的自紧性能，所以可承受较大的压力波动。为了进一步提高金属垫圈的弹性以适应较大的温度和压力波动，近年发展一种 O 形环（空心、充气或开小孔）垫圈，密封效果很好，但其制造复杂，要求严格。

金属垫圈的材质根据介质的温度与腐蚀性选定，有低碳钢、不锈钢、紫铜、铝、铅等。

4.4.6 垫片安装的技术要求

4.4.6.1 安装前的检查工作

ⅰ.检查法兰的形式是否符合要求，密封面是否光洁，有无机械损伤、径向刻痕、严重锈蚀、焊疤、物料残迹等缺陷；如不能修整时，应研究处理办法。

ⅱ.对螺栓及螺母进行下列检查：

螺栓及螺母的材质、型式、尺寸是否符合要求；

螺母在螺栓上转动应灵活，但不应晃动；

螺栓及螺母不允许有斑疤、毛刺；

螺纹不允许有断缺现象；

螺栓不应有弯曲现象。

ⅲ.对垫片应进行下列检查：

垫片的材质、型式、尺寸是否符合要求；

垫片表面不允许有机械损伤、径向刻痕、严重锈蚀、内外边缘破损等缺陷。

ⅳ.选用的垫片应与法兰密封面型式相适应。不允许在椭圆或梯形槽密封面的法兰上安装平形、波形垫片。

ⅴ.安装椭圆形（八角形）截面金属垫圈前，应检查法兰的椭圆槽（梯形槽）尺寸是否一致，槽内是否光洁。并在垫圈接触面上涂红铅油，将垫圈试装、检查接触是否良好。如接触不良，应进行研磨。

ⅵ.安装垫片前，应检查管道及法兰安装质量是否有偏口、管道不垂直、不同心、法兰不平行等缺陷。

偏口：两法兰间允许的偏口值按下述情况确定。当使用非金属垫片时，应小于 2mm；使用半金属垫片、金属垫圈及与设备连接的法兰，应小于 1mm。

错口：管道和法兰垂直，但两法兰不同心。在螺栓孔直径及螺栓直径符合标准的情况下，以不用其他工具将螺栓自由地穿入螺栓孔为合格。

张口：法兰间隙过大。两法兰间允许的张口值（除去管子预拉伸值及垫片和盲板的厚度）为：管法兰的张口应小于 3mm；与设备连接的法兰应小于 2mm。

错孔：管道和法兰同心，但两个法兰相对的螺栓孔之间的弦距（或螺栓孔中心圆直径等）偏差较大。

螺栓孔中心圆半径允许偏差如下。

螺栓孔直径≤30mm 时，螺栓孔中心圆半径偏差±0.5mm；

螺栓孔直径＞30mm 时，螺栓孔中心圆半径允许偏差±1.0mm。

相邻两螺栓孔之间弦距离的允许偏差为±0.5mm。任意几个孔之间弦距的总误差为：

公称直径 DN≤500mm 的法兰，允许偏差为±1.0mm；DN 为 600~1200mm 的法兰，允许偏差为±1.5mm；DN≤1800mm 的法兰，允许偏差为±2.0mm。

4.4.6.2　垫片的制造要求

ⅰ.制作垫片均应按照有关垫片标准进行。

ⅱ.在现场制作非金属垫片时，应符合下列要求。

非金属垫片应用专门的切制工具（如转动的划规、小冲压机、圆盘剪切机等），在表面无缺陷的工作台上切制。不允许用扁铲、钢锯或锤子来制作。不允许在法兰面、或地面上切制。垫片应用大套小的办法来制作，以节省材料。

椭圆形及其他异型垫片，应预先用铁皮或其他材料做出样板，然后再按样板切制。

不允许用焊接或者拼接的办法来制作垫片。

垫片的内径应大于法兰的内径，以免介质冲蚀，泡涨或裂口。

4.4.6.3　垫片安装要求

ⅰ.垫片应装在工具袋内，随用随取，不允许随地放置。石墨涂料应装在有盖的盒内，防止混入泥沙。

ⅱ.两法兰必须在同一中心线上并且平行。不允许用螺栓或尖头钢钎插在螺孔内校正法兰,以免螺栓承受过大的应力。两法兰间只准加一个垫片,不允许用多加垫片的办法来消除两法兰间隙过大的缺陷。

ⅲ.安装前应仔细清理法兰密封面及密封线(水线)。

ⅳ.垫片必须安装正,不要偏斜,以保证受压均匀,也避免垫片伸入管内受介质冲蚀及引起涡流。

ⅴ.为了防止橡胶石棉垫片粘在法兰密封面上和便于拆卸,应在垫片的表面均匀地涂上一层薄薄的鳞状石墨涂料。石墨可用少量甘油或机油调和。金属包石棉垫片、缠绕式垫片及已涂有石墨粉的橡胶石棉板表面不需再涂石墨粉。安装椭圆形(八角形)截面金属垫圈时,也应在其表面均匀地涂一层鳞状石墨涂料。

ⅵ.安装螺栓及螺母时,螺栓打有钢印的一端,应露在便于检查的一侧,并在螺栓两端涂石墨粉。凡法兰背面较粗糙的,在螺母下应加一光垫圈,以免螺栓发生弯曲。为保证垫片受压均匀,螺母要对称均匀地分两至三次拧紧。当螺母在 M22 以下时,可采用力矩扳手把紧,螺母在 M27 以上时,可采用风扳机或液压扳手。

ⅶ.不允许漏装垫片或混用螺栓。

ⅷ.凡介质温度在 300℃ 以上的螺栓,除在安装时紧固外,当介质温度上升时,需进行热紧。

4.4.7 液体垫料

液体垫料是近年发展的一种密封材料。由各种有机高分子物质、溶剂、填充料及其他助剂混合制成,呈糊状,可用于管螺纹接头、管法兰及设备法兰。用于法兰时有的直接取代垫片,有的与垫片配合使用。液体垫料的优缺点如下。

(1)主要优点

ⅰ.可以紧密附着在结合面上,充满结合面的凹坑,以防止介质泄漏。

ⅱ.不会因压缩过度使材料破坏和引起蠕变,所以使用年限长。

ⅲ.随着高分子物质的发展,可以制出耐各种介质的液体垫料。

ⅳ.液体垫料不是黏合剂,所以能够拆卸而不损伤结合面。

ⅴ.因为是液体,所以易于涂刷到螺栓、螺母丝扣或管线丝扣上。

ⅵ.经常保持黏性或弹性,能够紧密的附在结合面上,所以能耐振动、冲击等外力的作用。

ⅶ.使用量很小,成本很低。

(2)主要缺点

ⅰ.因为是高分子物质,长期使用有老化现象(但比其他方法使用期长)。

ⅱ.不能重复使用。

ⅲ.对于有大缝隙或曲面、斜面等的结合面,使用液体垫料还受到很大限制。

思　考　题

4-1　如何正确使用、管理设备?

4-2　企业设备性能检查的实施方法有哪些?

4-3　如何进行巡回检查？

4-4　什么是包机制？

4-5　润滑管理的目的是什么？

4-6　根据摩擦物体的表面润滑程度，摩擦可分为哪些类型？

4-7　润滑剂有何作用？

4-8　设备润滑管理工作中的润滑"六定"与"三过滤"的具体内容是什么？

4-9　设备泄漏的原因有哪些？

4-10　如何防止设备和管路连接处泄漏？

第5章
设备的检修

设备的检修是设备管理中的一个重要环节。设备检修是恢复或提高设备的规定功能与可靠性，保证设备和系统生产能力的重要手段。

5.1 设备检修的重要性

5.1.1 设备检修的意义

机器设备在日常使用和运转过程中，由于外部负荷、内部应力、磨损、腐蚀和自然侵蚀等因素的影响，使其个别部位或整体改变尺寸、形状、力学性能等，使设备的生产能力降低，原料和动力消耗增高，产品质量下降，甚至造成人身和设备事故。这是所有设备都避免不了的技术性劣化的客观规律。

在企业中，由于机器设备的生产连续性，而大多数设备是在磨损严重、腐蚀性强、压力大、温度高或低等极为不利的条件下进行生产的。因此，维护检修工作较其他部门更为重要。

为了使机器设备能经常发挥生产效能，延长设备的使用周期，必须对设备进行适度的检修和日常维护保养工作。它是挖掘企业生产潜力的一项重要措施，也是保证多、快、好、省地完成或超额完成生产任务的基本物资基础。

5.1.2 设备功能与时间的关系

由于上述的内在与外界因素，设备在运行一定阶段以后，其功能逐渐劣化，尤其是传动设备、工业炉和受腐蚀严重的设备。一般表现为能力下降、工艺指标恶化、消耗定额上升、可靠度降低，导致设备总功能的下降。一般而言，设备一生的故障率水平划分为初始故障期、偶发（随机）故障期和耗损故障期这三个阶段，因为故障率曲线的形状像一个浴盆，故称为浴盆曲线，如图 5-1 所示。

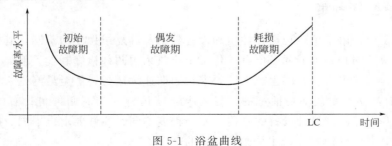

图 5-1　浴盆曲线

设备在初始故障期的故障率比较高，机械部分的主要故障状况是由机械零件配合、啮合、对中、平衡、紧固、位置调整、表面性能、装配、匹配、安装、基础、水平等缺陷引起的，这些状况要根据实际原因及时处理，如通过调整角度、距离，找准，加平衡块，紧固螺栓，强化润滑，加固基础，减振，进行水平定位等方式来解决。电子、电气部分的故障主要是由元器件的老化、接触不良、接地不当、电路电压突变、雷电干扰、线路干扰、磁场干扰等因素造成，需要通过检查电路时效、检查接线、检查接地、检查电压参数以及电路屏蔽等方式针对问题加以解决。总之，在设备初始故障期，主要采用的维修策略是检查、记录、原因分析和参数调整。设备的初始故障期是从设备安装投入使用之后到性能稳定为止，短则几个月，长达一二年，设备的工作负荷相关。

设备的故障率在偶发故障期进入平缓的低谷，机械故障主要由灰尘、松动、润滑问题引起，而润滑问题又多由尘土进入润滑系统造成设备磨损、润滑介质泄露以及润滑不良引起。北方寒冷地区冬天管道、机件冻裂，润滑介质凝固，南方潮湿地区的腐蚀，锈蚀，润滑介质挥发、稀化流失也引起偶发故障。电子、电气故障往往由外部的冲击和影响造成，如雷击、短路、电网不稳定引起的突然超负荷或者低负荷、尘土覆盖散热不良、绝缘烧毁等。操作失误、维修失误也是造成偶发故障的原因。因此在设备的偶发故障期，对设备的清扫、紧固润滑和堵漏是最主要的；对电子电气部分要注意冷却、散热、除尘、绝缘和屏蔽保护，防止小动物进入电气系统。北方地区的冬天防冻，南方潮湿地区的防锈保护涂复，西北干燥风沙地区的防沙保护工作都应该因地制宜地、有所侧重。同时，规范员工操作，减少运行差错、规范维修行为、制定维修工艺规则、减少维修失误也十分重要。最近企业越来越重视设备的健康管理，即在设备尚未出现故障隐患时的管理，通过控制设备性能劣化源头，微损微修、及时对中、平衡、加入润滑添加剂等活动来控制设备性能劣化，让设备保持"健康"状况。天津港曾经通过对日本进口柴油机的"四清"活动——燃油清、润滑油清、冷却水清、空气滤清等控制劣化源头的手段，让设计寿命30000h的机器连续100000h无故障运行，连日本的供应商都十分惊讶。设备的偶发故障期可以延续6~8年甚至更长时间，这也和设备的工作负荷及保养水平有关。

设备的故障率在耗损故障期又开始上升，机械故障主要由长时间使用引起的机械磨损、材料老化、疲劳断裂、变形、应力脆性断裂所致；而电子、电气部分的问题则主要由接触点的变化和电参数的变化引起，如电阻、电容、电感、内部数字程序变化等。因此，在耗损故障期，应侧重对设备修复性的纠正性维修和主动维修，如机械损坏部分的换件，几何尺寸的物理恢复，刷镀、喷涂，电子器件的更换等。生产制造型企业的高层管理者了解设备浴盆曲线，可以根据设备的平均役龄，对企业设备总体状况做到心中有数，对于属下设备主管人员的工作业绩有客观的评估。

5.1.3 各种检修制度

对于不同企业，由于企业规模、性质和设备数量及其复杂程度的不同，其检修制度也不一样。实际经验证明，不可能要求所有的化工企业只采用两种检修制度。例如，化工系统行业多，生产流程相差很大，有的生产工艺要求长周期连续运行，甚至最好是一年内连续运行330天以上；有的生产工艺却是批量的，只要求连续运行一段时间即可；有的工艺不能间断；有的可以开开停停。另外设备的结构、复杂程度不同，检修要求也不同。所以企业设备检修应该采取分类检修的方针，才是比较合适的。

分类检修，就是按设备的重要性将其分为 4 类（前已述及）。凡属甲、乙类设备为主要设备，应采用计划预修制度；而属于丁类设备，则可以采用事后修理制度。这种做法，不仅在技术上可以保证各类设备满足生产需要，而且在经济上是合理的，可节约资金，使维修费用既不浪费，又保障了安全和重点。

现将几种主要检修制度介绍如下。

（1）日常维护保养

日常对设备的维护保养是十分重要的。它是用较短的时间、最少的费用，及早地发现并处理突发性故障，及时消除影响设备性能、造成质量下降的问题，以保证装置正常安全地运行。其具体做法已在第 4 章介绍了。

（2）事后修理制

事后修理制是指设备运行中发生故障或零部件性能老化严重，为恢复改善性能所进行的检修活动。

事后修理是在机器设备由于腐蚀或磨损，已不能再继续使用的情况下进行的一种随坏随修的修理制度。它的特点是修理工作计划性较差，难以保证修理工作的质量，影响设备的使用寿命和妨碍生产的正常进行。如设备的故障多，将使停机次数增加，设备的利用率降低，成本增高。因此，在连续生产的企业、备机少的装置中，不应采用这种修理制度。但对于结构简单、数量多可替换，容易修理、故障少的设备可以采用这种修理制度。

（3）检查后修理制

检查后修理制的实质是定期对设备进行检查，然后根据检查结果决定检修项目和编制检修计划。

对于企业中丙类设备占设备总数的比例很大的工厂，这种修理制度应用比较普遍。但是在目前检测技术较落后的情况下，必须有较高技术水平的操作、检修工人负责设备的维护、检查工作，才能获得较好的效果。

检查后修理制虽然比事后修理制好一些，但也不能较早的制定检修计划和事先做好设备的检修准备工作。

（4）计划预检修制

计划预检修制，是以预防为主、计划性较强的一种比较先进的检修制度。它适用于企业中对生产有直接影响的甲、乙类设备和连续生产的装置。

计划预检修制的计划，是根据设备的运行间隔期制定的，所以能在设备发生故障之前就进行检修，恢复其性能，从而延长了设备的使用寿命。检修前可以做好充分的准备工作（编制计划，审定检修内容，制作各种图表，准备所需的备品配件、材料及人力，机具的平衡等），来保证检修工作的质量和配合生产计划安排检修计划。这对维护企业的正常生产、提高生产效率、保证产品质量与生产安全，都有非常积极的作用。因此我国化工企业现阶段都在实行这种检修制度。

除上述内容外，还有视情维修，通常也称状态维修，即根据状态检测的故障模式决定维修策略。状态监测的主要内容是状态检查、状态校核和趋势监测。这些方式一般都是在线的。机会维修，即与视情维修和定期维修并行的一种维修体制。当有些设备或部件按照状态监测结果，需要排除故障或已到达定期维修周期，对于另外一些设备或部件也是一次可利用的机会。结合生产实际，把握维修时机，主要是为了提高费用有效度。改进（设计）维修，即对那些故障发生过于频繁或维修费用过大的某些设备部件，可以采用改进设计，从根本上消除故障。

5.2 计划检修

设备的计划检修,是 20 世纪 50 年代从苏联引进的普遍推行的一种设备维修制度。它是进行有计划的维护、检查和修理,以保证设备经常处于完好状态的一种组织技术措施,保证生产计划的全面完成。

对在用的生产机器设备,根据其技术劣化规律,通过资料分析及计算,确定其检修间隔期。以检修间隔期为依据,编制检修计划,对机器设备进行预防性检修,称为计划预修制(简称计划检修)。这种检修制的优点是有计划地利用生产空隙离线操作,人力、备件均有充分准备。对于故障特征随时间变化的设备,这种检修方式仍不失是一种可利用的方式。但对于复杂成套设备、故障无时间规律的设备,这种检修方式就不适合。

5.2.1 计划检修的种类及内容

根据检修的性质,对设备检修的部位、修理内容及工作量的大小,把设备检修分为不同种类,以实行不同的组织管理。一般分为设备的小修、中修、大修和系统停车大检修 4 种。

① 小修 主要是清洗、更换和修复少量容易磨损和腐蚀的零部件,并调整机构,以保证设备能使用到下一次计划检修。

② 中修 包括小修项目,此外还对机器设备的主要零部件进行局部修理,并更换那些经过鉴定不能继续使用到下次中修时间的主要零部件。

③ 大修 是一种复杂、工作量大的修理。大修时要对机器设备进行全部或部分拆卸,更换和修复已经磨损及腐蚀的零件,以求恢复机器设备的原有性能。

为了提高装置的技术水平和综合功能,在大修时有时也对设备进行技术改造。

设备检修后,必须进行试运转,并按修理类别分别由使用单位或操作工验收。重点设备厂机动部门须派人员参加验收。

④ 系统停车大检修 这种检修是整个系统或几个系统甚至全厂性的停车大检修。修理面很广,通常将系统中的主要设备和那些不停车不能检修的设备及一些主要公用工程(管道、阀门),都安排在系统停车大检修中进行。

所有系统的人员(包括机、电、仪、操作工、技术人员和干部)都参加,具有全员参加检修的性质。以上 4 种计划检修和日常修理的详细内容,如表 5-1 所示。

表 5-1 设备计划检修的类别及内容

类 别	内 容
日常修理	由包机组负责对本机组进行日常检查和维修,内容与小修内容大致相同,一般不停车
小修	停车进行:(1)检查紧固零件,如连杆螺栓等;(2)检查与更换易磨损零件,如阀片等;(3)更换填料、垫片、弹性联轴器木棒和胶圈;(4)润滑系统、冷却系统检查、清洗、换油
中修	(1)小修全部内容;(2)修理个别部件或更换零件;(3)修理或更换轴瓦;(4)检修修理钢套,更换活塞环;(5)更换泵的叶轮、轴、轴承;(6)修理衬里或防腐层;(7)定期检验设备;(8)安全附件的测试检查
大修	(1)中、小修全部内容;(2)更换全部已磨损零部件,符合规定标准;(3)检查调整设备底座与基础,符合标准规定;(4)更换衬里、防腐层、保温层、炉衬;(5)进行技术改革
系统停车大检修	(1)必须在系统或全厂停车时,才能进行检查的项目;(2)不影响系统或全厂停车修理时间的前提下,可同时进行一些单体设备的大、中、小修及检测更换填充物及基建、技措工程

以上 4 种计划检修的内容，都是以"预防为主"的原则确定的。设备的日常维护保养工作是计划检修的基础工作。日常维护保养工作做得好，就能大大减少检修工作量和检修次数。

计划检修的各个组成部分是相互联系的，前一次检修为下次检修提供资料，以保证机器设备正常运行到下次的计划检修日期。

计划检修制并不排除对偶然性的、临时故障的抢修，以及意外的破坏性事故的恢复性检修。如果设备的日常维护保养和计划检修制度贯彻得好，这些计划外的检修是可以减少和避免的。

5.2.2 设备的检修周期

检修周期是计划检修的重要内容，是编制检修计划的依据。

检修停车时间 每类检修所需要的停车时间，包括生产运行和检修前（排放、置换等）需要的时间。

检修时间 每类修理所需要的停车时间，不包括检修以外的开、停车等运行需要的时间。

检修周期 对已使用的设备，指两次相邻大修之间设备的工作时间；对新投产的设备，指从投产时起到第一次大修设备的工作时间。在一个检修周期内，除进行一次大修外，还可进行若干次中、小修。

检修间隔期 指相邻两次修理（不论是大修、中修和小修）之间，设备的工作时间。

在同一设备的一个检修周期中，各检修间隔期相等。因此检修周期是检修间隔期的倍数。检修周期的长短，是根据设备的构造、工艺特性、使用条件、环境和生产性质决定的；主要取决于使用期间零件的磨损和腐蚀程度。

炼油化工行业机器设备的检修周期，可查阅中国石油天然气股份有限公司颁发的《炼油化工企业设备管理规定》或参阅表 5-2。

表 5-2 主要设备检修周期表

设备名称	检修周期/月			设备名称	检修周期/月		
	大修	中修	小修		大修	中修	小修
超高压立式压缩机	48	12	2	超高压催化剂柱塞泵	36	12	2~3
超高压卧式压缩机	36~72	12		DB、JZ、KD 型柱塞泵	24	12	2~3
30MPa 活塞压缩机	12	6	3	蒸汽往复泵	18~24	6	1
<5MPa 活塞压缩机	18~24	6~12	1~3	电石炉 5000~9000kV·A	12		1
7EH-11、12GH-3001 汽轮机	22~44		11	电石炉 10000~20000kV·A	18~24	6	1
4 万吨、10 万吨、30 万吨乙烯高压压缩机	24	12	3	电石炉 40000kV·A	36	12	1
				A、B、Hp25 型粉碎机	30~36	9~12	1~2
MTRL-3B 透平冷冻机	48~60	12	6	桥式起重机	24~36	12	3
双螺杆压缩机	72~108	36	6~10	电动葫芦	24	12	3
80m³/min 罗茨鼓风机	12	6	1~2	皮带运输机	12	3~6	3
低压离心鼓风机	12		3	变压器	5~10		1
轴流通风机	12~18		6	电动机		6~12	3~6

设备名称	检修周期/月			设备名称	检修周期/月		
	大修	中修	小修		大修	中修	小修
卧式滚筒混合机	36	6~12	2~3	SZ 型环式真空泵		12	2~3
CIM-320 双螺杆混炼机	36	12	3~4	LA 双螺杆泵	12~18		3~4
P305-18SW 造粒机	36	12	6	齿轮泵		12~18	4~6
轻柴油裂解炉	12~15	3~4		沉降式离心机	12	6	3
乙、丙烷裂解炉	12~18	5~6		卧式刮刀离心泵	24~36	8~12	3
氨碱法碳化塔	36	12	1	板框压滤机	24	12	不定期
挤压脱水机	24	12	2~4	真空回转过滤机	36	6	3
膨胀干燥机	24	12	3	滚筒干燥机	36~48	6~12	3~4
JQ4-1 压块机	12	3	1	离心式热油泵	12~18		3~4
W 型真空泵	24	12	3	行星齿轮增速器	24		12
J、SD、JD 型深井泵	12~18	6		齿轮减速器	24~38		3
40ZLQ-50 以下轴流泵	8~12		1~3	SS、SX 三足式离心机	12	6	3
—38~98℃ 低温多级泵	12~18		4~6	有机载体加热炉	12~18	4~6	
LMV 高速泵	36		6	石油气箱式裂解炉	36	12	
BA、B 型离心泵(IS)		6~12	3~4	联碱法碳化塔	98	12	1
金属耐腐蚀泵		4~6	1~2	φ2500 蒸汽煅烧炉	144	36	1
多级离心泵	18~24		4~8	φ1500~φ1800 球磨机	36	8	1
YLJ 氯气泵		12	6				

检修周期结构　指同一设备在一个检修周期中，所有各种检修（大修、中修、小修）的次数和排列的次序，如图 5-2 所示。

由于化工生产设备的工艺条件多样化和复杂性，其检修周期结构的确定比其他设备要繁杂得多。需要根据一系列的检测资料和分析原始统计资料；估算零部件的平均寿命；结合设备的日常维护保养情况等来确定。

图 5-2　检修周期结构

因设备的检修周期与检修间隔期互成倍数关系，所以已知检修周期 T、检修间隔期 t，即可确定该类设备的检修周期结构。在整个检修周期中大修为一次，其余的中、小修次数，可按式(5-1)、式(5-2) 计算

$$M_{中} = \frac{T}{t_{中}} - 1 \tag{5-1}$$

$$M_{小} = \frac{T}{t_{小}} - (1 + M_{中}) \tag{5-2}$$

式中　$M_{中}$，$M_{小}$——分别表示检修周期中，单独进行的中、小修次数；

　　　$t_{中}$，$t_{小}$——分别表示中、小修间隔期；

　　　T——检修周期，即大修间隔期。

例如某化工厂热交换器，检修周期长度为 24 个月。按照不同的检修工作内容和应更换零部件的磨损程度而确定的中修间隔期为 12 个月、小修间隔期为 3 个月。试求检修周期中单独进行的中、小修次数，并列出检修周期结构。

根据式(5-1)，有

$$M_{中} = \frac{T}{t_{中}} - 1 = \frac{24}{12} - 1 = 1(次)$$

$$M_{小} = \frac{T}{t_{小}} - (1 + M_{中}) = \frac{24}{3} - (1 + 1) = 6(次)$$

根据上述计算结果，便可列出检修周期结构，如图 5-2 所示。

各企业由于生产条件不同，其设备检修周期也不同，可根据实际情况编制出合理的检修周期结构，并记入设备的技术档案。

5.3　设备检修定额

为了保证检修计划的顺利进行，以及做好施工前的准备工作，必须做好施工的基础工作——建立各种检修施工定额，这是实施检修工程的主要依据。

5.3.1　检修工作量定额

由于化工生产设备的工艺条件多样化和复杂性，其检修工作量定额的确定要比其他行业的设备繁杂得多。需要根据一系列的检测资料和分析统计原始资料；估算零部件的平均寿命；结合设备的日常维护保养情况等来确定。

5.3.2　检修间隔期定额

"检修间隔"是指相邻两次检修之间的时间间隔。其时间间隔定额取决于生产的性质、设备的构造、操作工艺、工作班次和安装地点等。主要取决于使用期间零部件的磨损和腐蚀程度，即设备的老化程度。"检修间隔期"分大修、中修、小修三种。化工生产设备的大修间隔期定额一般在 1～3 年；中修在 6～12 个月；小修在 1～3 个月。

5.3.3　检修工时定额

为了保证检修计划的顺利执行，必须正确地确定完成一次检修工作所需的工时定额。各种检修工时的长短，取决于设备的结构和设备检修的复杂程度、检修工艺的特点、检修工技术水平、工具、机具及施工管理技术等。因此，各企业的设备检修工时定额是不同的。

由于企业中的一些设备结构复杂、品种繁多，检修定额的确定也十分复杂。目前比较常用的方法有经验估算法、统计分析法、类推比较法、技术测定法及三点估算法。

① 经验估算法　是在总结实际经验的基础上，结合实际施工要求、材料供应、技术装备和工人技术等施工组织条件，经过分析研究和综合平衡，估算出某一检修工序的检修工时定额。这种方法，一般适用于零星施工项目和新的施工方法等第一次估工定额。

② 统计分析法　亦称经验统计法。它是利用已积累的同类工序实际工时消耗的统计资料，在整理和分析的基础上，结合技术组织条件来确定的方法。这种方法，一般适用于施工

条件比较稳定，工艺变化比较小，而且原始统计资料比较齐全的施工项目。

③ 类推比较法　是以同类型施工工序的定额为依据，经过分析对比，推算另一施工工序的定额。这种方法一般适用于施工工序多，工艺变化较大的施工项目。采用类推比较法，要有施工过程定额和实耗工时记录及相应的定额标准作为资料，来作对比和类推。两个施工项目，必须是同类型或相似类型的，而且具有可比性。

④ 技术测定法　又称技术定额法或计算测定法，是在分析施工技术组织条件，对定额时间的组成进行分析计算和实地观察测定基础上制定定额的方法。这种方法一般适用于施工技术组织条件比较正常和稳定的施工项目。

⑤ 三点估算法　在设有工时定额的情况下，采用工时估算法。它是引用数学概率统计的方法，把非肯定的条件肯定化。三点估算法，即取三种有代表性的工时定额，运用式（5-3）进行计算

$$t_e = \frac{a + 4m + b}{6} \tag{5-3}$$

式中　t_e——确定的估计工时；

a——可能完成的最快估计工时；

m——最有可能完成的估计工时；

b——可能完成的最慢估计工时。

5.3.4　设备停歇时间定额

设备停歇时间是指设备在交出检修前所进行的设备清洗、置换、分析及交工后试压、查漏、置换、吹净所需要的时间。设备停歇时间定额分单台设备与一套化工装置两种。因各种设备不同，各套装置的工艺生产条件不同，定额也有所不同。企业应根据自己设备和化工生产装置工艺条件，制定设备停歇时间定额。如中型合成氨厂系统停车大修，一般从停车到交出检修的时间 20h；检修后开车（包括试压、查漏、置换）是 48h，则该装置的停歇时间定额就是 68h。定额制定以后，每次停产检修，就可按定额安排检修计划。

5.3.5　检修停车时间定额

检修停车时间定额，是指设备停机检修开始，到试车合格为止的全部时间。可根据检修工时定额，按不同类型的设备的检修类别（大、中、小修），参照式（5-4）计算

$$T_停 = \frac{Q}{NDSK} + T_L \tag{5-4}$$

式中　$T_停$——设备检修的停车时间定额，h；

Q——设备检修工时定额，h；

N——每班参加检修的人数；

D——每班工作小时数；

S——每昼夜参加检修的班数；

K——完成定额系数；

T_L——其他辅助时间，h。

式（5-4）中的设备检修工时定额，在采用计划检修制度的情况下，指各个工种的综合工作量。

5.3.6 维修材料定额

维修材料定额是指设备一次大修所需的材料消耗定额。维修材料包括钢材、小五金材料、润滑油（脂）等。不包括备件和低值易耗品。企业在制定维修材料定额时，应根据不同的设备结构，不同的施工条件进行制定。

5.3.7 检修费用定额

检修费用分为大修费用和中、小修费用两种。

大修费用的来源，是以固定资产原值为基础，根据一定的比例，按月提取，留作企业用于支付固定资产大修费用。

固定资产的中、小修费用（即维修费用），由企业制定每月指标，按月计入成本。检修费用定额可分为年度大修费用定额、月度维修费用定额、单台设备大修费用定额三种，这是考核设备管理、设备维修工作经济效益的主要依据。

5.4 检修计划的编制

设备检修计划，是企业根据设备本身固有的运动规律，从保证生产出发，对全厂检修任务的统筹预安排。从计划本身来讲，它要涉及检修方式、检修内容、检修量、检修间隔期、检修时间等诸方面。即在检修计划中，它要根据不同设备情况，确定检修方式、检修内容、检修工作量、检修间隔期和检修时间。

长期以来，在我国化工企业，实行的是计划预检修制（简称计划检修）。从主导思想上来说，是在设备发生故障之前，就对设备进行不同类别的修理，以防止故障的发生。所编制的计划是与生产计划紧密配合和协调的。

设备检修计划从时间上划分，有年度检修计划、季度检修计划和月度检修计划。从检修范围上划分，有单体设备检修计划和系统设备检修计划。就检修性质，又有日常维修、小修、中修、大修之分。对厂部来讲，主要控制的是设备大修计划。

5.4.1 设备大修年度计划的编制程序

ⅰ.编制年度大修计划（包括装置、系统或全厂停车检修计划）的依据是主要设备的检修技术规程、设备档案、设备实际检测试验鉴定的技术数据。由生产车间填报设备大修项目申请和设备报废重置申请。

ⅱ.审核。审核工作由厂机动部门进行，其审核内容有：申请检修内容；运行情况；历史检修资料；费用概算。

ⅲ.综合概算。

ⅳ.由机动部门负责编制初步年度大修计划。

ⅴ.将初步计划交生产计划部门征求意见，并落实具体时间。

ⅵ.在听取生产计划部门意见的基础上，正式编制年度设备大修计划。

ⅶ.报主管厂长审批。

ⅷ.报上级主管部门审批。

ⅸ.在年前 60 天左右，打印下发大修年度计划。

5.4.2　季度大修计划的编制

季度大修计划的编制，可依下列步骤进行。

ⅰ.在季前 55 天左右，根据年度计划，核定本季的检修内容、准备图纸、调整设备订货。

ⅱ.根据核算内容单和图纸编制预算。

ⅲ.由机动部门编制出季度大修计划。

ⅳ.报主管厂长及有关部门备案。

ⅴ.季前 20 天左右，正式下达季度大修计划。

5.4.3　月度大修计划的编制

月度修理计划主要是在与生产计划、施工条件平衡的基础上制定具体施工网络计划。一般在检修前 10 天左右，交出网络施工计划。

在设备大修计划工作中，除完成上述三类计划工作外，还有一项内容，就是根据大修工作进度要求做好设备材料、备品配件、工器具、资金、劳动力的准备和供应工作。

检修计划编制的平衡工作，由机动部门进行。平衡工作要做到"三个配套"，即前后配套；机、电、仪配套；主辅机、附属设备及设施配套。

表 5-3～表 5-5 给出相关的检修计划表格式。

表 5-3　年度主要设备修理计划进度表

顺序	设备编号	设备名称	检修间隔期定额								
			大　修			中　修			小　修		
			间隔/月	定额/h	工时天数/班	间隔/月	定额/h	工时天数/班	间隔/月	定额/h	工时天数/班
1	2	3	4	5	6	7	8	9	10	11	12

上次最后一次大、中修理		一　季			二　季			三　季			四　季	
日期	性质	1 月	2 月	3 月	4 月	5 月	6 月	7 月	8 月	9 月	10 月	11 月	12 月
13	14	15	16	17	18	19	20	21	22	23	24	25	26

注：1.检修间隔期定额小时，均以停车小时计算，并非人工工时。表格中横线下面所填的数字系修理工作中机械全部停车的小时数，为核算产量的依据，横线上面系实际修理的小时数。

2.15～26 栏内横线上面填计划进度，下面填实际进度。

3.15～26 栏内只填"大""中""小"即可。

表 5-4　年度大修理工料计划

上次修理日期：　　　　　　　　　　　　　　本次停车时间：

厂　　车间　　　　本次停修起止日期：　　　　　　　　影响产量：

工程编号		工程项目			计划工作总量/元			备注		杂项及其他费用

工程量部分		备件部分					材料部分					人工部分				杂项及其他费用	
分类工程名称及修理内容	名称	图件号	备件号	单位	数量	金额	名称	规格	单位	数量	金额	工种类别	数量	单位工资	金额	杂费名称	金额

表 5-5　年度大修工程计划汇兑表

厂　　车间

序号	项目编号	项目名称	停修费用	修理费用/万元	需用材料			
					钢材/t		木材/m³	水泥/t
					有色	黑色		

5.5　设备检修工程的施工管理

设备检修工程的施工管理，是设备检修计划的实施过程（包括施工准备、施工现场管理、交工验收、施工的总体线路和施工程序等）。在整个过程中要以施工指挥调度为中心，对施工进行全面管理，确保检修计划的完成。

5.5.1　检修工程的施工管理

中国化工企业设备检修工程的管理和施工组织基本有设备（单机）的计划预修和事后检修、装置（系统）或全厂性停车检修两种。

① 设备（单机）的计划预修和事后检修　由企业维修管理部门负责组织和实施，企业内的维修队伍按计划负责施工。

② 装置（系统）或全厂性停车检修　任务重，涉及面广，因此在检修工程施工前，要成立以厂长为首的检修工程筹备领导小组，协调企业内部计划、财务、供销、设备检修等管理部门的工作，确保检修工程的顺利进行。在施工时，要成立以厂长为首的检修工程指挥部，下设计划调度、工程质量、安全、物资供应、生活服务、政治鼓动等部门，具体负责检修工程施工的指挥调度和各项监督工作，如图 5-3 所示。

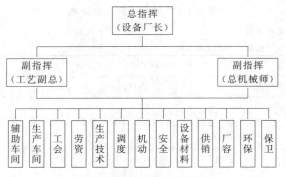

图 5-3   大修指挥机构图

5.5.2   施工前的准备工作

中国化工企业，在检修工程的施工中，对检修计划、施工准备、施工技术方案、施工安全措施、检修质量、文明检修、交工验收、开停车衔接、费用核算十分重视。检修工程施工后，做到台台设备符合质量标准，每套装置一次开车成功。对于检修工作量很大的化工装置（系统）或全厂性停车检修，应在筹备领导小组织下做好"十落实""五交底""三运到""一办理"等项准备工作。

"十落实"：组织工作落实、施工项目落实、检修时间落实、设备和零部件落实、各种材料落实、劳动力落实、施工图纸落实、施工单位落实、检修任务落实、政治思想工作落实。

"五交底"：项目任务交底，施工图纸交底，质量标准交底，施工安全措施交底，设备零部件、材料交底。

"三运到"：施工前必须把设备备件、材料和工机具运到现场，并按规定位置摆放整齐。

"一办理"：检修施工前必须办理"安全检修任务书"。

下面介绍如何落实检修的各项任务。

5.5.2.1   检修人力资源筹集决策

装置（系统）或全厂性停车修理，检修人力资源很缺，往往出现人力不足现象。如何筹集决策是企业内机动部门的一个重要工作。决策的准则是：费用最少，同时又能满足检修与安全的需要。首先罗列可供决策的方针有哪些，然后决定哪种方针最理想。在决策时会遇到很多影响选择的因素，但总的准则不能放弃。一般化工企业装置大修的检修人力资源筹集决策如图 5-4 所示。

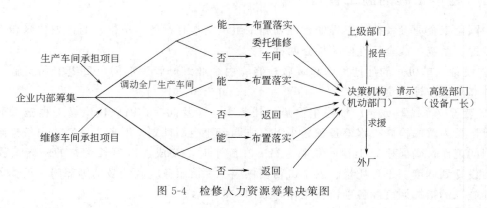

图 5-4   检修人力资源筹集决策图

5.5.2.2　检修任务的布置落实

（1）施工单位落实

前已述及，维修工人组织形式有分散型、集中型和综合型。现在介绍综合型维修组织的维修任务及施工单位的落实。

车间维修组，检修工种主要是以钳工为主，有少量的电焊工等，维修设备以传动设备为主。

维修车间检修力量比较强，检修工种和装备比较全，能承担生产车间不能承担的加工任务和大修任务。

装置（系统）或全厂性停车大修，维修项目多，落实施工是一项细致复杂的工作。在初步制定大修计划后，设备管理部门首先在调查研究的基础上做生产车间与维修车间承担任务的分工。分工的原则是生产车间承担传动设备的检修项目及系统中的一般项目。重点项目，特别是冷铆、电焊工作量大、要求高的检修项目（管道焊接 X 光拍片项目及大口径管道更换）原则上由维修车间承担。

检修项目的施工单位初步确定后，组织生产车间和辅助车间讨论，在求大同存小异的情况下，最后正式落实检修项目的施工单位。如以上两个车间承受不了这么多项目，则可考虑在本企业内调动，然后再求外援。

（2）检修任务落实

车间自修项目，由车间自行落实。其中项目分两大部分：一是化工操作承担的维修项目，如设备的内部清洗、更换塔内填料等简单检修项目；二是维修组承担的设备检修项目。

维修车间任务的落实。当接到正式确定的检修项目后，车间应组织技术人员、定额员、施工调度员、各检修工段长，在机动部门和生产车间的配合下，对每个项目进行现场查看工作量，估算工时，对人力资源反复平衡后，再将任务下达到班组和个人。

5.5.2.3　检修后勤资源的落实、督促与检查

（1）检修后勤资源的范围

企业装置（系统）或全厂性停车大修施工，其后勤资源主要包括以下几个方面。

除已落实的检修人员外，所需外借的检修人员及辅助劳动力；预制件；备件；材料（包括钢材、木材、建材）；运输设备（包括吊车、卡车、平板车、拖拉机运输车等）；工器具（电焊机、卷扬机等）。

（2）检修后勤资源保证管理

检修后勤资源的保证管理，是从后勤资源计划的最初阶段开始的，并延续到整个检修工程结束为止。其管理工作可归纳为以下几个基本阶段。

概念阶段　当企业一个维修工程确定以后，经过分析研究，特别是可行性研究，开始拟定一个早期检修后勤资源保障计划。

详细计划确定阶段　当装置运行一阶段后又会增加一些设备缺陷，特别是装置停车检修前两三个月，就必须对早期检修后勤资源保证计划加以补充，并确定详细的计划完成日期。

检查、督促阶段　在详细计划确定以后，在停车检修前的阶段，管理工作的职能主要是检查和督促，确保后勤资源的落实。

后勤资源阶段　在检修施工开始前半个月，应该是后勤资源陆续进入现场阶段。在这一阶段中管理人员应该详细按后勤资源清单逐一清点，组织进入现场。

后勤资源使用阶段　在检修施工开始，后勤资源开始使用。在此阶段中，管理人员的工作主要是保证供给、掌握使用动态、资源调剂。

后勤资源清理阶段 当一个装置或检修工程施工结束后，现场总会剩余一些材料，主要有钢材、木材、预制件、备件等，这些材料如不及时收回退库就会造成浪费。在此阶段，后勤资源管理应及时做好现场清理和退库工作。

检修后勤资源的保证管理，其阶段可有多种形式，但一般如图5-5所示。

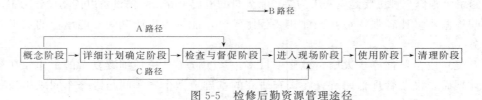

图 5-5　检修后勤资源管理途径

（3）检修后勤资源组织及各自职责

化工企业装置（系统）或全厂性停车大修施工，如果没有一个检修后勤资源组织来保证后勤资源的供给，是很难完成检修施工任务的。一般后勤资源组织，如图5-6所示。其后勤资源的落实、督促与检查是通过组织活动实现的。

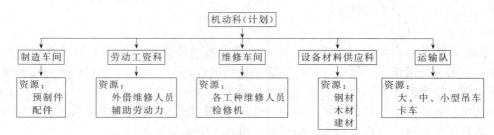

图 5-6　化工企业检修后勤资源组织

5.5.3　施工现场管理

ⅰ.施工现场以图表和数据指导修理工作。主要装置（系统）和大修项目应有二图二表，即检修网络图和现场平面布置图，主要项目进度表和主要质量标准表。做到图表规格化，摆放整齐。

ⅱ.检修工作要实行全面质量管理，严格按检修技术规程中质量标准和暂定质量标准执行。对于不符合标准要求的设备、备品配件、紧固件、各种阀门材料等，凡是没有审批的变更手续，检修人员有权拒绝使用。

ⅲ.检修完的设备、管道等都要达到完好标准，做到不漏油、不漏水、不漏汽（气）、不漏物料、不漏电。

ⅳ.实行文明检修，即"五不乱用""三不见天""三不落地""三条线"。

"五不乱用"：不乱用大锤、管钳、扁铲；不乱拆、乱拉、乱顶；不乱动其他设备；不乱打保温层；不乱拆其他设备的零部件。

"三不见天"：润滑油脂不见天；洗过的机件不见天；拆开的设备、管口不见天。

"三不落地"：设备的零件不落地；工量具不落地；油污、污物不落地。

"三条线"：设备零件摆放一条线；材料物质摆放一条线；工具机具摆放一条线。在交工验收前做到工完、料净、现场清。

在检修施工中，要经常召开现场调度会，及时研究、调整和解决施工中的问题，保证检修的进度、质量和安全。

5.5.4　施工验收与总结

设备检修的最终成果表现在设备检修质量上。检修质量达不到要求，不仅影响产品质量，也影响生产任务的完成，还会使设备很快又重新损坏，甚至发生严重事故。因此，在设备检修结束时，要组织有关人员对计划检修的项目、内容、检修质量、交工资料、无漏泄状况、检修现场、安全设施等进行全面的检查验收。

5.5.4.1　施工验收队伍的组成

检修施工验收实行"三级检查制"，即检修人员自检、班组长（或工段长）抽检、专业人员终检，从而保证检修的质量。

在三级检查的基础上，装置（系统）或全厂性停车大修的重点项目由总工程师室（副总工程师、总机械师、总动力师、总仪表师）组织验收。主要设备大、中修及主要维修项目由机动部门组织验收。一般项目由生产车间机械员自行组织验收。

5.5.4.2　施工验收准则

检修质量实行全面质量管理，严格按检修技术规程中的质量标准和暂定质量标准进行验收。验收时严格执行"六不验收"准则。

ⅰ.维修项目不完全和内容不完全的不验收。

ⅱ.维修项目达不到标准的不验收。

ⅲ.交工资料不齐全、不准确、不整洁、没有完备的签章手续的不验收。

ⅳ.维修结束后未做到"工完、料净、场地清"的不验收。

ⅴ.安全设施经维修后不完好的不验收。

ⅵ.设备、管道未达到"无泄漏"标准的不验收。

实际上设备检修的检查验收工作，贯穿设备检修工作的整个过程之中。

认真作好检修记录，对收集到的各种数据进行综合分析，找出问题、提出改进意见和措施。检修记录应包括下列内容。

一般情况记录：计划检修时间、实际检修使用工时、总计工时（钳工、起重、电焊、气焊、铆工、配管、瓦工、架子工、油漆工）。本次检修前设备存在的主要缺陷、本次发现的主要问题、检修中进行的技术革新及设备结构改进的内容、已消除的内容和缺陷以及下次检修应更换的零件及如何检修的意见。

检修更换零件记录：主要零件更换情况，包括零件名称、损坏情况、数量、新零部件技术文件。一般零部件更换情况，包括零件名称、数量。

检修设备的名称、规格、检修类别、检修负责人、检修单位。

检修施工的交工资料由检修单位交给设备使用单位，并在一个月内整理归档。

主要设备大修，装置（系统）或全厂性停车检修，在开车生产正常后，都应及时写出检修技术总结。主要内容包括实际完成检修项目、内容、进度、工时、每台检修费用和总检修费用等是否符合计划，其原因是什么。按式(5-5)、式(5-6)计算出大修完成率和工时计划率

$$大修完成率 = \frac{实际完成大修项目}{计划大修工程项目} \times 100\% \qquad (5\text{-}5)$$

$$工时计划率 = \frac{实际使用工时小时数}{计划大修工时小时数} \times 100\% \qquad (5-6)$$

对检修或更换的设备、零部件,检查其使用寿命是否符合检修周期;对被检查、检测的设备或零部件,估计下个检修周期。

检修后试车的技术数据与正常运行的技术数据进行比较与分析。

对各类检修定额进行考核、验证的结果进行分析,找出不足之处,提出完善和改进的措施。

5.5.5　一个装置停车检修施工管理的实例

设备检修计划工作程序可参见图 5-7。全厂(系统)大修工作程序可参见图 5-8。

下面以某厂年产 10 万吨合成氨系统年度停车大检修为对象,进一步掌握化工装置(系统)停车大修工程的施工管理。

合成氨系统的大修,包括造气车间、合成车间、尿素车间及相应的水、汽、电气、仪表等系统的大修。

合成氨系统的大修,某厂计划日期为某年 9 月 6 日~9 月 20 日,包括开停车在内共 15 天。其中,停车置换 1 天、检修 12 天、开车 2 天。总的检修项目有 1472 项,其中重点项目有 14 项。在系统大修中进行压力容器无损检测的设备有 32 台。参加施工的单位有 13 个(其中外厂两个单位),参加检修的人员有 2000 余人。大修所需预制件有 726 台套件。所需钢材 385.84t,木材 30m^3。

合成氨系统的大修是某厂年度重点装置的大修。这种大修的特点是检修内容多;需要参加检修的工种、人员、机具多;而且时间安排紧,检修质量要求高。搞好这个系统大检修工程的施工管理是一个关键问题。某厂是通过以下几项工作进行实施的。

5.5.5.1　组织落实

一个全厂性装置停车大检修涉及面广,需要有一个指挥机构来指挥、落实和检查大修的各项工作。在大修前成立一个大修指挥部。其组成人员见表 5-6 所示。

表 5-6　合成氨系统大修指挥部成员表

总指挥:设备副厂长
副总指挥:工艺副总工程师
设备副总工程师
成员:总工程师室 机动科 生产技术科 调度室 安全科 设备科 材料科 供销科 劳资科 环保科 行政科 厂容办 厂工会 造气车间 合成车间 尿素车间 机修车间 消防车间 电器车间 仪表车间 运输队 保卫科

注:成员为每部门负责人。

在厂部成立大修指挥部的同时,各生产车间与辅助车间相应成立车间大修领导小组。为配合厂大修指挥部抓好大修的后勤资源供应工作及管理工作,还必须成立"后勤资源管理办公小组",其组成人员见表 5-7 所示。

表 5-7　后勤资源管理办公小组成员表

组长:机动科长
组员:设备科 材料科 安全科 保卫科 行政科 厂容办 运输队

注:组员为各部门有关人员。

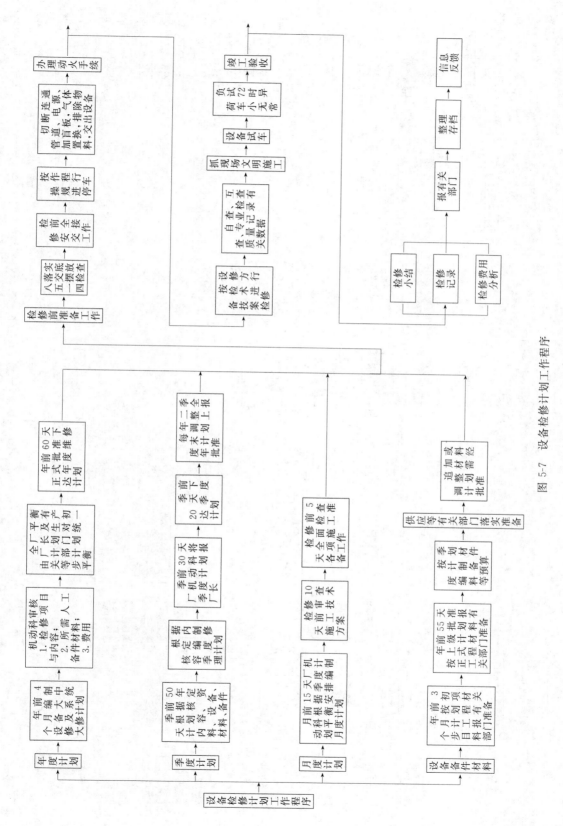

图 5-7 设备检修计划工作程序

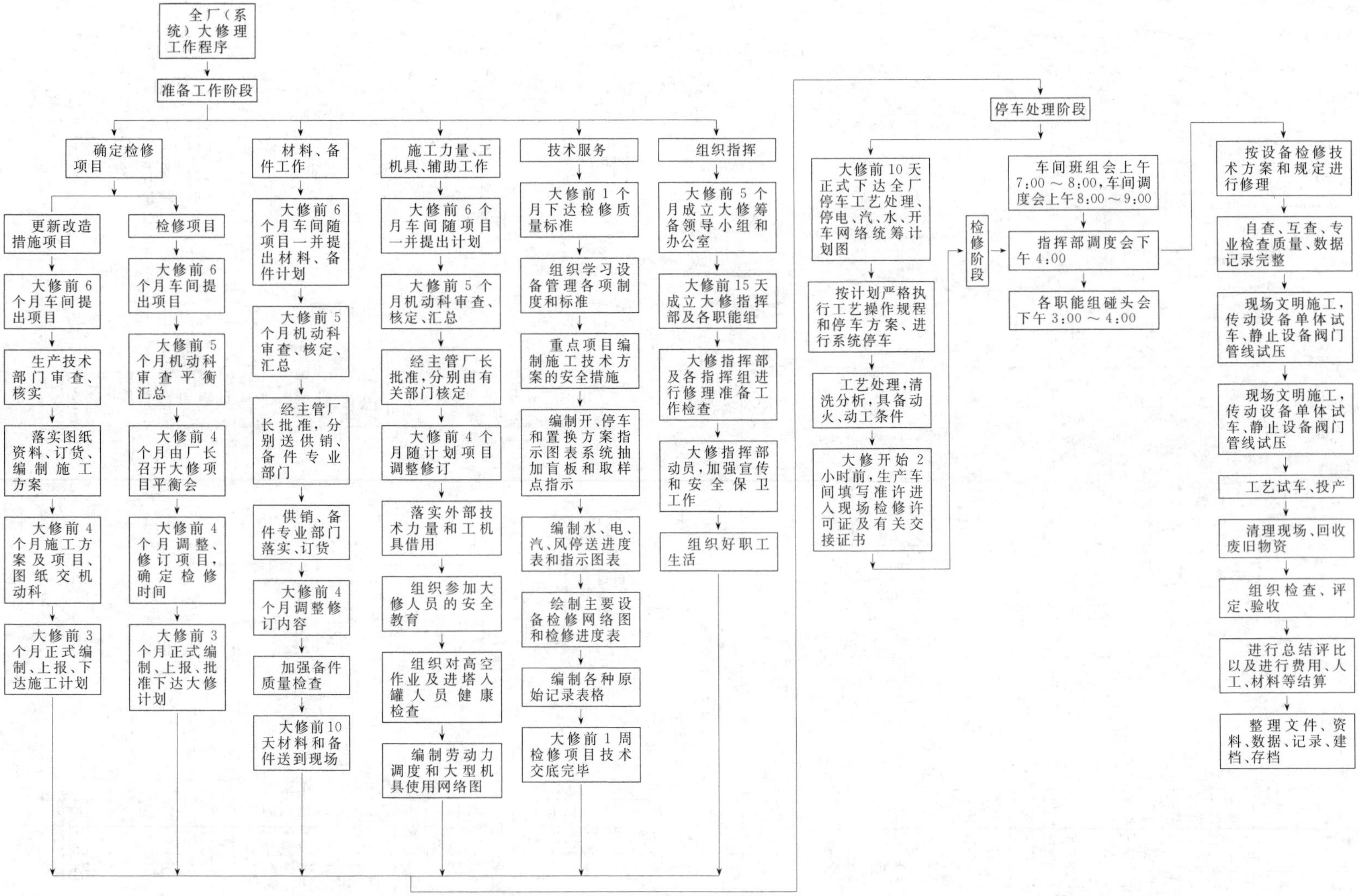

全厂（系统）大修管理工作程序

准备工作阶段

确定检修项目

- 更新改造措施项目
- 大修前6个月由车间提出项目
- 生产技术部审查、核实
- 落实图纸、订货资料及项目，图纸交机动科
- 大修前施工方案编制施工方案
- 大修前3个月制定上报、批准下达施工计划

- 检修项目
- 大修前6个月车间提出项目
- 大修前5个月机动科审查汇总
- 大修前4个月由厂长召开大修项目平衡会
- 大修前4个月调整、订定检修时间
- 大修前3个月正式编制、上报、批准下达大修计划

材料、备件工作

- 材料、备件工作
- 大修前6个月随项目一并提出材料、备件计划
- 大修前5个月机动科审查、核定、汇总
- 经主管厂长批准，分别送供销、备件专业部门
- 供销、备件专业部门落实订货
- 大修前4个月调整订货内容
- 加强备件质量检查
- 大修前10天材料和备件送到现场

施工力量、辅助工作

- 施工力量、工机具、辅助工作
- 大修前6个月随项目一并提出计划
- 大修前5个月机动科核定、汇总
- 经主管厂长批准，分别送有关部门核定
- 大修前4个月随计划调整核订
- 落实外部技术力量借用
- 组织参加大修人员的安全教育
- 组织对塔、罐作业及进入人员健康检查
- 编制劳动力调度和大型机具使用网络图

技术服务

- 大修前1个月下达检修质量标准
- 组织学习设备管理各项制度和标准
- 重点项目编制施工技术方案的安全措施
- 编制停车方案和置换图表、抽堵盲板加盲点指示
- 编制水、电、汽、风停车进度表和指示图表
- 绘制主要设备检修图和原始记录表格
- 编制记录各种表格
- 大修前1同检修项目技术交底完毕

组织指挥

- 大修前5个月成立大修领导小组、筹备和办公室
- 大修前15天成立大修指挥部及各职能组
- 大修指挥部组进行各组准备工作检查
- 大修指挥部加强宣传、鼓动工作和安全保卫工作
- 组织好职工生活

停车处理阶段

停车处理阶段

- 大修前10天正式下车工艺处理、停电、停气、水，开车网络筹计划图
- 按计划严格执行工艺操作规程和停车方案，进行系统停车
- 工艺处理、清洗分析，具备动火、动用工条件
- 大修开始前2小时同填写检修许可人现场检查及交接证书
- 大修生产许可证办有关证

检修阶段

- 车间班组会上午7:00～8:00，车间调度会上午8:00～9:00
- 指挥部调度会下午4:00
- 各职能组碰头会下午3:00～4:00

- 按设备检修技术方案和规定进行检修
- 自查、互查、专业检查质量、数据记录完整
- 现场文明施工，传动设备试车，静止设备阀门管线试压
- 现场填单施工，传动设备单体试车，静止设备阀门管线试压
- 工艺试车、投产
- 清理现场，回收废旧物资
- 组织检查、评定验收
- 进行总结评比以及按费用、人工、材料等结算
- 整理文件、数据、资料、记录存档，建档

图 5-8 全厂（系统）大修工作程序

后勤资源管理办公小组的职能如下。

    ⅰ.统计检修进度，调整网络计划，图表反映；

    ⅱ.解决材料、备件、劳动力、安全、保卫、运输等问题；

    ⅲ.卡车、吊车现场调度，密切配合大修需要；

    ⅳ.检查现场道路，保持交通畅通，及时运走废钢及工业垃圾；

    ⅴ.接待外借人员及生活安排；

    ⅵ.传达指挥部要求，协助处理各类问题。

5.5.5.2 大修前的准备工作

检查大修前各项准备工作，组织落实以后，在停车大修前一个月开始，指挥部开始定期召开会议，检查各部门的准备工作情况，重点检查内容如下。

生产车间：检查自修项目及外委托项目落实情况。

辅助车间：承修项目安排及机具、工器具的准备。

机动科：检修项目的布置、交底、落实、施工方案、重点项目的施工统筹图、施工图纸、备件、预制件、大型机具。

设备材料科：各种材料、备件、外协件的落实。

劳动工资科：外借劳动力及本厂内部借用检修人员的落实；

大修前夕的各项准备工作，具体内容见表5-8所示。

表5-8　大修前夕现场准备工作情况

序号	准备工作名称	负责部门
1	预制件进现场，按规定位置摆放	机动科组织，机修车间负责运输
2	主机及其他工具材料进现场	机修车间
3	根据情况现场设立几个小五金材料供应点	设备材料科
4	现场急救医疗点	行政科
5	现场运输点	运输队
6	现场工业垃圾清理组	厂容办
7	现场废钢回收组	检修车间
8	现场交通管理员	保卫科
9	现场脚手架施工小分队	施工单位
10	现场广播室	厂工会
11	现场午餐供应点	行政科

现场设立"大修指挥部"。指挥部内设置9种图表：

系统大修质量验收规定；

系统大修安全规定；

停车置换方案及开车方案；

系统大修保卫工作规定；

重点项目施工统筹图；

合成氨系统大修，停车、检修、开车统筹图；

重点项目各部门施工负责人员表；

重点项目工程进度计划表；

检修进度统计日报表。

5.5.5.3 停车置换管理及维修任务交接

9月6日，合成氨系统按计划12时开始停车，7日早8时交出检修。调度室、造气、合成车间自停车开始，连续进行置换。安全科分析人员 7 日早 5 时提前 2 小时上班，配合车间做动火分析及进塔入罐分析，8 时前大部分项目交出检修。

维修任务交接程序。辅助车间承担的检修项目大都是重点项目和主要项目。维修项目的检修任务书由机动科对口技术人员填写，在停车前交给生产车间设备员，其交接程序如图 5-9 所示。交接的书面资料是检修任务书，如表 5-9。

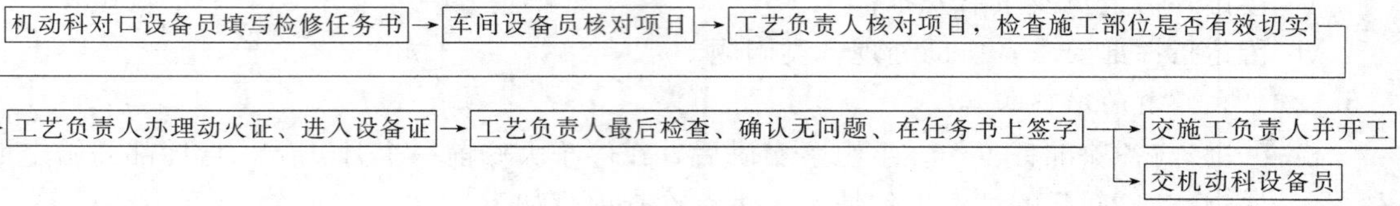

机动科对口设备员填写检修任务书 → 车间设备员核对项目 → 工艺负责人核对项目，检查施工部位是否有效切实 →

工艺负责人办理动火证、进入设备证 → 工艺负责人最后检查、确认无问题、在任务书上签字 → 交施工负责人并开工

交机动科设备员

图 5-9　维修任务交接程序

表 5-9　检修任务书

检修部门：

车间		工段		设备交出者签字	
检修项目名称				设备检修日期	
修理内容安全措施					
修理情况存在问题					
检修竣工时间		年　月　日		检修人签字	
检修部门项目负责人意见					
签字：					
项目所属车间验收意见					
签字：					
机动科验收意见					
签字：					

注：一式三份（一份机修部门存，一份所属车间存，一份机动科存）。

5.5.5.4　施工中的管理

（1）装置大修期间，每天开好三个会

部门调度会。每天中午 12 时开会，大约半个小时。重点检查大修进展情况，反映存在的问题。

后勤资源管理办公会。每天 12 时 30 分召开，半小时结束。主要检查材料、备件、预制件、劳动力、运输、安全场地清理等有无问题，进行协调解决。

大修指挥部会。每天下午 1 时召开，时间一小时左右。要求较大的问题在会上解决，较小的问题会后解决。大修总的进展情况由机动科汇报，总指挥提出工作要求。

（2）运用统筹法管理装置大修

总的大修周期按预先制定的停车、检修、开车统筹图实施。如图 5-10 所示。

（3）执行"装置大修施工管理工作程序"

这个工作程序主要由各级指挥人员掌握，并在大修施工中灵活运用。现将各工序介绍如下。

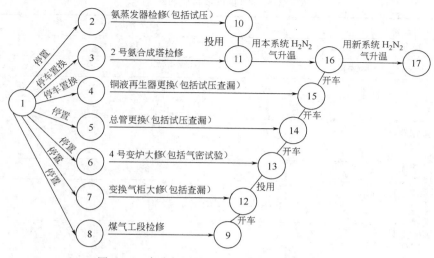

图 5-10　合成氨系统停车、检修、开车统筹图

大修前做好项目交底工作。装置停车大修时间短，要求高，在大修前要把检修项目的工作量、技术要求、在系统中的重要性一一向施工单位交代清楚，使施工者有充分的准备。

抓重点，带一般。全面开工停车交出检修后，抓开工率十分重要。

对每一个重点项目要抓紧不放。对交不出检修的项目应查明原因，明确开工日期。在检修重点项目开工的同时带动一般项目的全面铺开。

开展安全检查，避免事故发生。检查安全是整个大修期间的一项重要工作，应该组织安全员每天在现场巡回检查，每次检查还应有所侧重。

强调中间检查，确保施工质量。在检修进入紧张阶段，往往会产生抓进度而忽视质量的现象，尤其是那些返工比较困难的检修项目，中间进行质量检查十分重要，可以大大减少大修扫尾工作。

确定完工目标，全面形成检修高潮。当检修的重点项目及对系统检修工作量心中有底时，可以提出完工目标，推动整个装置大修进程。

抓竣工验收，促使大修项目全面完成。装置大修时间短，施工管理工作应一环紧扣一环，中间不能放松，在检修达到高潮时应马上抓完工项目的验收。验收了重点项目，可带动一般项目。重点项目的验收应另填"重点项目验收单"，其格式参照表 5-10。一般项目的验收单由"检修任务书"代替。

检修项目验收完毕，凡是塔、罐、管道的封孔工作均应办理"封塔封罐证"。由生产车间、机动科、保卫科、安全科四方面人员进入塔、罐、管道内检查，确认无杂物及工具遗漏，然后由生产车间封人孔。

（4）施工后的管理工作

将检修施工后的管理工作内容分列如下。

总结经验教训，提出下一年大修的工作打算。装置系统大修不仅考核职工队伍素质，同时也是检验管理工作成效的具体反映。通过一次系统大修，应对系统中的设备、管道进行全面检查和了解，总结已取得的经验，提出下一次大修的打算。

表 5-10　重点项目验收单

车间		工段	
设备名称		交出检修日期	
检修项目名称			

修理内容：

修理情况及存在问题：

检修竣工日期		检修人签字	

检修部门项目负责人意见：

签字

项目所属车间验收意见

签字

机动科验收意见

签字

总工程师意见

签字

注：1. 本验收单一式三份，一份检修部门存，一份项目所属车间存，一份交机动科存档备查。

2. 修理情况及存在问题如本页不够填写时，可加附页。

系统大修工作评价。合成氨系统大修在各部门努力下，提前三天完成任务。经济评价内容如下（包括安全与质量）。

产量：计划减产数（吨）；

　　　实际减少数（吨）；

　　　增加产量数（吨）。

产值：计划减少产值数（万元）；

　　　实际减少产值数（万元）；

　　　增加产值数（万元）。

利润：计划减少利润数（万元）；

　　　实际减少利润数（万元）；

　　　增加利润数（万元）。

大修费用：计划支用大修费用（万元）；

　　　　　实际支用大修费用（万元）；

　　　　　节约数（万元）。

安全：未发生重大人身事故。

质量：系统开车一次成功。

整理竣工验收资料，进行归档。

装置大修结束后在一月内将竣工验收资料整理归档。

"检修任务书"（一般项目的验收单）；

"重点项目验收单"；

设备竣工图；

管道检修竣工图；

封塔封罐证；

"一级、二级施工统筹图"；

"系统大修计划"；

"重点项目检修方案"。

具体内容如下：

"压力容器检测记录""检测报告""压力容器水压试验卡""安全阀校验卡"；

设备、装置检修记录；

电气、仪表检修记录；

大修项目费用及检修人工结算表；

系统大修工作总结。

思 考 题

5-1　简述故障率曲线的含义。

5-2　根据检修的性质，计划检修可以分为哪几类？

5-3　什么是检修周期？

5-4　什么是检修间隔期？

5-5　设备检修工程施工前的"一办理"指的是什么？

第6章

设备备品配件的管理

企业中一切机械、电气、仪表设备维修使用的零部件都称为配件。准备在急用时更换而储备的成台设备或其辅机称为备品、合格备品配件，简称备件。

企业的特点是连续化、机器设备种类多、规格型号复杂。这些机器设备，都由许多零部件组装而成。这就要求备件专业工作人员，不仅要熟悉设备以及备件的使用部位，能准确看懂图纸，懂金属、非金属的材料性能，还要了解备件的加工制造工艺、了解镀涂、热处理、探伤等。同时要编制计划、申请订货、设好仓库、管好占用流动资金等。所以备品配件管理工作是一项有关技术、物资、财务管理的综合性业务。

6.1   备品配件管理范围

所有维修用的配套产品，即设备制造厂向外单位订购的配套产品都称为配件。这些产品有国家标准或具体的型号规格，有广泛的通用性，如滚动轴承、皮带、链条、皮碗、油封等。

在设备结构中，传递主要负荷或负荷重而本身结构又较薄弱的零件。

那些保持设备精度和性能的主要运动件，如主轴、活塞杆等。

受冲击、反复负荷而易损坏的零件，如曲轴等。

经常拆装而易损坏的零件或作超负荷保险用的易损坏的零件。

经常发生事故或因设备结构不良而经常发生不正常损坏的零件。

特殊、精密、稀有、关键设备的关键零件。

经常处于高温、高压状态，或与周围介质发生化学反应、电化学反应，而易造成变形、破裂或腐蚀的零件。

由于汽蚀、氧化、腐蚀而极易损坏的零件。

以上零件也都属于备品配件范围。

在确定备件时，应与设备、低值易耗品及材料、工具等区分开来。例如某些外购备件，由于价格高，有些企业就将其列入固定资产，作为设备进行管理。但从性质上来说应属于备件管理范围。有些企业在具体划分设备与备件时，是按单价的多少来划分，这个标准似乎不合适，因这样会将大量的备件列入固定资产的范围，在管理上是不方便的。

但也会有少数备件难以明确划分，以致有的备件在这里属于备件，在那里又不属于备件。

6.2　确定备品配件的方法

通常有两种方法确定备品配件。

一种是结构分析法。就是对设备中各种结构的运动状态，以及对零件的结构、材料、质量、性能等因素进行认真的技术分析，按确定备件的范围，再结合本企业特点，来确定哪些零件应定为备件，哪些零件不应定为备件。

另一种是技术统计分析法。就是对企业日常维修以及计划检修中更换零件的消耗量进行统计和技术分析工作。只要被统计的消耗资料准确，经过一段时间的努力，就可以找出零件的正常磨损规律和消耗量，就可以确定哪些零件应定为备件，哪些零件不应定为备件。

备件管理是设备管理的一个重要方面，应包括：图纸管理、定额管理、计划管理、仓库管理、财务管理。

6.3　备件的图纸管理

备件图纸管理必须做到，将图纸按所表达的对象分为总图、装配图、部件图、零件图；按标准化程度分为标准图、通用图、表格图；按图纸的用途和性质分为原图、底图、蓝图。对于结构简单，或需自制装配的设备，如单级泵、减速机等，则需有全套图纸。

无论是设计还是测绘图纸，都应符合机械制图国家标准。当设备改革后，必须立即绘制新图，抽掉旧图。

由于备件图纸使用频繁，图纸管理工作量大、技术性强，所以平时要注意对图纸的收集、保管和修改工作。

6.4　备件的定额管理

实行备件定额管理，是保证正常生产的主要物质基础，也是财务部门对这部分流动资金实行监督的重要依据。

备件定额分三类。一类是备件的消耗定额，一类是备件的储备定额，一类是备件的资金定额。

下面分别介绍消耗定额和储备定额的计算和确定。

6.4.1　备件消耗定额的概念与计算方法

备件消耗定额，是根据企业的工艺设备条件、生产规模和经营水平，为保证完成生产计划和设备维修计划，而制定的一种备件标准消耗量。它是企业物资消耗定额的一部分。

备件消耗定额是编制备件储备定额的依据。备件消耗定额是否先进，反映了企业生产技术管理水平的高低。要发挥消耗定额的积极作用，定额水平必须先进合理，既要满足设备实际维修的需要，又要达到企业的指标。随着生产技术的发展，备件质量和管理水平的提高，消耗定额也会相应发生变化，所以每隔几年需修改一次，以保持它的合理性和先进性。

备件消耗定额，一般以年为单位，是指一年内企业所必须消耗的备品配件数。要使定额成为符合客观实际的先进定额，在经营管理上起推动作用，不是很容易的事。因为在实际生产过程中，影响备件消耗的因素是非常复杂的。现介绍几种计算方法。

（1）统计累积法

统计累积法比较可靠，但首先必须对备件消耗进行完善的统计，即把每年在生产中各种备件的实际耗用数量，以及设备累积的运转时数、设备的维修状况等，进行统计分析。要分析各种备件消耗的原因是正常磨损消耗，还是非正常磨损消耗；是正常工艺条件下的消耗，还是违反工艺条件而加速了备件的消耗；是维护保养不周或者是安装、修理工艺上的错误造成的消耗，还是备件本身质量上的问题。最后将统计资料进行科学整理，得出每种备件的平均使用寿命和备件的平均年消耗量，作为确定年消耗定额的依据。备件的平均使用寿命可用式（6-1）、式（6-2）计算

$$\bar{p} = \frac{\bar{p}_1 + \bar{p}_2 + \cdots + \bar{p}_n}{n} \tag{6-1}$$

$$\bar{p}_n = \frac{t}{Q} \tag{6-2}$$

式中　　　　　$\bar{p}$——单件备件的平均使用寿命，年；

$\bar{p}_1$，$\bar{p}_2$，$\cdots$，$\bar{p}_n$——不同批量的单件备件的平均使用寿命，年；

n——备件的总批数；

Q——每批备件的数量，件；

t——每批备件消耗完毕的总时间，年。

这种计算方法，适用于备件批量和寿命相差较大的情况。如果批量和使用寿命相差不大，选用任何一批的使用寿命均可。

备件的年消耗速度可用式（6-3）表示

$$v = \frac{AK}{\bar{p}} \tag{6-3}$$

式中　v——备件的年消耗速度，件/年；

A——具有相同备件的设备台数；

K——每台设备上相同的备件数；

$\bar{p}$——单件备件的平均使用寿命，用任何一批的使用寿命均可。

备件的年消耗定额量可用式（6-4）表示

$$n_2 = vt \tag{6-4}$$

式中　n_2——每种备件的年消耗定额量，件；

t——时间，年。

备件年消耗定额总资金用式（6-5）表示

$$M_1 = \sum n_2 R \tag{6-5}$$

式中　M_1——备件年消耗定额总资金，元；

R——每种备件计划单价或实际单价，元/件。

（2）统计平均法

用本企业备件收支台账三年的平均值，加上与车间核对的消耗数字，求其平均值，得出同一种备件的实际消耗定额 n_2。如果一个企业需要成千上万种备件，应分门别类，选择代表性品种进行统计、计算，得出比较准确的定额，然后同类设备可参照这些定额制定出每一

种备件的消耗定额。每种备件的年消耗定额为

$$n_2 = \frac{F+L}{2} \tag{6-6}$$

式中 n_2——每种备件的年消耗定额量，件；

L——与车间核对的同一种备件的实际消耗平均值，件；

F——收支台账一种备件的三年消耗平均值，件。

（3）类比估算法

类比估算法适用于将要投产的新厂。采取三结合的方法，由老厂调来的或者是本厂在外厂培训过的工人、技术人员、专业干部，根据类似工艺的生产设备，以及已有的备件图纸资料，用类比法初步估算出单件备件的使用寿命。一般可以偏向于保守一点，然后再用前面的公式来确定年消耗定额量。经过一二年的生产实践后，逐步对年消耗定额进行修订。

6.4.2 备件储备定额的概念与确定

备件储备定额，又叫备件库存周转定额。因为备件进库，有一个订货和加工的过程，所以为保证检修工作和生产上的不断需求，备件库就必须有合理的库存数量，即储备定额。通常以件、套、组、台来表示。

备件储备定额计算参数的选定正确与否，决定着最后计算出定额的准确性。参数来源于生产实际统计和科学总结，现将有关参数的确定，叙述如下。

ⅰ.单件备件的平均使用寿命、年消耗速度、年消耗量（见前面公式，不再重述）。

ⅱ.备件的订货周期，是指以备件图纸资料提出到成品入库，包括财务转账完毕的全过程，称为订货周期，以 T 表示。

备件订货周期的长短，是随着经济管理体制、材料解决难易、制造工艺复杂程度、交通运输方便与否以及专业人员业务能力和主观能动作用而变化的，是一个多因素的变量。根据我国目前的实际情况，推荐下列数值作为订货周期参考。

大型铸、锻件，合金钢铸、锻件，$T=1$ 年；

较为复杂的机械加工件，包括铆焊件与铸造件，$T=0.8$ 年；

一般加工件、铸件，$T=0.5$ 年。

ⅲ.结合各种备件订货周期的不同，订货量可以式（6-7）计算

$$n_3 = vT = \frac{AK}{\bar{p}}T \tag{6-7}$$

式中 n_3——备件的订货量，件；

T——备件订货周期，年。

当 $T=1$ 年时，则 $n_3 = n_2$。

ⅳ.最低储备量可以式（6-8）计算

$$n_1 = \frac{1}{4}n_2 \tag{6-8}$$

式中 n_1——备件最低储备量，件。

n_1 主要是为了补偿发生不可预计的情况。备件不能按预订的周期到货时，则 n_1 是不可缺少的缓冲量，是备件库存信息的警告量，也叫保险储备量。最低储备量的大小相当于备件年消耗量的 1/4。

ⅴ.最高储备量可按式(6-9)计算

$$n_4 = n_3 + n_1 \tag{6-9}$$

式中　n_4——备件最高储备量,件。

最高储备量是备件库存极限值,超过 n_4 出现超储,占用过多的流动资金,是不合理的。

ⅵ.备件通用系数是伴随着设备标准化、系列化和通用化而产生的。采用同一种备件的设备台数越多,总消耗量就越大。但在实际生产中,相同设备维修期,是交叉进行的,备件消耗比较均衡。这样备件有可能分批订货,或者一次订货分批到货,备件储备定额便可适当降低。所以它是储备定额的修正系数,小于或等于1。备件通用系数 a 的大小,取决于同种设备台数 A 与同种备件在每台上的在装数 K 的乘积。当 AK 为1时,系数 a 最大等于1。AK 乘积增大,系数减少;但 AK 乘积过大,系数减少就有一个限度,不可能因为 AK 乘积无限增大,而系数等于零。备件通用系数见表6-1。

表6-1　备件通用系数

AK	1~5	6~10	11~20	21~30	31 以上
a	1	0.9	0.8	0.7	0.6

每种备件的实际库存量,应在最高储备量与最低储备量之间上下浮动。因此每种备件的储备定额用式(6-10)计算

$$N = \frac{n_4 + n_1}{2} \times a = \frac{AKa(1+2T)}{4\bar{p}} \tag{6-10}$$

式中　N——每种备件储备定额,件。

在式(6-10)中:

当 $T=0.5$ 年时,　　　　　$N_1 = 0.5 n_2 a$,件　　　　(6-11)

当 $T=1$ 年时,　　　　　$N_2 = 0.75 n_2 a$,件　　　　(6-12)

当 $T=1.5$ 年时,　　　　　$N_3 = n_2 a$,件　　　　(6-13)

如果要计算某项备件的单件储备定额,只要把备件的年消耗定额 n_2 乘上相应的通用系数即可算出。当计算出的定额不是整数时,用四舍五入法。

从式(6-10)中可以看出,N 是随着备件的使用寿命 $\bar{p}$ 值的上升、订货周期 T 的下降及系数 a 的减少而减少的,反之,则增大。

提高单件备件的使用寿命 $\bar{p}$ 的办法是:采用新工艺、新技术、新材料,提高备件质量。如改进热处理工艺、利用新钢种和耐腐蚀、耐磨性好的合金材料等;遵守工艺操作条件,加强维护保养,严格执行设备计划检修制度;认真进行旧备件的回收修复再使用工作。

缩短备件订货周期 T 的办法是:提高订货员的业务水平,发挥业务人员的主观能动作用;积极改革不适应的管理体制;积极疏通备件订购的各种渠道,采取计划订货和市场调节相结合,一次订货分批到货,或者多次订货、多次到货的办法,搞好协作关系;发挥企业内部已有的自制能力,加强对机修车间的管理,提高机修工人的技术水平。

增大 AK 乘积、减小通用系数 a 的措施是:企业制定改造规划时,要积极做好陈旧、落后设备的更新换代工作,尽可能做到标准化、系列化、通用化;积极选用国家的定型设备、通用设备。同一种设备,规格型号要少,努力实现本单位设备的标准化、系列化、通用化。

除式(6-10)的计算方法外,再介绍三种简单方法,供在实际工作中参考。

$$N = n_2 \beta \tag{6-14}$$

式中　N——单件备件储备定额，件；

　　　n_2——实际消耗定额，件；

　　　β——储备系数，1.3～1.5。

这种方法计算简便，但准确性较低。

如果管理达到一定水平，备件来源以自制为主，能按计划供应，渠道畅通，备件的消耗量又基本稳定，则储备定额可按式(6-15) 计算

$$N=DT \tag{6-15}$$

式中　N——单件备件储备定额，件；

　　　D——一种备件的每月消耗量，件/月；

　　　T——一种备件的制造（订货）周期（按月计）。

用最小寿命周期费用法求经济储备定额方法的公式为

$$L_{\min}=NC+\lambda TKC+STK\dfrac{(\lambda t)^{N+1}}{(N+1)!} \tag{6-16}$$

式中　$L_{\min}$——最小寿命周期费用，元；

　　　N——备件储备数，件；

　　　T——年生产小时，h；

　　　C——备件单价，元/件；

　　　λ——预计小时故障率，10^{-5}/h；

　　　K——设备寿命期内等额序列复利现值系数；

　　　t——等待修理时间，h；

　　　S——小时停车损失，元/时。

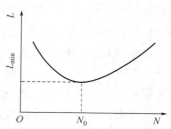

图 6-1　单项备件储备数与
设备寿命周期费用的关系
L—设备寿命周期费用；
N—经济储备定额

因为 C、T、λ、K、S、t 为已知数，$L=f(N)$，所以 L 是 N 的函数，如图 6-1 所示。

L 随 N 变化而变化。当 $N<N_0$ 时，一旦故障频繁，消耗增加，供不应求，将造成停车损失增加，L 就增大；当 $N>N_0$ 时，由于储备过多，占用流动资金多，L 也增大。当 L 为最小值时，相对应的横坐标上 N_0 点是最经济的储备定额数。此方法直接和故障率、停车损失、备件单价、现值系数等有关，能反映经济效果。对价值昂贵的备件的储备问题，可按此方法进行分析。

6.4.3　备件的资金定额

备件的资金定额包括消耗资金定额和储备资金定额，它是衡量备件消耗多少和储备高低的标准。资金定额一般是根据储备或最高储备定额计算出来的库存配件流动资金，由物资供应部门给出，经机动管理部门和财务部门核定，从生产流动资金中拨出。物资供应部门作为此项资金的使用部门应建立相应的责任制，严格控制，合理使用，力求少占用资金，积极处理超储积压及报废配件，防止产生新的超储积压，提高库存有效率，加快资金周转。消耗资金定额（元）＝年消耗定额（件）×单价（元/件），储备资金定额（元）＝储备定额（件）×单价（元/件），库存周转期＝库存资金（万元）×n(天)/消耗资金（万元）。例如：年平均实际库存资金为 6000 万元，年消耗为 5000 万元，则配件资金周转期为 432 天。

一般地，物资的周转期限越长，库存超储积压等不用的越多。但对于备品配件不能一概

而论，一般易损配件，如往复式压缩机的气阀、活塞环，离心泵的轴等，周转期不应高于12个月。但某些配件，如压缩机的曲轴、连杆、转子等，周转期达三至五年。将超储配件减少至正常库存水平，可采取两种方法：一是让其自然消耗，超储期间不再购进，直至下降到正常库存水平；二是转让或废弃部分储量。

6.4.4　关于定额储备的几个问题

6.4.4.1　定额储备与事故储备

备件储备可以分为最低储备（即保险储备）、定额储备（即指标储备）、最高储备（即极限储备）和事故储备。使用年限在60个月以上的备件叫事故备件，按国家有关规定事故储备不包括在库存周转定额内，不考核周期。但定额储备要考核周转期和流动资金的周转速度。

6.4.4.2　定额储备的原则

定额储备必须遵循"以耗定储"的原则。在制定储备定额时，只能对易损件、一般件和小量事故件做适当的储备，这是一个基本原则。不应该把一台设备分成零部件全部储备起来。一般机电产品；属于材料供应范围的，在市场上可按计划采购的，如小五金，水暖件、标准紧固件等；单件备件的年消耗量在0.5件以下，损坏后易修复，对生产影响不大的，如水泵底座、各类机壳等；制造简单，材料是普通的，生产车间可以自行解决的，如小轴、小套、法兰、螺栓等；无完整图纸资料的备件。

6.4.4.3　资金定额与定额储备率

按照储备定额，算出单件备件储备定额资金，即

$$m = NR \tag{6-17}$$

式中　m——单件备件储备定额资金，元；

　　　R——单件备件的计划单价或实际单价，元/件；

　　　N——单件备件储备定额，件。

如某种型号的泵，包含有多种备件，用上述方法，将各种备件资金定额相加，即可求出该型泵的资金额。然后把本企业所有泵的备件累计相加，便得出工业泵这一类别的资金定额。以此类推，算出空压机、冷冻机、离心机、金属切削机床等的资金定额。把各类别的资金再相加，便能计算出本企业备件储备需要的资金，即

$$M_2 = \Sigma NR \tag{6-18}$$

式中　M_2——企业备件储备需用总资金，元；

　　　N——单项备件储备定额，件；

　　　R——单项备件计划单价或实际单价，元/件。

定额储备所占用的流动资金，一般为本企业设备固定资产原值2%～4%。为促进备件管理，还应考核定额储备率。

$$定额储备率 = \frac{定额储备项数}{实际库存项数} \times 100\%$$

或

$$定额储备率 = \frac{定额储备件数}{实际库存件数} \times 100\% \tag{6-19}$$

定额储备率应要求达到90%以上，争取达到100%。上述两种算法均可，但考核项数比考核件数更能反映实际情况。

6.5 备件的计划管理

备件的计划管理是备品配件的一项全面、综合性的管理工作，它是根据企业检修计划以及技术措施，设备改造等项目计划编制的。按计划期的长短，可分为年计划、季计划和月计划。按内容，可分为综合计划、需用计划、订货计划、大修专用备件计划以及备件资金计划等。按备件的类别和供应渠道，可分为工矿配件计划、专用配件计划、外协配件计划、自制配件计划、汽车配件计划、大型铸锻件计划和国外订货配件计划等。

完整准确的备品配件计划，不仅是企业生产、技术、财务计划的一个组成部分，也是设备检修，保证企业正常生产的一个重要条件。

6.5.1 年度综合计划

它是以企业年度生产、技术、财务计划为依据编制的综合性专业计划。主要包括以下内容。

（1）备件需用计划

备件需用计划是最基本的计划，反映着各车间、各种设备一年之内需用的全部备件，是编制其他有关备件计划的依据。主要内容有：

生产在用设备维修、预修需用备件；

技措、安措、环保等措施项目需用备件；

设备改造需用备件；

自制更新设备需用备件。

（2）备件订货计划

备件订货计划是以备件需用计划为依据编制的。

（3）年度停车大修专用备件计划

年度停车大修专用备件计划是企业一年一度全厂性停车大修特别编制的一种备件计划，是专用性质的一次性耗用计划。

（4）备件资金计划

资金计划是反映各类备件需用资金，以预计在一定时间内库存占用资金上升、下降指标的计划。有时也根据财务部门的要求编制临时单项或积压、超储、处理资金指标等计划。

6.5.2 备件计划的编制

编制备件计划是将备件工作从提出需用到备件落实消耗的全部业务活动，有目的地统筹安排，把备件管理各方面的工作有机地组织起来，确保维修和生产。

（1）备件需用计划的编制

目前编制备件需用计划的方法有三种。

方法一：以备件储备定额和消耗定额为依据。凡储备定额规定应有的储备而实际没有的，或者库存数不足储备定额的，加上按消耗定额计算出在订货周期内的备件消耗数，编入备件需用计划；再加上没有定额或不包括在定额内的那部分，如：技措专用件、设备改造专用件、安措、环保等所需备件计划。

方法二：以车间年度设备大、中、小修计划为依据，适当参考备件储备定额，库存账面消耗量等，加上年内设备改造，技措等备件需用计划，由备件主管部门加以综合、平衡、核对，由此产生一个较全面的年度备件需用计划。

方法三：无完整的储备定额和消耗定额，备件工作又多头分散，以致部分备件编制计划，另一部分则不编入计划，客观上形成了"需要就是计划"的局面。

（2）备件订货计划的编制

根据备件需用计划中的单项数量，减去到库部分，减去合同期货（包括在途的）数量，再减去修旧利废部分，得出备件订货总计划数；然后根据不同的渠道制订出分类订货计划，所以备件订货计划是分类计划的汇总。它虽然来源于备件需用计划，但不同于备件需用计划。

（3）年度大修备件计划的编制

编制好年度大修备件专用计划，对于确保检修顺利进行，减少流动资金的占用等都是十分重要的。年度大修专用备件是专为大修准备的，属于一次性消耗备件，因此不属正常储备范围。原则上应按计划100%的消耗掉，如果消耗不掉，应从大修专用资金冲销或专储。

（4）备件资金计划的编制

编制备件资金计划依据是：备件合同，车间计划检修项目和技措、安措、设备改造等计划。备件资金计划可促使定额内流动资金用好、管好，并为财务部门编制计划提供备件资金依据。

6.5.3　备件计划的审核、执行和检查

备件计划的审核　凡编制出的各种备件计划，都需进行审核，这是备件计划批准生效的必备手续。其审核主要是指领导审核。

备件计划的执行　备件计划一旦经过审核、批准，就必须严格执行。要使所有备件计划都得到落实。

备件计划的修订与调整　由于对实际情况掌握不全或设备检修计划的变动等，都会造成备件计划的变更、修订和调整，亦属正常的工作范围。

备件计划的检查　对备件计划还要经常检查其执行情况，对计划本身或在执行过程中出现的问题，要及时处理。

6.5.4　备件的统计与分析

备件的统计是备件计划管理中的一个重要组成部分，是认识研究备件管理客观规律的有力手段。对统计数字的积累与综合分析，对于修订储备与消耗定额，改进备件的计划管理都能起指导作用。

（1）怎样搞好备件统计工作

首先根据上级部门对备件的统计要求和本企业的管理要求建立起一套统计制度，对备件的各种统计范围和备件仓库的统计工作，作出具体的规定。

要指定专职或兼职统计人员，人员要稳定。兼职人员要给一定的时间搞统计工作。

要注意原始资料和原始数据的积累，为统计工作提供可靠资料。

（2）备件统计工作的主要任务

为全面、准确、及时地反映各种备件的收入、发出、结存、数量、质量、资金等，应做好月、季、年统计。

按上级部门要求，及时、准确地填报各类备件统计报表。

为企业统计部门提供统计数据，如按件、吨、元统计备件的月进出、结存；备件计划完成情况（包括资金计划，自制计划）等。为领导和备件管理人员提供第一手资料，作为企业经济活动分析和改进备件管理工作的依据。

（3）统计资料的分析

对于统计资料的积累与科学分析，不仅可以找出备件工作的一些客观规律，也可以看出它和其他工作的内在联系，从而积累经验以指导今后工作实践，提高管理水平。

备件统计资料的分析，要注意以下几点。

通过备件收入、发出情况的分析比较，排除非正常性消耗，看储备与消耗定额是否实际。

通过对库存资金的分析，查找上升和下降的原因，分析比较；看资金使用是否合理。

利用历年消耗量、储备量和占用资金的数字分析比较，找出磨损规律和计划管理的客观规律。

对备件各个时期到货情况的分析，看备件工作对设备检修的配合，以协调两者的关系。

通过各种数据的分析，改进配件管理工作。

6.6 备件的仓库管理

仓库管理工作，是备件管理工作的一个重要组成部分。做好备件仓库保管工作，是做好备件供应工作的重要保证。必须加强备件的保管、保养，确保及时按质、按量地供应。合理储备、加速周转、提高仓库管理水平。

6.6.1 仓库设置

目前企业备件仓库的设置，有两种情况。一是大型联合企业，实行两级管理，两级设库。就是公司（总厂）设总库，总库只统管通用备件及工矿配件。各厂（分厂）设库，统管厂（分厂）的全部专用配件。生产车间不设库。二是中小型企业，实行的是一级管理，一级设库。生产车间不设库。企业的备品、配件品种繁多，技术性能各异，储存的条件也各不相同，库房的内部设施也必须相适应。

对仓库的基本要求如下。

ⅰ.仓库位置要便于备件出入、运输，方便生产车间领用。要尽量避开有腐蚀性气体、粉尘、辐射热等有害物质的危害。

ⅱ.库房要考虑防洪排水，避免库区积水。库房建在靠近海、河地带时，库房地基标高一定要高出历史最高水准以上。

ⅲ.库房的水、电要方便。水是仓库安全消防的重要条件；电是备件运输、装卸机械化的动力和照明所必需的。

ⅳ.库房要求防尘、防热、防冻、防潮、防振。既能封闭隔离，又能达到通风良好。

ⅴ.室外露天库，地面应有排水坡度及小沟，应设置垫木或其他代用的垫置物。

6.6.2 库存备件的盘点、盈亏与盈亏率

库存备件必须半年进行一次盘点，以确保备件的账、卡、物、资金统一。在盘点时如发

现缺、盈余、损坏、质差、规格不符等情况，应查明原因，分别按盈亏调整、报废等填报清册，经机动部门核准，报财务部门或上级主管部门审批处理。

盈亏率是考核仓库保管工作的一项重要质量指标，盈亏率越高，说明保管工作的质量越低，反之，则说明保管质量是好的。

计算备件盈亏率的公式为

$$库存备件盈亏率 = \frac{本期盈亏金额累计}{期初库存金额 + 本期进库备件总金额} \times 100\% \qquad (6\text{-}20)$$

在计算盈亏时，不能盈亏相抵得出净盈或净亏的数字。不论盈或亏，都应按规定的手续分别报批处理，填写备件盈、亏、损耗报表。

库存备件收发、结存报表要准确，并及时于每月五日前分别报送机动和财务部门。通过盘点及统计，及时地向备件员、订货员、计划员发出库存信息，以便采取措施保持正常的备件库存水平。

6.7　备件的财务管理

备件的财务管理，是企业财务管理的一部分。搞好备件的财务管理，对于节约流动资金，加速资金周转，提高经济效益，起着一定的作用。国家对企业自有流动资金征收一定的利息，有些企业的流动资金，是由银行贷款解决的。因此，必须加强备件的财务管理。

6.7.1　储备资金和周转期的确定

（1）储备定额资金的确定

备件储备定额总资金按式（6-18）计算。

如果 M_2 超过规定值，就要对储备定额作适当调整。调整的原则是确保生产的关键备件，削减辅助生产设备的备件。

（2）定额储备资金的周转期

定额储备所占用的流动资金，是在购销活动中循环的，资金周转一次的时间叫周转期。资金周转得越快，利用率就越高，流动资金的占用就会越少；反之，就要增加。流动资金周转期是考核企业经营管理的指标之一。根据规定，备件资金周转期暂定为一年；对边远地区的企业和引进设备较多的企业，资金周转期可适当长一些。周转期可用式（6-21）计算

$$t = \frac{M_3}{E} \times 12 \qquad (6\text{-}21)$$

式中　t——备件储备资金的周转期，月；

　　M_3——年平均库存总金额，元；

　　E——年平均消耗总资金，元。

在日常备件资金管理中，可能出现以下几种情况。

当 $M_3 = E$ 时，则 $t = 12$ 月。

这种情况，说明备件年末平均库存资金等于年消耗定额资金，在流动资金管理上，处于保守状态。

当 $E > M_3$ 时，而 t 又在 $6 < t < 12$ 的范围之内。

这种情况说明占用流动资金少，备件货源充足，渠道畅通，备件能按时、按质、按量，

按照轻重缓急组织到货的结果。

当 $E < M_3$ 时，则 $t > 12$ 月。

出现这种情况有两种可能，一是某些备件在质量上大有提高，或者是生产车间维护保养好，设备开车少，使得备件消耗大为减少。二是属于盲目采购，造成备件的积压超过储备量。企业应尽力避免这种情况。

6.7.2 备件的计划价格

（1）编制计划价格的作用

企业用的备件，数量多、品种杂，同一种备件，由于渠道、产地、运输方法的不同，入库的价格也均不相同。为了便于财务方面的核算工作，在对仓库的备件储备定额和生产车间的备件消耗定额进行考核时，采用计划价格比较简便，有利于企业的经营管理工作。

计划价格只能用于企业内部核算和结算，特别是在考核定额流动资金的占用情况和备件消耗定额时，采用计划价格可以避免由于价差而引起的核算困难。但在备件对外调拨时，仍然要按实际价格加上企业管理费进行结算，以免由于价差而造成任何一方的经济损失。

（2）计划价格的编制方法

计划价格由备件出厂的原价、运杂费和管理费三部分组成，其编制方法如下。

原价 按国家规定的统一价格计算。其中统配、部管物资按国家计委及中央各部制定的《产品价格目录》计算。地方管理物资分别采用各专业供应公司的牌价或出厂价计算。市场采购或者自制的均按实际价格计算。

运杂费 指运到备件仓库前需用的运输和其他费用（包括运输、包装、装卸、搬运等）。

管理费 包括供应机构管理费，一般收取 6% 左右。

备件的计划价格是原价、运杂费、管理费的总和，在一定时期内保持不变。为了计算方便，只取它的整数。财务部门对备件实际产生的总价差，一般是按比例分摊在产品成本中。但是根据本企业的实际情况，也不一定都要用计划价格。在有市场调节的情况下，价格浮动，采用实际价格比采用计划价格更能改善企业的经营管理水平。

6.7.3 备件的资金管理

加强资金管理是运用价值形式，通过记账、算账、报账、用账等手段，核算和分析备件流通过程中的财务收支的各项经济活动。它反映、监督经济过程及其成果，为物资流通服务，为发展社会主义经济服务。

（1）货款结算

在经济流通领域，各单位之间的经济来往，根据国家规定，除可以使用极有限的现金外，其余都要通过银行办理转账结算。在银行设立账户，账户有足够资金，方能保证支付。货款结算，必须遵守结算纪律，不可相互拖欠；不可相互借贷。货款结算方式有异地结算和支票结算两种。

① 异地结算 分异地托收承付和汇兑两种。

异地托收承付 供方（发货单位）根据合同（包括订货合同、调剂协议书等）或上级调拨单进行发货，并委托银行向异地收货单位收取货款。收货单位收到托收凭证、运单或包裹单等，经核对无误后，向银行承认付款。

经济合同应按国家合同法执行。它是供需双方交货付款的依据，也是银行进行财务监督和维护双方利益的依据，双方均需严格按合同办事。

需方承付货款时有两种方式。一种方式是验单付款，承付期限为三天（从收到银行通知第二天算起），在承付期限内未向银行付款表示拒付，银行就在承付期满第二天上午将款项从需方账户转付供方。另一种方式是验货后付款，是凭供方在托收凭证上加盖的"验货付款"印记或由需方在合同上注明"验货付款"。验货承付期为十天（从运输部门向需方发出提货通知的第二天算起）。

如果需方在承付期满日，账户内无足够资金付款，不足的部分则作延期付款处理。延付金额以每天 0.3‰ 的"赔偿金"结付供方。需方在承付期满前，如果发现备件的品种、规格、型号、数量、质量、单价与合同不符时，或者实物与发货清单不符，或凭证计算有错误时，可以提出全部或部分拒付。

拒付必须提出正当理由，并引证合同中有关条款的规定及有关证明，送交银行审查。如属无理拒付，银行有权强制扣款，若因此增加了银行审查时间，要付赔偿金。经银行同意拒付后，收货单位要负责妥善保管已到的备件，不得动用，待双方协商处理。

对外贸部门发出托收的货款要按时承付；如发现问题，可及时通过外贸部门向国外提出索赔。

汇兑 是需方委托银行将款项汇往外地发货单位或个人的结算方式。自提自运的备件、采购资金以及往来账款、清理旧欠等，都可以办理汇兑。凡需方自提货物，向供方汇出货款时，要向银行提交订货合同，经银行查验并在委托书上注明"已验合同"字样后，即可承汇。

采购人员到外地进行零星采购不能携带现金，必须办理汇兑。经银行审查同意在委托书上注明"采购资金"，方可承汇。

对汇款如要求转汇或退汇，均须持有本单位的正式公函、电文，方可办理。

② 同城结算 同城结算也有两种。一种是同城托收承付，与异地托收承付大致相同，一般情况下很少使用。另一种是支票结算，目前同城采用转账支票加委托银行付款凭证（四联）就是这种结算方式。采用支票结算，任何单位都要遵守信用，不可签发空头支票、远期支票，不可出借支票，不可将支票交付供方代签等。违反了上述规定，银行和经济司法机关，有权向单位提出批评和警告，直至停止支票结算。签发空头支票一经银行发现，要按票面金额的 1‰ 罚款。

（2）建账的要求和方法

建立备件明细账册是必要的物资管理手段。正确而完善的设置备件储备账目和收支结存台账，并认真地进行日常账务处理，做到账、卡、物、资金四对口，是备件管理的基本工作。

备件台账的设置要便于备件分类保管，便于检查备件库存数量和资金占用的情况，便于统计核算。

账册可按"四号"定位（库、架、层、位）号码编制，并加上备件编号、备件名称、规格、型号、图号、备件的最高储备量、最低储备量和定额储备量，标明在账页的上方以便查考。

对不同资金购入的各种备件，要分别设账。凡属于生产经营范畴的，以生产储备资金、大修专用资金、更新改造资金（包括设备更新、技措、安措、"三废"处理等）储存的备件，原则上专款专用，分账管理。基建有时要动用生产备件时，必须事先办理调拨手续，不能任意领用，账目不能混淆。

（3）账务处理和稽核

由于各企业管理体制不同，账务处理和稽核的分工也不同。一般是由备件保管员记账，专业财会员负责稽核；也有保管员记数量，财会员记金额，交叉进行。

财会专业人员对仓库备件账务要进行指导、监督与服务相结合，经常或定期到库稽核和签收各类凭证；督促按时记账，稽核账目，抽查库存，考核储备资金占用情况。

6.7.4 储备资金的使用

节约是基本原则之一。企业必须坚持增产节约的原则，合理使用储备资金，节省备件储备资金的开支。其途径有以下三方面。

（1）合理使用流动资金

备件所用资金在企业流动资金中占有相当大比例，所以不能忽视。要坚持少花钱多办事的精神，加速资金周转，达到国家要求指标。

（2）降低消耗

储备定额合理与否，对流动资金占用量有很大影响。企业要根据实际情况，通过技术革新，改进操作条件，改进备件制造工艺和材质，提高设备质量和使用寿命；减少备件消耗，逐步降低储备定额。

（3）减少积压

备件积压不仅不能发挥备件应有的效用，而且占用资金、库房，增加管理工作量，造成人力、物力、财力的严重浪费。特别是非标准备件，一旦积压就可能成为"死物"。为了减少积压，要抓好以下几项工作。

加强计划管理。造成积压的原因一般是计划不周，定额不准。所以企业要严格控制无计划的采购和订货。

要合理安排大修间隔期。设备既不能失修，也不应过度维修。

大型事故备件的储备。大、中型化肥厂已按同类生产厂、同类机型的拥有量，进行了统一集资储备，分片保管，集中调度使用，这是一个比较好的方法，其他化工企业也可仿效。

加强备件的管理。管理工作的混乱，也是造成积压的原因。每个企业的备件管理，要有一个归口部门，不能分散管理。

仓库要严格把关，执行三不入库的制度，即质量不合格的不入库；不符合图纸要求的不入库；没有合同的不入库。

提高思想认识。所有备件管理人员一定要既管物又管钱，克服有备无患，多多益善的现象，在备件和资金的流通过程中做好各项管理工作。

6.8 备件库存理论与采购管理

6.8.1 备件的 ABC 分类管理法

备件 ABC 分类管理法的原理是将维修所需各类备件，按单价高低、用量大小、重要程度、采购难易，分为 A、B、C 三类。占用储备金额较多、采购较难、重要性大的为 A 类备件，在订货批量和库存储备方面实行重点管理和控制；资金占用少，采购容易和比较次要的定为 C 类备件，采用较为简便的方法管理和控制；A、C 类之间的备件定为 B 类备件，实行一般的管理和控制。

一般，A类备件大约占10%，金额大约占70%～75%；B类备件大约占15%～25%，金额大约占20%～25%；C类备件大约占65%～75%，金额大约占5%左右，如图6-2所示。

例如某厂硫酸车间6FY-12立式浓酸泵共有4台，其备件的储备情况如表6-2、表6-3及图6-3所示。

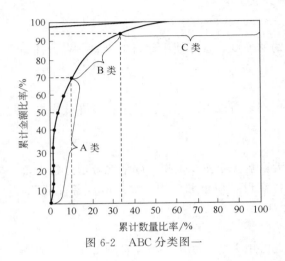

图6-2　ABC分类图一

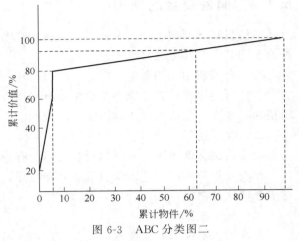

图6-3　ABC分类图二

表6-2　6FY-12泵备件储备表

序号	备件名称	储备量	累计量	累计数与总数比	单价/元	储备金额/元	累计金额/元	累计金额与总金额比
(1)	(2)	(3)	(4)	(5)	(6)	(7)	(8)	(9)
				(4)/930		(6)×(3)		(8)/24930
1	泵轮	8	8	0.86%	1000	8000	8000	32.09%
2	泵体	12	20	2.15%	400	4800	12800	51.34%
3	叶轮	12	32	3.44%	350	4200	17000	68.19%
4	泵盖	8	40	4.3%	400	3200	20200	81.03%
5	封头螺母	384	424	45.6%	2	768	20968	84.11%
6	M16×65合金螺栓	192	616	66.24%	3.5	672	21640	86.8%
7	中间接管	8	624	67.10%	115	920	22560	90.49%
⋮								
33	合计		930	100%			24930	100%

表6-3　ABC分类管理表

种类	项数与总项数比	件数与总件数比	金额与总金额比	管理分级	要求
1～4项	12.12%	4.30%	81.027%	A	重点，严格
5～7项	9.09%	62.79%	9.466%	B	一般
8～33项	78.78%	32.9%	3.5%	C	

6.8.2　理论的库存循环

　　仓库的备件库存量（储备定额）对企业的正常生产影响很大。当库存量很大时，对于满足备件的需要来说当然是理想的，但是它要积压企业一大笔资金；此外还会造成很大的浪费，如当设备更新时，型号规格都有变动，原来的库存备件就全被报废。反之，如果库存备件数量过小，就不能满足生产设备维修需要，就可能造成生产装置停产，带来更大经济损失。如何才是理想的库存状态？一般地说，理想的状态应该是：在任何时间的库存备件数量与提出订购单的次数以及每份订购单上开列的件数之间达到经济上的平衡。图 6-4 为理论库存循环图。此图假设订货提前期和所需备件用量等都是固定不变的。库存量的减少情况用倾斜的消耗线表示。当库存量减少到规定水平时，就应订购或计划布置补充备件（用订货点表示）。

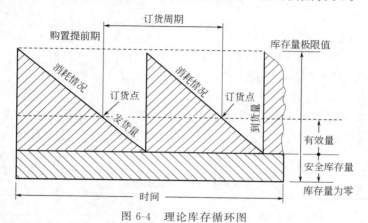

图 6-4　理论库存循环图

　　提出订购单或计划布置的提前期，应能保证在发生库缺情况之前，就能获得补充的备件，使备件仍保持原库存水平。

　　库存的概念是可变的。可以采用的方法有"定期检查法"和"固定订购法"两种。"定期检查法"即按固定的间隔期检查库存。重新订购备件时，订购数量视减少数量而定。"固定订购法"即当库存减少到规定水平时，即发出标准订购单。但是，在大多数情况下都应按实际需要原则订货，而又达到最经济的目的。

　　图 6-5 所示为实际备件库存循环图。实际上，备件需要量并非总是不变的，因而备件订

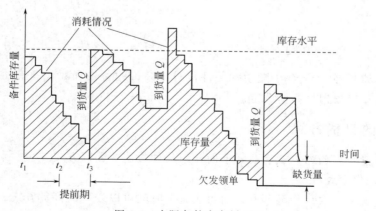

图 6-5　实际备件库存循环图

货周期通常也是经常改变的，所以图6-5所示的情况比较切合实际。

参照图6-4（理论库存循环），最终的目标是得出能以最低备件储备资金提供备件的正确数量和方式。备件购置费是随提出的订货数量而变的。经济的库存原则所要达到的目的是：在提出备件订单多而使备件的购置费增高与提出较少的备件订单而保持较高的库存量之间达到优化；使库存量与储备资金这两者之间达到优化。"经济订货"原则是使"订货费用"等于"库存费用"，而两项费用之和的最低点，则表示理想的订货量。

备件占有总的流动资金包括库存备件占有资金和外面订货所占有的资金。如何使这个总费用（备件保管费用加补充订货费用）最少，这里需要计算库存保管费用和再订货费用之和最小时的补充订货量（EOQ）。这就是通常所说的"经济订货量"。其计算公式为

$$EOQ = \sqrt{\frac{2qa}{b}}$$

(6-22)

式中　q——单位时间内需要的备件数，件；

　　　a——订货费用（手续费、差旅费）；

　　　b——单位时间内每一备件的保管费用。

【例6-1】计算某厂备件的经济订货量。已知单位时间内需要的备件数 $q=150$ 件/年，单位时间内每一备件的保管费 $b=12$ 元/（件·年），订货费 $a=2$ 元。总费用的计算见表6-4所示。

表6-4　总费用的计算

订货数量 R	每年费用/元		
	订货费用 qa/R	保管费用 $Rb/2$	总费用 $C=(qa/R+Rb/2)$
1	300	6	306
3	100	18	118
6	50	36	86
7	42.9	42	84.9
8	37.5	48	85.5
10	30	60	90
20	15	120	135

根据表6-4的数据，可画出图6-6的曲线，可知经济订货量 $R=EOQ=7$ 件。利用式（6-22）计算则为

$$EOQ = \sqrt{\frac{2qa}{b}} = \sqrt{\frac{2 \times 150 \times 2}{12}} = 7.07 （件）$$

一般情况，EOQ 公式适合于随用的备件，对于高价的备件和对设备有重要作用的事故备件不一定适用，要根据具体情况定。

6.8.3　备件的订货方式

备件的储备量与采购的方式有关，下面介绍几种常用的采购方式。

6.8.3.1　定量订货方式

定量订货方式是每次订货量不变，而每次订货时间可以变更的订货方式。它的基本型是订货点方式。

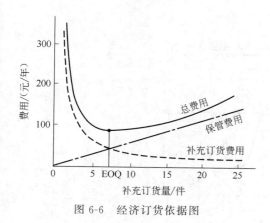

图 6-6 经济订货依据图

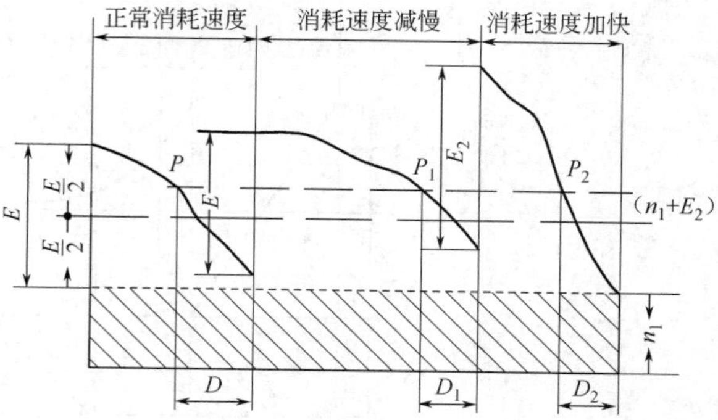

图 6-7 定量订货方式
P—订货点；E—订货量；D—到货期；n_1—保险储备量

订货点方式是在库存量下降到某一规定数量（称为订货点）时，就主动按事先规定的数量订货，使库存量经常保持在计划最高和最低储备定额之间的库存方式，见图 6-7。它适用于每年发出次数多而单价又较便宜的零件（如机床拥有较多的通用备件、标准件、轴承、密封件等）。

订货点 P 值的计算公式为

$$P = \overline{X}D + n_1 \tag{6-23}$$

保险储备量

$$n_1 = t\delta_x\sqrt{D} = t(X - \overline{X})\sqrt{D} \tag{6-24}$$

式中 $\overline{X}$——月平均消耗量；

X——月最大消耗量；

D——到货期，月；

t——安全系数，参照表 6-5；

δ_x——月消耗量偏差。

表 6-5 安全系数

到货期和使用量同时滞纳的危险率	主要程度	t 值
15%	大	1.28
10%	中	0.76
5%	小	0.48

6.8.3.2 定期订货方式

定期订货方式是每次订货时间不变，但每次订货量可以根据多种因素变化。

按事先规定的订货时间，每月、每季或每年按期进行订货，其中订货量根据下一次到货前这段时间的需要量和当时的库存量多少而定，见图 6-8。它适用于消耗价值较大和需用量变化幅度较大，项目比较少和到货期比较短的备件。

从图 6-8 可以知道，定期订货方式的特点是：

ⅰ.订货点 P 和订货量 E 的值是按消耗量和消耗速度变化的，即 $P \neq P_1 \neq P_2 \neq P_3$，$E_1 \neq E_2 \neq E_3 \neq E$；

ⅱ.到货期 D 较短，在一般情况下不变化，有时也因种种客观原因发生波动；

ⅲ.订货周期 T 始终保持不变，$T = T_1 = T_2$；

ⅳ.消耗速度变化大。

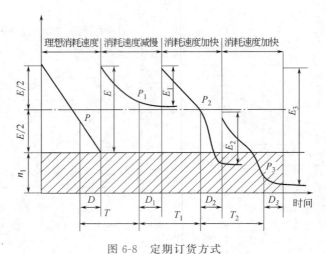

图 6-8　定期订货方式

P—订货点；D—到货期；E—订货量；T—订货周期；n_1—保险储备量

6.8.3.3　使用量订货方式

使用量订货方式又称维持库存量订货方式，是指每次订货时间和订货量都可变化，把已发生的数量（使用量）作为订货量，并使库存量达到最高储备定额的订货方式。这种方式首先确定某一数量为最高库存量，使用后再开始按使用量的多少进行订货，使库存量经常保持在所规定的最高库存量水平上（图 6-9）。这种订货方式适合于每年发出的次数少，单价昂贵，使用后就要立即补充的备件。

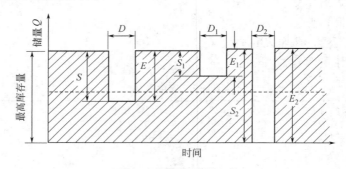

图 6-9　使用量订货方式

D—到货期；S—消耗量；E—订货量

6.9　备件管理考核指标

6.9.1　备件的计划管理

6.9.1.1　标准与要求

ⅰ.自制备件计划是否列入生产计划。自制备件完成率［即完成品种(件)/计划品种(件)×100％］合格指标要求达到 70％以上（检查间隔期一般一年为好，即检查日期向上推算一年为限）。

ⅱ.自制备件制造周期一般为 3～6 月，其他（大型铸锻件，关键零部件）备件不超过一年。

ⅲ.外购备件是否有计划性。

6.9.1.2　检查内容

　　ⅰ.检查计划；

　　ⅱ.查原始凭证；

　　ⅲ.资料。

6.9.2　备件的技术管理

6.9.2.1　标准与要求

　　ⅰ.备件定额的全面确定情况。

　　ⅱ.大修备件的生产和技术准备工作完成情况。

　　ⅲ.不预测设备的机型数（通常是定型设备）。

6.9.2.2　检查内容

　　ⅰ.抽查。

　　ⅱ.查当年修理的设备。

6.9.3　检查备件工作的几个考核指标

6.9.3.1　标准与要求

　　① 备件供应率 $\left[\dfrac{库存备件供应品种(件)}{工作明细表需用备件(件)}\times100\%\right]$，对定型设备、供应率要求达到 85% 以上。

　　② 储备备件月周转率 $\left(\dfrac{储备备件在该月出库总值}{储备备件的金额总值}\times100\%\right)$，一般要求大于 30%；若小于 30%，应查明原因、采取措施，消除积压。

　　③ 备件合用率 $\left(\dfrac{当年备件领用品种数}{同年库存备件品种数}\times100\%\right)$，一般要求大于 70% 以上。

　　④ 库存备件储备资金占全厂设备固定资产原值的百分比　此百分比可根据行业特点自定，一般在 1%～3% 范围为宜。

6.9.3.2　检查内容

　　ⅰ.抽查；

　　ⅱ.查账；

　　ⅲ.查原始凭证。

思　考　题

6-1　什么是配件？什么是备件？

6-2　备件定额分为哪两类？

6-3　备件储备分为哪几类？

6-4　定额储备必须遵循什么原则？

6-5　简述备件的 ABC 分类管理法。

第7章

设备的故障、事故与监测

实际生产中，设备故障与设备事故是客观存在的。为了最大限度地提高企业的经济效益，其中相当重要的一点就是希望把设备故障次数降低到最低限度。假如其他条件都不变，减少了设备故障的次数，就是提高了设备运转率，就可以提高产量，降低消耗，从而降低成本。从理论上讲，设备故障次数的最低限度为零，此时设备的可利用时间达到百分之百；"无维修设计"就是在这种指导思想下提出来的。然而，设备运转过程中技术状态的变化是不可避免的，所以这种设想也就难以实现。但是，要使设备故障发生率降低到最小限度并非不能实现。为此，研究设备故障、减少设备故障是从事设备管理与维修工作者的一项重要任务。

7.1 设备故障分类及分析方法

7.1.1 设备的故障及分类

7.1.1.1 设备故障的概念

在《设备管理维修术语》一书中，将故障定义为"设备丧失规定的功能"。这一概念可包括如下内容。

ⅰ.引起系统立即丧失其功能的破坏性故障。

ⅱ.与设备性能降低有关的性能上的故障。

ⅲ.即使设备当时正在生产规定的产品，而当操作者无意或蓄意使设备脱离正常的运转时。显然，这里故障不仅仅是一个状态的问题，而且直接与人们的认识方法有关。一个确实处于故障状态的设备，如果它不是处于工作状态或未经检测，故障就仍然可以潜伏下来，也就不可能被人们发现。

故障这一术语，在实际使用时常常与异常、事故等词语混淆。所谓异常，意思是指设备处于不正常状态，那么，正常状态又是一种什么状态呢？如果连判断正常的标准都没有，那么就不能给异常下定义。对故障来说，必须明确对象设备应该保持的规定性能是什么，以及规定的性能现在达到什么程度，否则，同样不能明确故障的具体内容。假如某对象设备的状态和所规定的性能范围不相同，则认为该设备的异常即为故障。反之，假如对象设备的状态，在规定性能的许可水平以内，此时，即使出现异常现象，也还不能算作是故障。总之，设备管理人员必须把设备的正常状态、规定性能范围，明确地制定出来。只有这样，才能明确异常和故障现象之间的相互关系，从而，明确什么是异常，什么是故障。如果不这样做就不能免除混乱。

事故也是一种故障，是侧重安全与费用上的考虑而建立的术语，通常是指设备失去了安全的状态或设备受到非正常损坏等。关于设备的事故，将在 7.2 节讨论。

7.1.1.2 设备故障的分类

设备故障按技术性原因，可分为四大类：磨损性故障、腐蚀性故障、断裂性故障及老化性故障。

（1）磨损性故障

磨损性故障是指由于运动部件磨损，在某一时刻超过极限值所引起的故障。所谓磨损是指机械在工作过程中，互相接触做相互运动的对偶表面，在摩擦作用下发生尺寸、形状和表面质量变化的现象。按其形成机理又分为黏附磨损、表面疲劳磨损、腐蚀磨损、微振磨损等4种类型。

（2）腐蚀性故障

按腐蚀机理不同又可分化学腐蚀、电化学腐蚀和物理腐蚀3类。

化学腐蚀 金属和周围介质直接发生化学反应所造成的腐蚀。反应过程中没有电流产生。

电化学腐蚀 金属与电介质溶液发生电化学反应所造成的腐蚀。反应过程中有电流产生。

物理腐蚀 金属与熔融盐、熔碱、液态金属相接触，使金属某一区域不断熔解，另一区域不断形成的物质转移现象，即物理腐蚀。

在实际生产中，常以金属腐蚀不同形式来分类。常见的有8种腐蚀形式，即均匀腐蚀、电偶腐蚀、缝隙腐蚀、小孔腐蚀、晶间腐蚀、选择性腐蚀、磨损性腐蚀、应力腐蚀。

（3）断裂性故障

可分脆性断裂、疲劳断裂、应力腐蚀断裂、塑性断裂等。

脆性断裂 可由材料性质不均匀引起；或由加工工艺处理不当所引起（如在锻、铸、焊、磨、热处理等工艺过程中处理不当，就容易产生脆性断裂）；也可由恶劣环境所引起，如温度过低，使材料的力学性能降低，主要是指冲击韧性降低，因此低温容器（$-20^\circ C$以下）必须选用冲击值大于一定值的材料。再如放射线辐射也能引起材料脆化，从而引起脆性断裂。

疲劳断裂 由于热疲劳（如高温疲劳等）、机械疲劳（又分为弯曲疲劳、扭转疲劳、接触疲劳、复合载荷疲劳等）以及复杂环境下的疲劳等各种综合因素共同作用所引起的断裂。

应力腐蚀断裂 一个有热应力、焊接应力、残余应力或其他外加拉应力的设备，如果同时存在与金属材料相匹配的腐蚀介质，则将使材料产生裂纹，并以显著速度发展的一种开裂。如不锈钢在氯化物介质中的开裂，黄铜在含氨介质中的开裂，都是应力腐蚀断裂。又如所谓氢脆和碱脆现象造成的破坏，也是应力腐蚀断裂。

塑性断裂 塑性断裂是由过载断裂和撞击断裂所引起。

（4）老化性故障

上述综合因素作用于设备，使其性能老化所引起的故障。

7.1.2 设备故障分析方法

故障分析的方法一般有统计分析法、分步分析法、故障树分析法和典型事故分析法等。

7.1.2.1 统计分析法

通过统计某一设备或同类设备的零部件（如活塞、填料等）因某方面技术问题（如腐蚀、强度等）所发生的故障，占该设备或该类设备各种故障的百分比，然后分析设备故障发生的主要问题，为修理和经营决策提供依据的一种故障分析法，称为统计分析法。

以腐蚀为例，工业发达国家都很重视腐蚀故障的经济损失。经统计每年由于腐蚀产生的损失达国民经济总产值的5%左右。设备故障中，其腐蚀故障约占设备故障的一半以上。国外对腐蚀故障做了具体分析，得出的结论是：随着工业的发展，腐蚀形式也发生了变化，不仅仅是壁厚减薄，或表面形成局部腐蚀，而主要是以裂纹、微裂纹等形式出现。美国、日本对各种形式腐蚀故障的统计分析资料，见表7-1～表7-3。

表 7-1　美国杜邦公司的资料

腐蚀形式	一般形式腐蚀	裂纹(应力腐蚀和疲劳腐蚀)	晶间腐蚀	局部腐蚀	点蚀	汽蚀	浸蚀	其他
％	31	23.4	10.2	7.4	15.7	1.1	0.5	8.5

表 7-2　日本三菱化工机械公司 10 年间的统计资料

腐　蚀　形　式	％	腐　蚀　形　式	％
应力腐蚀	45.6	疲劳腐蚀	8.5
点蚀	21.8	氢脆	3.0
均匀腐蚀	8.5	其他	8.0
晶间腐蚀	4.9		

表 7-3　日本挥发油株式会社 10 年间的统计资料

腐　蚀　形　式	1963～1968 年/％	1969～1973 年/％
均匀腐蚀	22	21
局部腐蚀	22	22
应力腐蚀和疲劳腐蚀	48	51
脆性破坏	3	6
其他	5	5

7.1.2.2　分步分析法

分步分析法是对设备故障的分析范围由大到小、由粗到细逐步进行，最终找出故障频率最高的设备零部件或主要故障的形成原因，并采取对策。这对大型化、连续化的现代工业，准确地分析故障的主要原因和倾向，是很有帮助的。

美国凯洛格公司用分步分析法，对合成氨厂停车原因进行了分析（表 7-4、表 7-5）。

表 7-4　第一步：统计停车时间及停车次数

年　　份	1969～1970 年(22 个厂)	1971～1972(27 个厂)	1973～1974 年(30 个厂)	1975～1976 年(30 个厂)
平均停车天数	50	45.5	49	50
平均停车次数	9.5	8.5	10.5	11

表 7-5　第二步：分析停车原因　　　　　　　　　　　/（次/年）

年份 事故分类	1969～1970 年(22 个厂)	1971～1972 年(27 个厂)	1973～1974 年(30 个厂)	1975～1976 年(30 个厂)
仪表事故	1	2	1.5	1.5
电器事故	1	0.5	1	1
主要设备的事故	5.5	5	6	6
大修	1	0.5	0.5	0.5
其他	5	0.5	1.5	2
总数	13.5	8.5	10.5	11

由表 7-5 可见，在每两次停车中，就有一次是主要设备的事故引起的。

分析表 7-6 可看出：

ⅰ.合成气压缩机停车次数所占比例较高，在 1975～1976 年的统计中，高达 25％，这是因为离心式合成气压缩机的运行条件苛刻，转速高、压力高、功率大、系统复杂，因振动较大，引起压缩机止推环、叶片、压缩机密封部件及增速机轴承损坏等故障出现；

ⅱ.上升管和集气管的泄漏占较大的百分比（13%～19%）；

ⅲ.管道、法兰和阀门的故障占 5%～11%，也比较高。

通过以上分析，发生故障的主要部位就比较清楚了，因而可以采取不同对策，来处理各种类型的故障。

表 7-6　第三步：分析停车次数最多的主要设备事故　　　　　　　　　　/%

主要设备名称	1969～1970 年 （22 个厂）	1971～1972 （27 个厂）	1973～1974 年 （30 个厂）	1975～1976 年 （30 个厂）
废热锅炉	21	10	—	8
炉管、上升管和集气管	19	17	19	13
合成气压缩机	13	16	16	25
换热器	10	9	8	11
输气总管	6		6	7
对流段盘管	5			
合成塔	—	8		—
管道、阀门和法兰	—	—	5	11
空压机	—	11	9	—

7.1.2.3　故障树分析法

（1）故障树分析法的产生与特点

从系统的角度来说，故障既有因设备中具体部件（硬件）的缺陷和性能恶化所引起的，也有因软件，如自控装置中的程序错误等引起的。此外，还有因为操作人员操作不当或不经心而引起的损坏故障。

20 世纪 60 年代初，随着载人宇航飞行，洲际导弹的发射以及原子能、核电站的应用等尖端和军事科学技术的发展，需要对一些极为复杂的系统做出有效的可靠性与安全性评价，故障树分析法就是在这种情况下产生的。

故障树分析法简称 FTA（failure tree analysis），是 1961 年为评定美国导弹操纵系统可靠性及安全情况，由美国贝尔电话研究室的华特先生首先提出的。其后，在航空和航天器的设计、维修，原子反应堆、大型设备以及大型电子计算机系统中得到了广泛的应用。目前，故障树分析法虽还处在不断完善的发展阶段，但其应用范围正在不断扩大，是一种很有前途的故障分析法。

总的说来，故障树分析法具有以下特点。

它是一种从系统到部件，再到零件，按"下降形"分析的方法。它从系统开始，通过由逻辑符号绘制出的一个逐渐展开成树状的分枝图，来分析故障事件（又称顶端事件）发生的概率。同时也可以用来分析零件、部件或子系统故障对系统故障的影响，其中包括人为因素和环境条件等。

它对系统故障不但可以做定性的分析，还可以做定量的分析；不仅可以分析由单一构件所引起的系统故障，也可以分析多个构件不同模式故障而产生的系统故障情况。

因为故障树分析法使用的是一个逻辑图，因此，不论是设计人员或是使用和维修人员都容易掌握和运用，并且由它可派生出其他专门用途的"树"。例如，可以绘制出专用于研究维修问题的维修树，用于研究经济效益及方案比较的决策树等。

由于故障树是一种逻辑门所构成的逻辑图，因此适合于用电子计算机来计算；而且对于复杂系统的故障树的构成和分析，也只有在应用计算机的条件下才能实现。

显然，故障树分析法也存在一些缺点。其中主要是构造故障树的多余量相当繁重，难度也较大，对分析人员的要求也较高，因而限制了它的推广和普及。在构造故障树时要运用逻辑运算，在其未被一般分析人员充分掌握的情况下，很容易发生错误和失察。例如，很有可能把重大影响系统故障的事件漏掉；同时，由于每个分析人员所取的研究范围各有不同，其所得结论的可信性也就有所不同。

（2）故障树的构成和顶端事件的选取

一个给定的系统，可以有各种不同的故障状态（情况）。所以在应用故障树分析法时，首先应根据任务要求选定一个特定的故障状态作为故障树的顶端事件，它是所要进行分析的对象和目的。因此，它的发生与否必须有明确定义；它应当可以用概率来度量；而且从它起可向下继续分解，最后能找出造成这种故障状态的可能原因。

构造故障树是故障树分析中最为关键的一步。通常要由设计人员、可靠性工作人员和使用维修人员共同合作，通过细致的综合与分析，找出系统故障和导致系统该故障的诸因素的逻辑关系，并将这种关系用特定的图形符号，即事件符号与逻辑符号表示出来，成为以顶端事件为"根"向下倒长的一棵树——故障树。它的基本结构如图 7-1 所示。

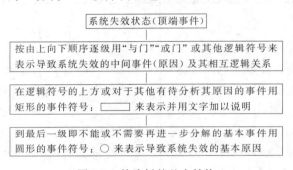

图 7-1 故障树的基本结构

（3）故障树用的图形符号

在绘制故障树时需应用规定的图形符号。它们可分为两类，即逻辑符号和事件符号，其中常用的符号分别如图 7-2 和图 7-3 所示。

符 号	名 称	因 果 关 系
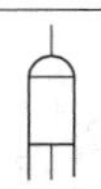	与门	输入端所有事件同时出现时才有输出
	或门	输入端只要有一个事件出现时即有输出
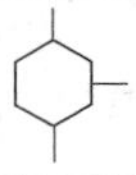	禁门	输入端有条件事件时才有输出
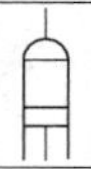	顺序门	输入端所有事件按从左到右的顺序出现时才有输出
	异或门	输入端事件中只能有一个事件出现时才有输出

图 7-2 逻辑符号

符 号	名 称	含 义
	圆形	基本事件，有足够的原始数据
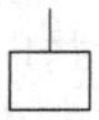	矩形	由逻辑门表示出的失效事件
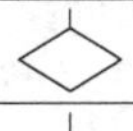	菱形	原因未知的失效事件
	双菱形	对整个故障树有影响，有待进一步研究的、原因尚未知的失效事件
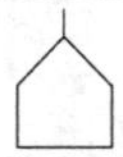	屋形	可能出现也可能不出现的失效事件
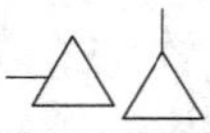	三角形	联接及传输符号

图 7-3 事件符号

图 7-4 是应用这些图形符号绘制的一个较为简单的故障树形式。根据这种故障树，就可以从选定的系统故障状态，即顶端事件开始，逐级地找出其上一级与下一级的逻辑关系，直

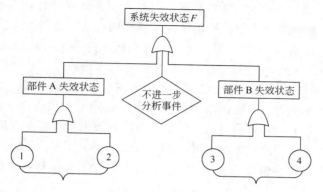

图 7-4　故障树形式

①，②，③，④-基本事件 X_1，X_2，X_3，X_4

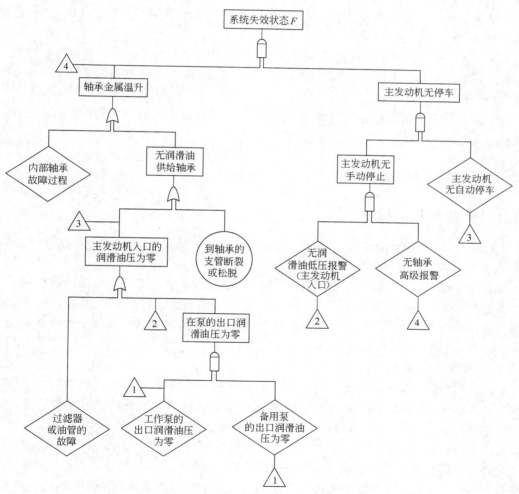

图 7-5　一项轴承故障分析的典型故障树

⌂ 或门；◇ 不完全事件；▯ 与门；▭ 事件；○ 基本事件；△ 事件转移

至最后追溯到那些初始的或其故障机理及故障概率为已知的，因而不需要继续分析的基本事件时为止。这样，就可得出这个系统所有基本事件与其顶端事件之间的逻辑关系。在大多数情况下，故障树都是由与门及或门综合组成。因此，在各基本事件均为独立事件的条件下，即可利用事件的和、积、补等布尔代数的基本运算法则，列出这个系统的故障函数（系统故障与基本事件的逻辑关系）。随后，就可进一步对顶端事件做出定性的或定量的分析。下面以图 7-4 所示的故障树为例，试用上述方法进行系统故障分析。

【例 7-1】 试分析图 7-4 所示的故障树，并列出该系统的故障函数。

解 由图可知，本例为一个两级故障树。即系统故障的顶端事件 F 是由第一级部件 A 的故障事件 X_A 和部件 B 的故障事件 X_B 的或门组成（图中还有一个菱形事件符号，表示该事件的原因未明或者对系统故障影响很小，可不予考虑），故有：$F(x) = X_A \bigcup X_B$ 的逻辑关系；而第二级则有由基本事件 X_1 和 X_2 组成的或门，还有由基本事件 X_3 和 X_4 所组成的或门。因此有：

$X_A = X_1 \bigcup X_2$ 及 $X_B = X_3 \bigcup X_4$；代入第一级关系式中得：$F = X_A \bigcup X_B = (X_1 \bigcup X_2) \bigcup (X_3 \bigcup X_4)$，故系统失效函数可简写为：$F(x) = X_1 + X_2 + X_3 + X_4$

上式表示出了顶端事件即这个系统的故障与其四个基本事件 X_1，X_2，X_3，X_4 之间的逻辑关系。

图 7-5 是一个分析轴承事故的故障树例子。图中使用了三角形符号，其作用相当于一个注释符 $*$，表示事件将由此转向标号相同的此类符号处继续展开。其目的是为了避免画面线太多造成分析上的困难。

以上简要介绍了故障树分析法和故障树的构成，由于篇幅所限，有关故障树的定性和定量分析可参见相关书籍。

7.2 设备事故的管理

7.2.1 设备事故的概念

不论是设备自身的老化缺陷，还是操作不当等外因，凡造成设备损坏或发生故障后，影响生产或必须修理者均为设备事故。

例如空压机曲轴有砂眼，在长期交变循环载荷作用下，产生裂缝，导致曲轴断裂，并造成缸体、活塞等零件同时损坏的，属于设备事故；或因操作人员在启动空压机时，违反操作规程，不打开空压机出口阀门，以致设备超压造成设备损坏或爆破，也属于设备事故。按原化工部的有关制度规定，设备事故分为下述三类。

7.2.1.1 重大设备事故

设备损坏严重，多系统企业影响日产量 25% 或修复费用达 4000 元以上者；单系统企业影响日产量 50% 或修复费用达 4000 元以上者；或虽未达到上述条件，但性质恶劣，影响大，经本单位群众讨论，领导同意，也可以认为是重大事故。

7.2.1.2 普通设备事故

设备零部件损坏，以致影响到一种成品或半成品减产：多系统企业占日产量 5% 或修复费用达 800 元以上者；单系统企业占日产量 10%，或修复费用达 800 元以上者。

7.2.1.3 微小事故

损失小于普通设备事故的，均为微小事故。

事故损失金额是修复费，减产损失费和成品、半成品损失费之和。

ⅰ.修复费包括人工费、材料费、备品配件费以及各种附加费。

ⅱ.减产损失费是以减产数量乘以工厂年度计划单位成本。其中未使用的原材料一律不扣除，以便统一计算；设备修复后，因能力降低而减产的部分可不计算。

ⅲ.成品或半成品损失费是以损失的成品或半成品的数量乘以工厂年度计划单位成本进行计算。

7.2.2 设备事故的管理

7.2.2.1 机动科对设备事故的管理

机动科内应设专人（专职或兼职）管理全厂的设备事故。设备事故管理人员，必须责任心强，能坚持原则，并具有一定的专业知识及管理经验。应按照政府的有关法令、上级和本企业的有关制度和规定进行工作。

设备事故管理人员主要工作内容为：根据政府法令和上级有关规定，并结合本企业具体情况，草拟必要的规章制度或规定；组织或参加设备事故的调查处理；研究防止发生事故的措施；配合安全科组织对机修新工人或外单位施工人员进行安全教育；经常对全厂职工进行防止设备事故的教育；定期总结、交流预防事故发生的措施；做好日常事故管理工作。

日常事故管理工作包括：

ⅰ.事故的调查、登记、统计和上报，设备事故情况表见表7-7；

表 7-7 设备事故情况表

主管机关：

企业名称：　　　　　　　　　　　　　　　　　　　　　　　　　　　　　　　　年　月

设备事故名称	事故发生时间	事故次数									事故损失金额/元		
		其中重大事故	按原因分							产品名称及数量	折合金额	修复费用
			违章作业	维护不周	检修不良	设计制造缺陷	外界原因	其他	合计			
产值/元	本月	事故损失率/%		本月								
	本月累计			本月累计								

企业负责人：　　　　　　　　主管部门负责人：　　　　　　　　填表人：

ⅱ.整理和保管事故档案；

ⅲ.进行月、季、年的设备事故分析，研究事故的规律和防止事故发生的对策，并采取相应措施。

7.2.2.2 车间设备事故的管理

车间的设备主任、工艺员、设备员、工段长和班组长等，通常是生产第一线有丰富实践经验的组织者和指挥者；同样他们在设备及事故管理方面也负有重要责任。他们应当认真贯彻上级的各项法令、规定、指示及各项制度，并要狠抓落实。要经常对操作工、检修工的实际操作进行指导和监督，特别要及时纠正错误的操作。加强设备检查，发现异常情况要及时解决，把事故消灭在发生之前。

车间设备员是设备事故的具体管理者，很多工作是通过设备员进行的。车间设备员首先应了解本车间设备的结构、原理、性能以及生产工艺特点，从而掌握本车间存在哪些不安全因素；对危险性较大的应及时采取措施予以消除。设备员应对现场操作及检修人员，进行安全监督。此外应参加车间设备事故调查处理，填事故报表并应提出防止设备事故的措施。车间设备员参加对设备操作人员、检修人员进行的有关安全教育和考试。对于某些工种如司炉工，起重工，吊车操作工，机动车驾驶员，高压容器焊工以及在易燃、易爆、高速、高压等设备工作的工种，必须严格执行未经考试合格者不准操作的规定。

生产车间应积极参与事故调查。当事故取得正确结论后，应立即采取措施，防止再次发生类似事故，并把事故的教训广泛宣传，提高安全生产的自觉性。

7.2.2.3 设备事故的处理

在设备事故发生后要及时保护现场、尽快调查、研究分析、找出事故原因、吸取教训、提出防范措施。并及时提出书面报告，上报主管部门（表7-8）。并相应做好事故处理和职工教育工作，以求不再发生类似事故。

表 7-8 重大设备事故情况表

企业名称：

主管机关：　　　　　　　　　　　　　　　　　　　　　　　　　　　　年　　　季度

事 故 发 生 车 间	设备名称及编号	事 故 性 质

事故起止时间	自　　月　　日　　时起 至　　月　　日　　时止	共计　　日　　时　　分 其中影响生产时间　　月　　日　　时

事故详细经过及采取措施：

事故原因及责任分析：	事故后修复设备的情况：
	对事故的处理及今后防止事故措施：
事故损失： 1.直接损失:产品名称： 　　　　　数量： 　　　　　折算金额/万元： 2.间接损失：	事故处理措施实施负责部门(人)： 实施日期：

企业负责人签章：　　　　　主管部门负责人签章：　　　　　填表人签章：

　　　　　　　　　　　　　　　　　　　　　　　　　　　　　报出日期　　年　　月　　日

7.2.3 设备事故典型调查程序

（1）迅速进行事故现场调查工作

凡发生重大设备事故后应保护好现场。若有伤员则应组织抢救。上级主管部门到场前，任何人不得改变现场状况。

机动科接到事故报告后，应立即派人前往事故现场，着手进行调查，不能拖延。因为事故现场是分析事故的客观基础，为了掌握事故原因的第一手材料，避免发生错误判断，把本来属于操作不当或工艺不合理等原因造成的事故误认为设备自身出现了事故，机动科人员尽快赶到事故现场是非常必要的。这项工作开展越早，可得到的原始数据越多，分析事故的根据就越充足，防范措施就可以越准确。

（2）拍照、绘图、记录现场情况

事故，特别是重大事故发生后，事故现场存在许多遗迹。为避免"时过境迁"或因抢修工作需要，现场很快要施工，所以立即将这些遗物、痕迹拍摄成照片，收集起来是很重要的，可以用这些照片较长时间地进行细致的分析研究，以得到正确的结论。特别是在发生设备、压力容器爆炸，吊车、建筑物倒塌等重大事故时，更是必不可少的手段。

若有些情况难以拍摄，则要绘制示意图，并做好化工工艺或设备工艺原始记录的收集工作，例如：流量、压力、流速等各项参数。还要注意各辅助设施，如冷却水、润滑油管路、风机管路等各项工艺状况，供事故分析和建立各项档案之用。

（3）成立专门组织，分析调查

按事故严重程度由厂长或车间主任负责组织成立由安全、机动等有关部门参加的事故调查组。若发生设备事故的同时也发生了人身伤亡或使生产受到重大损失时，要由上级局、公司及其他有关部门参加调查组指导事故调查组工作。压力容器、锅炉发生爆炸事故时应上报劳动局，并邀请其参加检查组。

调查工作首先应请现场操作和其他现场人员如实介绍情况，广泛地向他们了解情况，弄清事故发生前的操作内容、方法等，力求把事故全过程真相搞准确；尤其是设备爆炸，事前可能无特异征兆，当事者又可能已死亡或受伤，如发生这类情况，更应反复详细调查，不可仓促形成结论。

调查的笔录，至少要有二人负责，要经当事人过目并签名。要由主要当事人写出事故发生情况，并存入档案。向主要当事人了解情况时要问清操作方法，操作次序，当时外界条件等情况，同时要本着实事求是的态度，耐心、细致地做好当事人的思想工作，使当事人能反映出真实情况，给分析提供可靠材料。

（4）模拟实验、分析化验

在调查中除了查阅有关技术档案、运行日志外，为弄清事故原因，可以进一步做分析和化验工作，以取得所要求的数据。如润滑油是否变质、气体成分、材质强度等。对操作过程是否超温、超压则可做模拟试验，按形成的后果来推算事故发生的情况。

若本企业没有条件，则可委托有关单位做化验分析，并要说明情况，以引起高度重视，认真地做好分析化验工作。

（5）讨论分析、做出结论

在以上各项工作的基础上，调查组进行实事求是的科学分析，从而得出结论，向企业领导人汇报，并以企业名义向上级机关报告。在分析讨论过程中，如仍有部分人持异议，则在结论中应将这种不同意见详加说明，并存档备查。

（6）建立事故档案

每次事故发生后，经过调查处理上报，应将每次事故的原始记录及各种调查材料立卷存档，编号后妥善保存。对重大设备事故，更应强调保存一切资料，以备今后查阅。

（7）采取对策、防止事故发生

事故的调查，目的不仅是为了调查出事故发生的原因，重要的是据以制定出防止事故发生的措施，限期实施。但是设备事故发生的原因可能不止一个，因此预防措施也可能不止一个，必须一一落实，而其中最主要的措施必须严格实施。

7.2.4 设备事故的处理

设备事故发生后，对事故责任者，在查清原因的基础上，要认真、严肃、实事求是地给予适当地处理，借以教育事故责任者本人和其他职工。各级领导也应从中找出企业管理的不足之处，主动承担领导应承担的责任。

7.3 设备状态监测

7.3.1 设备状态监测的概念与分类

设备状态监测与故障诊断技术的实质是了解和掌握设备在运行过程中的状态，评价、预测设备的可靠性，早期发现故障，并对其原因、部位、危险程度等进行识别，预报故障的发展趋势，并针对具体情况作出决策。设备状态监测的分类如下。

（1）按监测的对象和状态来划分

ⅰ.机器设备的运行状态监测：例如根据设备的振动、温度、油压、油质劣化等情况，对泵类、压缩机、机床等旋转机械进行检测。

ⅱ.生产过程的工作状态监测：例如监测产品质量、流量、气压、水压、温度或工艺参数等。

上述两个方面的状态监测是相互关联的。例如生产过程发生异常，有可能发现设备的异常。反过来，往往由于设备运行状态发生异常，就会出现生产过程的异常。

（2）按设备的工作状态划分

ⅰ.监测时不需停机，即处于工作状态下实施监测；

ⅱ.监测时需要停机，至少要求设备的主要工作暂时停顿。

（3）按监测的方式来划分

ⅰ.定期监测：定期监测是每隔一定时间（例如几个小时、一周、一月或数月）对工作状态下的设备进行检测；

ⅱ.连续监控：连续监控是利用仪器仪表和计算机信息处理系统对设备运行状态连续进行检测或控制。

两种监测方式的采用，取决于设备的关键程度、设备事故影响的严重程度、运行过程中设备性能下降的快慢以及设备故障发生和发展的可预测性。如果设备性能下降的速度快、故障不可预测，宜采用连续监控方式；如果设备性能下降的速度慢、故障可预测，则采用定期监测的方式。

7.3.2 状态监测与故障诊断技术

近几十年来，状态监测与故障诊断技术经历了依靠感官经验、数据判断、故障诊断、智能诊断等四个阶段。随着对状态监测和诊断技术理论研究与开发工作的不断深入以及高精度、高性能、高信息量的传感器的出现，状态监测与故障诊断技术的新方法也不断涌现，如模糊诊断、专家诊断、神经网络诊断以及上述各种诊断的复合。在诊断方法方面，人工智能已成为当今发展趋势，不仅是因为人工智能的发展为其提供了强大的理论基础及实现工具，而且还因为对于复杂系统的诊断确实需借助于人工智能，才能达到最佳效果；监测诊断手段由振动工艺参数的监测扩大到油液、扭矩、功率，甚至能量损耗的监测诊断；研究对象由旋转机械扩展到发动机、工程施工机械以及生产线；时空范围由就地监测诊断扩大到异地监测，即监测诊断网络；监测管理模式由分散性状态监测向综合化、信息化、全员化监测诊断发展。

思 考 题

7-1　按技术性原因，设备故障可分为几类？

7-2　故障树分析法有哪些特点？

7-3　设备状态监测可分为哪些类型？

第8章

设备管理的技术
经济效果分析

8.1 概述

技术经济效果分析是一种对各项技术工作的经济效果，进行科学分析的方法。经济效果，可以理解为对人类某一实践活动（这里主要是指经济活动）的评价。所得成果大于所花费的人力、物力、资源等，或者说输出大于输入，就是有效果，反之就是效果不好。

实质上，设备从设计到报废，或者从购置到报废这段时间，有两个变化过程，一是设备的物质变化过程；二是设备的经济价值变化过程，一般以货币来表示。前一个过程是技术性问题，研究的对象是设备本身，其目的是为了掌握设备物质的运动规律，以保证设备处于良好的技术性能状态。后一个过程是经济性问题，研究对象是与设备运行有关的各项费用，其目的是为了掌握设备价值运动规律，包括购置的经济性、维修的经济性、运行的经济性、更新的经济性等，以期花最小的投资，求得最大的经济效益。我们过去的设备管理工作，重视了设备的物质变化过程，而忽视了设备的经济价值变化过程。

设备管理工作中的经济性观念，表现在以下几方面。

8.1.1 有关考核指标

设备完好率、泄漏率等，是反映设备情况的一个可比性指标，发动群众对其进行考核是很有必要的。但是这种考核形式还不够全面，因为它没有反映出经济性的优劣，往往造成过度维修的现象。为此，应考虑考核设备的停机损失、单位产品维修费用、故障率、寿命周期费用等，充分反映出设备的经济效果。

8.1.2 大修理问题

20世纪50年代开始，苏联计划预修制度引进我国，在50年代后期和60年代中期，对保证我国工业企业的设备完好状态，曾经起了很大的作用。这是因为该制度有专用的大修理基金并且有单独的核算，有专门机构管理，有质量标准和工时、材料定额，有上级部门考核大修完成率，有检修复杂系数的具体规定等。但经过几十年来执行的经验，计划预修制度也已经表现出了较大的缺陷，简单列举如下。

ⅰ.计划预修制度强调"恢复性修理"而不强调"现代化改造"，往往产生冻结技术进步的现象。20世纪60年代以来，世界上科学技术突飞猛进，以化工企业而言，越来越向高温、高压、超大型化和自动化方向发展，因此在大修时，一定要强调改造，以缩短差距。机械设备，一般是可以通过更新来提高效率；但对一部分机械设备，也可以通过现代化改造来提高效率。

ⅱ.修理费用高，不符合经济原则。据有关资料报道，日本每年大修的设备数不超过设备总数的 2％；而我国化工部门每年大修的设备数却约占总数的 6％～7％。例如我国普通车床约使用 25 年。按 4.5 年大修周期计算，在 25 年中要大修 5.5 次、中修 11 次，还不计小修。按目前修理价格，单是大、中修费用，就可买数台同样车床。由此可见，计划预修制度虽然可以减少故障，但却会造成过度维修和保养，造成经济上的极大浪费。

ⅲ.关于大、中、小修周期结构的问题。并不是每种设备都需要大修，或者二次大修之间一定需要中修，二次中修之间一定需要小修。某些大型设备可以分成若干部件，每一部件又由各个零件所组成，而各个零件的磨损规律是不同的，因此不可能在大修时都已超过磨损极限，都需要更换。但是，目前许多厂要求大修时要全面解体检查，更换磨损件，结果造成没有必要更换的零件，被更换了，并且增加了不必要的修理工作量。例如 2BA-6 离心泵进行大修，要更换轴承、泵轴、叶轮等，结果只剩下个泵壳了；而每一工厂自行加工备件的成本是相当高的，质量又比较差。这时，就宁可购买新水泵而不进行大修，以求得较高的经济性和效率。

有些设备，如槽、塔等，很难进行中修，许多厂实际上也是不进行中修的。苏联已取消中修。美、法、意、德等国一些厂的锅炉、汽轮机也没有中修，仅是小修和大修。我国机器制造部门也提议：机床可以取消中修，实行三级保养一大修制度，并已取得较好的效果。

综上所述，对全部设备都执行计划预修制度是不完全符合取得最大经济效益这个原则的。因此，可以采取设备分级管理，对不同级别的设备采用不同检修制度。如可以采用检查后修理制、事后维修制、免修制等形式，再加上计划预修制，互相配合，使设备管理的经济效益能够大大地提高一步。

8.2 设备购置的经济性

设备购置的经济计算方法是多种多样的。根据不同的经济性比较指标进行分类，基本上可分为如下三大类。

（1）按投资回收期计算的方法

根据投入的资金，要经过几年才能收回来决定投资的方法，叫做投资回收期法。回收期越短越有利。

（2）按成本（费用）比较计算的方法

比较设备一生的总费用，必须考虑资金的时间因素，才能把费用等价换算成能够进行比较的数值。换算方法有现值法、年值法和终值法 3 种。

① 现值法 把设备一生的总费用，根据一定的利率换算成现在价值（现值），然后进行比较，把具有最小现值的方案看作是经济性良好。

② 年值法 把设备一生的总费用，根据一定的利率换算成每年同额费用（年值），然后进行比较，把年平均费用最少看作是经济性良好。

③ 终值法 把设备一生的总费用换算成使用期限终止时的价值，即换算成终值（又称未来值），然后进行比较，这种方法目前已不用了。

这种按费用比较的方法也叫作成本比较法或最小成本法。

（3）按利润率（收益率）比较计算的方法

根据投资求出预想实现的利润率进行比较的方法，是一种把利润率较高的方案或者高于一定利润率的方案作为投资对象的做法。

8.2.1 投资回收期法

在经济计算中，需要考虑资金的时间因素，就是在一定的利率下，资金随着时间的推移所形成的价值。现介绍资金时间因素的计算方法。

设 i 为某一利息期间的利率；

$\quad\quad n$ 为利息期间数（通常单位时间为年，故 n 为年数）；

$\quad\quad P$ 为资金的现值；

$\quad\quad R$ 为每年年末支付的同额费用（或利润）；

$\quad\quad S$ 为资金的未来值（终值）。

计算上述这些参数的公式为：

① 已知 P 求 S　系数 $(1+i)^n$；系数名称：复利系数（终值率）。

公式
$$S = P(1+i)^n = \frac{P}{F_A}$$

② 已知 S 求 P　系数 $\dfrac{1}{(1+i)^n}$；系数名称：现值系数（贴现系数）以 F_A 表示。

公式
$$P = S\frac{1}{(1+i)^n} = SF_A$$

③ 已知 S 求 R　系数 $\dfrac{1}{(1+i)^n-1}$；系数名称：资金积累系数（折旧基金率）。

公式
$$R = S\frac{i}{(1+i)^n-1}$$

④ 已知 R 求 S　系数 $\dfrac{(1+i)^n-1}{i}$；系数名称：同额支付复利系数。

公式
$$S = R\frac{(1+i)^n-1}{i}$$

⑤ 已知 P 求 R　系数 $\dfrac{i(1+i)^n}{(1+i)^n-1}$；系数名称：资金回收系数 F_{PR}。

公式
$$R = \frac{P(1+i)^n}{(1+i)^n-1} = PF_{PR}$$

⑥ 已知 R 求 P　系数 $\dfrac{i(1+i)^n}{(1+i)^n-1}$；系数名称：同额支付现值系数以 F_B 表示。

公式
$$P = R\frac{(1+i)^n-1}{i(1+i)^n} = RF_B$$

上述各种系数已汇总成 i 和 n 的相对应的数值表，即时间因素表，可从有关资料中查得。

投资回收期法是以设备的收益算出回收设备投资所需的时间，以评价其经济性的一种方法，也称为投资偿还期法。显然，回收期越短越好，可以此作为评价标准。但这种方法是基于资金周转，即短期经济性的角度提出的评价方法，它缺少对耐用年数（使用寿命）的考虑。

8.2.1.1 投资回收期法（属于财务会计法）

如果每年的收益相等，则可简易地算出投资回收期，即资金在企业内得以流动的年数

$$投资回收期(\tau) = \frac{投资额}{年度利润} \tag{8-1}$$

如果每年的收益不等，则需要把年度利润逐年累加，直至总收益等于投资费用为止，这样即可得回收期。

通常回收期等于或低于设备预期使用寿命或折旧年限的1/2时，此投资方案为可取。另外，也可根据标准回收期进行判别。

与此法相仿的还有投资回收率法。投资回收率法中考虑设备折旧，所以它比回收期法反映的情况稍切合实际一些。其计算方法为

$$投资回收率=\frac{平均年利润-年折旧费}{投资费用}\times100\%$$ (8-2)

式中 平均年利润＝总收益/预期使用寿命；

年折旧费＝投资费用/预期使用寿命。

如果投资回收率大于企业预定的最小回收率，此方案可取。

以上方法称为筛除技术，即逐年从投资额中扣除净收益。其计算简便，可对方案作出快速评价。但它不能反映资金的时间因素。

8.2.1.2　投资偿还期法（属于工程经济法）

这是考虑在一定的利率下，需要几年才能还清全部投资的偿还期的方法。

设投资额为P，每年同额利润为R，利率为i，偿还期为n，则

$$\frac{P}{R}=\frac{(1+i)^n-1}{i(1+i)^n}=同额支付现值系数\ F_B$$ (8-3)

或　　　　　　$$\frac{R}{P}=\frac{i(1+i)^n}{(1+i)^n-1}=资金回收系数\ F_{PR}$$ (8-4)

根据上述两式，只要设定R、P、i，则根据同额支付现值系数或资金回收系数，可以求出偿还期n。

8.2.2　成本比较法

这是通过成本比较，成本越小越可以认为是有利的一种方法。属于这一种类的方法有如下几种。

8.2.2.1　制造成本比较法（属于财务会计法）

这是根据设备投资，利用财务会计的方法计算制造成本，其制造成本越小越可认为是有利的一种方法。

8.2.2.2　年值比较法（属于工程经济法）

这是求出设备投资额的每年等值同额费用与每年维护费用之和，选择这种合计值为最小额的投资方法。在每年的设备运行维护费用为同额的情况下，其年费用为

$$AC=(P-L)\left[\frac{i(1+i)^n}{(1+i)^n-1}\right]+V=(P-L)F_{PR}+V$$ (8-5)

式中 P——投资额；

F_{PR}——资金回收系数；

V——每年的运行维护费用；

L——残值。

该方法是求出利率为i的投资额的等值同额费用与每年维护费用之和，并认为此值越小越有利。如果每年的维护费用不相等，可求出年平均维护费作为V值。

8.2.2.3 现值比较法（属于工程经济法）

这是一种求出设备投资额与维护费用的现值之和，选择和为最小的投资方法。其公式为

$$PW = P + \frac{L}{(1+i)^n} + \left[\frac{V_1}{1+i} + \frac{V_2}{(1+i)^2} + \cdots + \frac{V_n}{(1+i)^n}\right] \qquad (8\text{-}6)$$

式中　　　　　P——最初投资；

V_1，V_2，$\cdots$，V_n——各年的运行维修费用；

L——残值。

如果上式中的 $L=0$，$V_1 = V_2 = \cdots = V_n = V$，则式(8-6) 可简化为

$$PW = P + V \frac{(1+i)^n - 1}{i(1+i)^n} = P + V F_B \qquad (8\text{-}7)$$

式中　F_B——同额支付现值系数。

下面的例子是年值比较法和现值比较法的具体应用。可以看出，必须用设备寿命周期费用的观点来考虑投资问题。

【例 8-1】　由 A、B 两厂生产的同样型号的设备，其出厂价格和每年运行维护费用如表 8-1 所示。如仅从价格来看，B 厂比 A 厂便宜 3 万元。但实际上，考虑到运行维护费用，B 厂的设备每年比 A 厂多 1 万元。问使用哪个厂的设备有利？

表 8-1　设备的费用消耗

项　目 ＼ 工　厂	A	B
设备购入价格/万元	10	7
年运行维护费/（万元/年）	3	4
使用年限 n/年	10	10
计算利率 i/％	10	10

解　运用年值法和现值法进行比较。

① 按年成本计算　由前面系数公式得，$i=10\%$，$n=10$ 年的资金回收系数 $F_{PR} = 0.163$，代入式(8-5)，得年成本 AC 为

$$AC_A = 10 \times 0.163 + 3 = 4.63 \text{（万元）}$$
$$AC_B = 7 \times 0.163 + 4 = 5.14 \text{（万元）}$$

② 按费用的现值计算　由前面系数公式得，当 $i=10\%$ 时，$n=10$ 年的同额支付现值系数 F_B 为 6.15，代入式(8-7) 得总费用的现值 PW 为

$$PW_A = 10 + 3 \times 6.15 = 28.45 \text{（万元）}$$
$$PW_B = 7 + 4 \times 6.15 = 31.60 \text{（万元）}$$

结果表明，根据技术经济学的分析，进行等值换算后，不论是年值法还是现值法，都说明 A 厂的总费用最少，故采用 A 厂的设备是有利的。

由此可见，在选购设备时，不能单看设备的购入价格，还应考虑它的运行劳务费、动力费和维修保养费等每年的运行维护费用。这种以设备一生费用为最小的评定方法称为寿命周期费用评定法。

8.2.2.4 利润现值和投资额比较法

这是把利润现值同投资额加以比较，选择其差额为最大者的投资方法。计算利润现值 P_R 的公式为

$$P_R = \frac{R_1}{1+i} + \frac{R_2}{(1+i)^2} + \cdots + \frac{R_n}{(1+i)^n} + \frac{L}{(1+i)^n} \qquad (8-8)$$

式中，R_1，R_2，$\cdots$，R_n 为各年的利润（不包括折旧和利息）；L 为残值；i 为希望收益率。

根据上式求得的 P_R，选择 P_R 与 P 有最大差额的设备进行投资。

在上式中，如果 $L=0$，$R_1 = R_2 = \cdots = R_n = R$，则该式可简化为

$$P_R = R \frac{(1+i)^n - 1}{i(1+i)^n} = R F_B \qquad (8-9)$$

【例 8-2】 拟议中的某项投资，希望 5 年内每年能获得 2 万元的利润。假设 $i=15\%$，现在投资 6 万元，问这项投资是否合算？

解 查前面系数公式得，$i=15\%$，$n=5$ 的同额支付现值系数 $F_B=3.375$，代入式(8-9)，得 5 年利润的现值为 2 万元 $\times 3.375 = 6.714$ 万元，投资现金 6 万元相比，得 $6.714 - 6.0 = 0.714$（万元），计算看出，这项投资是有利的。

如果本例中，假设 $i=10\%$，5 年内每年利润 $R=1.50$ 万元，问这项投资（6.0 万元）的方案是否值得？

再查前面系数得 $i=10\%$，$n=5$ 时的同额支付现值系数 $F_B=3.794$，代入式(8-9)，则总利润的现值为 1.50 万元 $\times 3.794 = 5.691$ 万元。与投资额相比，得 $5.691 - 6.0 = -0.309$（万元）。

可见，此方案显然是不值得的。但请注意：本题如果不进行利润现值的换算，该项投资可能错误地获得批准。因为投资后的 5 年中可以回收 $5 \times 15000 = 75000$（元），较之原始投资 60000 元为多，故可能误认为是有利可图的投资方案。

8.2.3 投资利润法

这是一种计算相对投资的利润率，并认为这种利润率越高越有利的方法。投资利润率也称为投资效率。

8.2.3.1 单纯投资利润率法（属于财务会计法）

这是一种财务会计的方法，单纯地计算第一年度的利润 R_1，然后再用最初投资 P_0 去除这项利润，即

$$\text{单纯投资利润率} = \frac{R_1}{P_0} \qquad (8-10)$$

由于这种方法不考虑耐用年数，故不能表示出设备整个使用期间的真实利润率，这是它的缺点。

8.2.3.2 平均投资利润法（属于财务会计法）

平均投资利润法（属于财务会计法）这是用设备使用期内的平均投资额 $\bar{P}$ 去除年度平均利润 $\bar{R}$，即

$$\text{平均投资利润率} = \frac{\bar{R}}{\bar{P}} \qquad (8-11)$$

这也是一种财务会计的计算方法。即使平均利润相同，但在资金收支额和时间不相同时，往往很难比较其优劣。

8.2.3.3 贴现现金流量法（discounted cash flow，简称 DCF 法，属于工程经济法）

这是计算当投资额的现值与将来所获利润的现值相等时的利润率的方法。这个方法是美

国哥伦比亚大学教授乔尔·戴思倡导的，其计算公式为

$$P=\frac{R_1}{1+x}+\frac{R_2}{(1+x)^2}+\cdots+\frac{R_n}{(1+x)^n}+\frac{L}{(1+x)^n} \tag{8-12}$$

式中　　　　　P——投资额；

R_1，R_2，$\cdots$，R_n——年利润；

　　　　　　　L——残值；

　　　　　　　x——所求的利润率。

在上式中，假设 $R_1=R_2=\cdots=R_n=R$，$L=0$，则可写成 $P=R\left[\dfrac{(1+x)^n-1}{x(1+x)^n}\right]$

即

$$\frac{R}{P}=\frac{x(1+x)^n}{(1+x)^n-1}=F_{\mathrm{PR}} \tag{8-13}$$

当式中给出 R、P、n 时，即可求出利润率 x。

8.2.3.4　收益指数法（profit ability index，简称 PI 法，属于工程经济法）

这是鲁尔（I. Reul）发表的计算方法，也是利润折扣率的一种。本法的原理与利润折合率法一样，利用了投资和收益现值相等的原则，只是使用本法比用公式计算来得简单明了。

8.3　设备维修的经济性

8.3.1　维修的一般规律

人们知道设备在使用过程中要发生磨损。为了补偿有形磨损，就要进行设备维修。设备的维修过程有事后修理和事前修理。

事后修理要被迫停机，并且需要花一定的时间，修理后才能恢复一定的力学性能。而事前修理就是计划预修。由于是在设备故障或事故发生之前，采取检修措施，因而可以妥善地安排施工和准备好备件。但过分强调计划预修，容易出现过度维修现象，造成经济上的损失。因此，对有些影响不大或拥有备机的设备，采用事后维修反而更经济。

8.3.2　维修费用效率

在设备购置后的使用阶段，安装前所花费的费用是埋没费用（sunk cost），因为已经支付出去，且无可挽回。所以，以后的问题是如何努力提高设备剩余的寿命周期费用的经济性。

设备使用阶段的经济评价问题，应当分为两个方面来考虑，即把设备所消耗的费用分成资本支出和经费支出两个部分。

对现有设备的改造、更新等进行合理投资就是资本支出（列入固定资产），这种情况下的经济性评价，将在下一章详细讨论。

对现有设备的日常维修保养、检查、修理等作业费用即为经费支出。在这种情况下，究竟怎样才算最经济，这就是经济性的评价问题。其评价标准为

$$维修费用效率=\frac{产品产量}{维修保养费} \tag{8-14}$$

而其倒数经常用式（8-15）表示

$$单位产品维修费用=\frac{维修保养费}{产品产量} \tag{8-15}$$

维修保养费是设备的输入物，而产品产量是设备创造出来的输出物。作为输出物，有时也采用与产品产量有关的设备运行时数、耗电量等来表示。例如，在铸造厂可以计算平均生产 1t 铸件支出多少元的设备维修费用；电机制造厂可以计算平均 1kW 电机需要多少维修费用。这两个经济指标的优点是能够综合反映一个企业或一台设备维修工作的经济效果。如果把产品产量改为总产值（或总利润），则可变成平均万元产值的维修费用。这样，其经济性评价的效果就显著了。

【例 8-3】 在一定时间内，设备 A 生产 10000 个零件要花去维修作业费用 5000 元。同期，设备 B 生产了 12000 个零件，花去维修费用 5390 元，试比较两台设备使用的经济性。

解 计算维修费用效率

设备 A $\qquad\qquad\qquad \dfrac{10000}{5000}=2.00$ 件/元

设备 B $\qquad\qquad\qquad \dfrac{12000}{5390}=2.22$ 件/元

显然，设备 B 的使用经济性优于设备 A。

8.3.3 维修费用综合评价

维修费用分为：直接费用和间接费用。维修的直接费用是指用于设备维修的实际费用支出。而维修的间接费用是指由于设备损坏而引起的损失费用，其中包括由于故障造成的减产而带来的利润损失和人力窝工，以及伴随事故而发生的材料利用率、能量、质量、人员费用开支以及其他方面所造成的费用损失。据此，日本青山大学日比宗平教授提出了综合评价维修保养费的方法。这个方法主要是用维修保养费完成率来评价。首先需确定维修保养费的综合评价尺度，然后根据这个尺度，由主管部门制定一个标准，把实际的维修保养费和所确定的标准进行比较，就得到维修保养费完成率。

维修保养综合评价尺度是用单位管理基准值对应的维修费与事故损失费之和来表示。管理基准值通常用设备耗电量来计算。因此，维修保养费综合评价尺度 U 就是设备单位耗电量 D 对应的维修费 M_1 和事故损失费 M_2，按下式确定

$$U=\frac{M_1+M_2}{D} \tag{8-16}$$

为了对维修保养费进行综合评价，应先由管理部门根据上式给定管理期评价尺度 U 的标准值作为管理目标，然后与同期内评价尺度的实际值进行比较，用以综合评价管理期内维修保养费的经济性。评价结果用完成率表示，设 i 期的完成率为 η_i，则

$$\eta_i=\frac{U_{bi}}{U_{si}} \tag{8-17}$$

式中 U_{bi}——i 期维修保养费评价尺度的标准值；

$\qquad U_{si}$——i 期维修保养费评价尺度的实际值。

根据式（8-16）可求得

$$U_{bi}=\frac{(M_1+M_2)_{bi}}{D_{bi}} \tag{8-18}$$

$$U_{si}=\frac{(M_1+M_2)_{si}}{D_{si}} \tag{8-19}$$

由于 U 值的含义是单位耗电量对应的维修费和事故损失费。因此，在用式(8-17)求完成率 η_i 时，为了使公式简化，可以令 M_1+M_2 的标准值和实际值分别对应于同一单位耗电量 D，也就是说，可令 $D_{bi}=D_{si}$。这样，式(8-17)的完成率 η_i 可化为

$$\eta_i=\frac{(M_1+M_2)_{bi}}{(M_1+M_2)_{si}} \tag{8-20}$$

式(8-20)说明，要确定报告期内维修保养费的完成率 η_i，首先要确定一个单位管理基准值（例如单位耗电量对应的维修费和事故损失费）作为标准，然后与同期发生的上述两项费用之和进行比较，其结果就是报告期的完成率。

综合评价维修保养费的目的是追求 U_{si} 的最小值。对应于一定 U_{bi} 值，随着 U_{si} 值的减小，效率 η_i 值就增大，说明维修保养费的经济性越高。

8.3.4 设备大修的经济性

大修相对于更新来说，是还能够利用没有达到磨损极限的零部件，从而能节约大量原材料及加工工时。通过大修，能延长设备使用年限，这是大修有利的一面。如果在大修后的设备上生产单位产品的耗费要比使用更新设备时高，则通过大修来延长设备的使用期限，就显得不经济了。为此，必须确定一个计算大修经济效果的办法，不能无休止地将一台设备大修下去。大修的经济界限是设备的一次大修费用（R）必须小于同一年中该种新设备的价值（K_n），减去这台设备的残值（L），故大修的条件是 $R<K_n-L$。

当然，由于无法获得新设备而被迫进行不经济的修理，这种情况也是有的，这是一种不正常情况，不在讨论范围之内。

凡符合上述条件的大修，在经济上是不是最佳方案，要进行经济分析才能回答。如果设备在大修之后，生产技术特性与同种新设备没有区别，则上述公式才能成立，但实际情况并非如此。事实上，设备大修之后，常常缩短了下一次大修理的间隔期，同时，修理后的设备与新设备相比，技术上故障多、设备停歇时间长、日常维修费用增加。修理质量对于单位产品成本的大小也有很大的影响。

只有大修后使用该设备生产的单位产品成本，在任何情况下，都不超过相同新设备生产的单位产品成本时，这样的大修在经济上才是合理的。

设备大修理的经济效果，表现为大修后的设备与新设备在加工单位产品时的成本之比或二者成本之差，并可以下式表示

$$I_r=\frac{C_r}{C_n}\leqslant 1$$
$$\Delta C_z=C_n-C_r\geqslant 0 \tag{8-21}$$

式中　I_r——大修后设备与新设备加工单位产品成本的比值；

C_r——大修后设备加工单位产品的成本；

C_n——新设备加工单位产品的成本；

ΔC_z——新设备与旧设备（大修后设备）加工单位产品成本之差。

必须在上述两种情况下，大修才合算。

因此，如果设备超过了这个经济界限继续进行大修，或延长设备使用年限，都是不经济的，应该用新的设备替换旧设备。

8.4 设备更新的经济性

设备寿命有物质寿命、技术寿命和经济寿命之分。

物质寿命是指从设备开始投入使用到报废所经过的时间。做好维修工作，可以延长物质寿命，但随着设备使用时间延长，所支出的维修费用也日益增高。

经济寿命是指人们认识到依靠高额维修费用来维持设备的物质寿命是不经济的，因此必须根据设备的使用成本来决定设备是否应当淘汰。这种根据使用成本决定的设备寿命就称为经济寿命。过了经济寿命而勉强维持使用，在经济上是不合算的。

技术寿命是指由于科学技术的发展，经常出现技术经济更为先进的设备，使现有设备在物质寿命尚未结束以前就淘汰，这称之为技术寿命。这种倾向在军事装备上尤其明显。

设备的经济寿命或最佳更新周期可以用下述各种方法求得。

8.4.1 最大总收益法

在一个系统中，比较系统的总输出和总输入，就可以评价系统的效率。对生产设备的评价也是一样，人们通常以设备效率 η 作为评价设备经济性的主要标准。即

$$\eta = \frac{Y_2}{Y_1} \tag{8-22}$$

式中 Y_1——对设备的总输入；

Y_2——设备一生中的总输出。

对设备总输入就是设备的寿命周期费用。设备一生中的总输出，即设备一生中创造出来的总财富。

设备寿命周期费用主要包括设备的原始购入价格 P_0 和使用当中每年可变费用 V。则设备寿命周期费用（即总输入 Y_1）的方程式为

$$Y_1 = P_0 + Vt \tag{8-23}$$

式中 t——设备的使用年限。

所谓设备一生的总输出 Y_2 是设备在一定的利用率 A 下，创造出来的总财富，可用下列简单公式表示

$$Y_2 = (AE^*)t \tag{8-24}$$

式中 E^*——年最大输出量（即 $A=1$ 时的输出量）。

设备在不同使用期的可变费用并不是常量，而是随使用年限（役龄）的增长而逐渐增长的，可变费用计算公式为

$$V = (1 + ft)V_0 \tag{8-25}$$

式中 V_0——起始可变费用；

f——可变费用增长系数。

将式(8-25)代入式(8-23)得寿命周期费用方程

$$Y_1 = fV_0 t^2 + V_0 t + P_0 \tag{8-26}$$

这样，设备总收益 Y 的方程为

$$Y = Y_2 - Y_1 = AE^* t - (fV_0 t^2 + V_0 t + P_0) \tag{8-27}$$

如果要求 Y_{max} 值，可对 t 微分，并令其等于零，即可求出最大收益寿命。

【例 8-4】 设某设备的实际数值和参数如下：$P_0 = 20000$ 元，$V_0 = 4000$ 元，$f = 0.025$，$A = 0.8$，$E^* = 10000$ 元/年，暂不考虑资金时间因素。试求该设备的平衡点（即收支相抵），何时可得最大总收益？

解 将上列的参数代入式(8-27)，得

$$Y = -100t^2 + 4000t - 20000$$

令 $Y = 0$，求 t 值（即平衡点），得

$$-t^2 + 40t - 200 = 0$$

$$t = \frac{-40 \pm \sqrt{800}}{-2}，即 \ t_1 = 5.85 \ 年，t_2 = 34.14 \ 年。$$

即第一平衡点是 5.86 年；第二平衡点是 34.14 年。

下面进一步分析利润函数，求最大总收益（利润）值。为此，总收益方程对 t 微分，并令其为零，得

$$Y' = -200t + 4000 = 0 \quad (Y' = -200)$$

$$t = \frac{4000}{200} = 20 \ （年）$$

即设备使用 20 年时收益最大，这时的最大总收益值为

$$Y_{max} = -100 \times 20^2 + 4000 \times 20 - 20000 = 20000 \ （元）$$

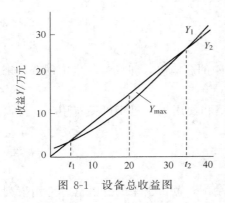

图 8-1 设备总收益图

由图 8-1 可以看出，当设备使用到第 6 年时设备开始收益；使用到第 20 年时，设备的经济收益为最大（20000 元）；如果设备使用期超过 20 年，总收益反而降低，到第 34 年，总收益等于零。因此，当本设备使用期达 20 年左右时，更换设备较为恰当。

8.4.2 最小年均费用法

上述以最大总收益来评价设备经济寿命的方法，对一些"非盈利"的设备，如小汽车、某些电气设备、家用设备、行政设备和军用设备等，很难求得收益函数。另外，该方法在计算上也较复杂。此时可使用最小年均费用法。

年平均费用由年平均运行维护费用和年平均折旧费两部分组成。可由下式表示

$$C_i = \frac{\sum V + \sum B}{T} \tag{8-28}$$

式中　C_i——i 年的平均费用（平均使用成本）；

　　　$\sum V$——设备累积运行维护费；

　　　$\sum B$——设备累积折旧费；

　　　T——使用年份。

计算设备每年的平均使用成本值，观察各种费用的变化，平均使用成本取得最低值 C_{min} 的年份即为最佳更换期，也为设备的经济寿命。

【例 8-5】 以 6000 元购入一辆汽车，每年的运行维护费用和折旧后的每年账面净值列于表 8-2。试计算其最佳更换期。

表 8-2　汽车的年净值和年运行费用

使用年份	1	2	3	4	5	6	7
净值/元	3000	1500	750	375	200	200	200
运行费用/元	1000	1200	1400	1800	2300	2800	3400

解　根据表 8-2 的数据按式(8-28)计算结果如表 8-3。

表 8-3　计算表

使用年份	1	2	3	4	5	6	7
累积运行费($\sum V$)/元	1000	2200	3600	5400	7700	10500	13900
累积折旧费($\sum B$)/元	3000	4500	5250	5625	5800	5800	5800
总成本($\sum V + \sum B$)/元	4000	6700	8850	11025	13500	16300	19700
年平均使用成本(C_i)/元	4000	3350	2950	2756	2700①	2717	2814

① 年平均使用成本最低值。

如第 4 年的平均使用成本为

$$C_4 = \frac{\sum V + \sum B}{T} = \frac{5400 + 5625}{4} = \frac{11025}{4} = 2756（元）$$

从表 8-3 可以看到第 5 年年末为最佳更换期，因为该年平均使用成本 2700 元为最低。

图 8-2 曲线反映了年平均运行费用和年平均折旧费的变化，平均使用成本最低者为最佳更换期。

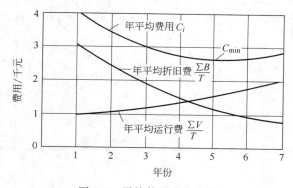

图 8-2　平均使用成本曲线

8.4.3　劣化数值法

在计算年均成本方法中，因设备每年运行维护费事前不知道，则无法预估设备的最佳更换期。

前面讲过，随着使用年限的增加，设备的有形磨损和无形磨损随之加剧，设备的运行维护费用也因而增多，这就是设备的劣化。如果预测这种劣化程度每年是以 λ 的数值成线性地增加，则有可能在设备的使用早期测定出设备的最佳更换期。

假定设备经过使用之后的残余价值为零，并以 K_0 代表设备的原始价值，T 表示使用年限，则每年的设备费用为 K_0/T。随着 T 的增长，年平均的设备费用不断减少。但是，另一方面，第 1 年的劣化值为 λ，第 T 年的设备劣化值为 λT，T 年中的平均劣化数值为 $\frac{\lambda(T+1)}{2}$。据此，设备每年的平均费用 C_i 可按下式计算

$$C_i = \frac{\lambda(T+1)}{2} + \frac{K_0}{T} \tag{8-29}$$

若使设备费用最小，则取 $\dfrac{\mathrm{d}C_i}{\mathrm{d}T}=0$，得最佳更换期为

$$T = T_0 = \sqrt{\frac{2K_0}{\lambda}} \tag{8-30}$$

将此值代入式(8-29)，即可得最小平均费用。

【例 8-6】 某设备的原始价值为 8000 元，设每年维护运行费用的平均超额支出（即劣化增加值）为 320 元，试求设备的最佳更换期。

解 设备的最佳更换期为

$$T_0 = \sqrt{\frac{2K_0}{\lambda}} = \sqrt{\frac{2 \times 8000}{320}} \approx 7 \ (\text{年})$$

如果逐年加以计算，也可得到同样的结果，如表 8-4 所示。从表中看出，在使用第 7 年总费用最小，所以，第 7 年是设备更换的最佳时期。用表中的数据可画出最佳更换期图，如图 8-3 所示。

表 8-4　设备最佳更换期的计算

使用至第 T 年	设备费用 $\dfrac{K_0}{T}$/元	平均劣化值 $\sqrt{\dfrac{\lambda(T+1)}{2}}$/元	年平均费用/元
1	8000	320	8320
2	4000	480	4480
3	2667	640	3307
4	2000	800	2800
5	1600	960	2560
6	1333	1120	2453
7	1143	1280	2423
8	1000	1440	2440
9	889	1600	2489

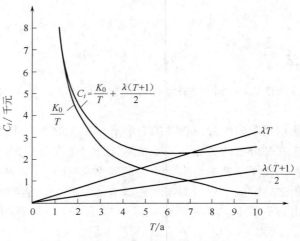

图 8-3　最佳更换期图

第9章
设备的更新和改造

对现有企业进行设备更新和技术改造，是提高企业生产经济效益、逐步实现现代化的重要途径，是国家经济建设的主要方针之一。现行企业中，随着技术的发展，产品有些属于长线，有些属于短线；有些技术比较先进，有许多则相当落后，经济效益较差。

设备的性能直接影响产品的数量、质量和成本。因此，设备的更新是企业进行技术改造的重要内容，是企业取得较好技术经济效果的重要手段。

9.1 设备的更新和改造浅析

9.1.1 什么是设备的更新和改造

随着设备在生产中使用年限的延长，设备的有形磨损和无形磨损日益加剧，故障率增加，可靠性相对降低，导致使用费上升。其主要表现为：设备大修理间隔期逐渐缩短，使用费用不断增加，设备性能和生产率降低。当设备使用到一定时间以后，继续进行大修理已无法补偿其有形磨损和全部无形磨损；虽然经过修理仍能维持运行，但很不经济。解决这个问题的途径是进行设备的更新和改造。

从广义上讲，补偿因综合磨损而消耗掉的机械设备，就叫设备更新。它包括总体更新和局部更新，即包括：设备大修理、设备更新和设备现代化改造。从狭义上讲，是以结构更加先进、技术更加完善、生产效率更高的新设备去代替物理上不能继续使用，或经济上不宜继续使用的设备，同时旧设备又必须退出原生产领域。

根据目的不同，设备更新分为两种类型：一种是原型更新，即简单更新。也就是用结构相同的新设备来更换已有的严重性磨损而物理上不能继续使用的旧机器设备，主要解决设备损坏问题。另一种更新则是以结构更先进、技术更完善、效率更高、性能更好、耗费能源和原材料更少的新型设备，来代替那些技术陈旧、不宜继续使用的设备。如沈阳水泵厂研制生产出一批节电水泵，供大庆油田更新陈旧的 200 台注水泵，运行一年可节电 3.6 亿度；而更新这些水泵的费用只需 1300 万元。这说明搞好设备更新，可以为国家增加更多的财政收入，促进经济的发展。

设备的现代化技术改造是指为了提高企业的经济效益，通过采用国内外先进的、适合我国情况的技术成果，改变现有设备的性能、结构、工作原理，以提高设备的技术性能或改善其安全、环保特性，使之达到或局部达到先进水平所采取的重大技术措施。对现有企业的技术改造，包括对工艺生产技术和装备改造两部分内容，而工艺生产技术改造的绝大部分内容还是设备，所以设备工作者要重视技术改造。技术改造包括设备革新和设备改造的全部内容，不过范围更广泛，可以是一台设备的技术改造，也可以是一个工序、一个车间，甚至一个生产系统。例如，某化工厂的心脏设备——电解槽，经过 6 次改造，现在 1 台电解槽可抵原来的 $150 \sim 200$ 台的生产能力。

又如某化工厂将生产聚氯乙烯的聚合釜由原来的 $9m^3$ 小釜改成 $30m^3$ 大釜，这属于一种设备的技术改造。又如某化肥厂通过革新、改造，化肥产量逐年增加，年全员劳动生产率增长数十倍，上缴利税为总投资的十多倍，这应该归功于一个企业的技术改造。

9.1.2 设备更新和改造的必要性

经过 40 多年的经济建设，中国已建成独立和比较完整的工业体系。但是，就技术装备水平、产品质量、经济效益来看，与经济发达国家相比，还有很大差距。据初步统计，目前我国工业技术装备大约有 20% 具有 20 世纪 60 年代到 70 年代的水平，是先进和比较先进的。其余 80% 左右比较陈旧落后，其中有 25% 属于超期服役，有相当一部分已经到了迫切需要改造或报废的时候。过去由于忽视老企业的更新改造，结果使很大一部分老企业设备陈旧，技术落后，能源、原材料消耗多，产品质量差，经济效益低。

从世界工业发达国家发展的历史来看，落后的生产设备是工业发展的严重障碍。第一次世界大战以前，英国是世界上最发达的工业强国，但是在后来技术已经进步的条件下，仍然舍不得彻底更换技术上已经陈旧的设备，受这些落后设备带来的低效率（劳动生产率低）和高消耗（动力、燃料和材料消耗高等）的影响，英国失去了世界上领先的地位。第一次世界大战以前 30 年间，英、法、美、德四个国家在世界工业中的地位发生了如下的变化：1860 年，英、法、美、德；1870 年，英、美、德、法；1880 年，美、英、德、法；1890 年，美、德、英、法。

美国用了 20 多年赶超了英国和法国；德国用了 30 多年超过了英国和法国。美国和德国走得这样快，重要原因之一是他们在采用新技术方面超过了保守的英国和法国。根据对美、英两国 26 个工业部门的调查，1967 年至 1969 年，每个工人每年的平均生产总值，英国是 617 镑，美国是 1747 镑。美国工人的劳动生产率高于英国 1.8 倍的主要原因，是两国工人拥有的技术装备程度不同。另外据《日本经济国说》一书说："最近十几年间，日本经济高速发展，无论从国际上或是从历史上来看都是惊人的。这是由于将国民收入大部分用于投资，借以改善设备。"总之，老企业的设备更新和技术改造，是一项十分重要而又迫切的任务。

ⅰ. 设备更新改造是促进科学技术和生产发展的重要因素。设备是工业生产的物质基础，落后的技术装备限制了科学和生产的高速发展。上面提到的例子，美国和德国注意发展技术，采用新设备，工业很快超过英国；日本 20 世纪 50 年代后工业增长 15 倍，其原因之一是积极采用先进技术和装备。

科学技术的进步促使生产设备不断改进和提高，生产设备是科学技术发展的结晶。随着科学技术的迅速发展，新技术、新材料、新工艺、新设备不断涌现，沿用陈旧工艺的老设备在产品质量、数量等方面已缺乏竞争能力。因此要依靠更新设备来实现高产、优质、低成本，取得较好的经济效益。

ⅱ. 设备更新改造是产品更新换代、提高劳动生产率，获得最佳经济效益的有效途径。设备更新改造，技术水平提高以后，可使生产率和产品质量大幅度提高，并使产品成本和工人劳动强度降低。同时为适应新产品高性能的要求，必须采用高性能的设备。化工企业的生产特点是高温、高压、低温、负压、易燃、易腐蚀，有毒介质多、自动化程度高、连续化生产。生产过程中高效率、大容量、高精度设备越来越多，结构更为复杂。以乙烯后加工生产为例，由乙烯一步氧化制乙醛，而出现了新型的氧化反应器；由乙烯水合反应制乙醇，而设计出新型的水合反应器。

ⅲ. 设备更新改造是扩大再生产、节约能源的根本措施。中国能源有效利用率比先进国家低 20%左右。设备热效率低、能耗高，更新设备可以显著地节约能源。例如我国现有工业锅炉近 20 万台，热效率只有 55%左右，每年耗煤 2 亿吨，占全国煤产量的 1/3。其中 20 世纪 30 年代的兰克夏锅炉就有 6 万台，热效率只有 30%～40%，与工业发达国家采用热效率 70%～80%的锅炉相比，一年多耗煤 3000 多万吨。如果把煤耗高的这 6 万台兰克夏锅炉加以更新改造，每年就可省煤 400 万吨。可见改变落后的技术装备是提高能源利用率的最根本措施。同时为满足市场日益增长的需要，扩大短线对路产品的生产能力，必须采用更为先进的高效率、大容量、高精度设备，提高产品产量、质量，降低成本。

ⅳ. 设备更新改造是搞好环境保护及改善劳动条件的主要方法。生产中常见的跑、冒、滴漏、噪声、排放物等会对环境造成污染，使工人劳动强度加大，劳动条件恶劣。所以大多数这方面的问题可通过改造或更新设备得到解决。

9.2 设备的折旧与选择

9.2.1 折旧的定义和计算方法

折旧是指固定资产由于损耗而转移到产品中去的那部分以货币形式表现的价值。

固定资产的折旧分为"基本折旧"和"大修折旧"两类。基本折旧用于固定资产的更新重置，也就是对固定资产实行全部补偿。大修折旧用于固定资产物质损耗的局部补偿，以便维持其使用期间的生产能力。

按年分摊固定资产价值的比率，称为固定资产的年折旧率。折旧率的大小与设备的价值、大修费用、现代化改造费用、残值和预计使用的年限等因素有关。目前化工企业的折旧率高低不等，但总的看是偏低的。有的企业按基本折旧率和大修折旧率分别提取；有的企业按一定折旧率一起提取，再按一定比例分成基本折旧基金和大修理基金分别使用。此外，国家还规定基本折旧基金按一定比例上交主管部门。

折旧率的计算方法较多，下面介绍几种。

9.2.1.1 直线折旧法

目前使用最广泛的是直线折旧法。这种方法是在设备使用年限内，平均地分摊设备的价值。计算公式为

设备基本折旧率

$$\alpha_b = \frac{K_0 - L}{TK_t} \times 100\% \tag{9-1}$$

设备大修折旧率

$$\alpha_r = \frac{K_r}{TK_t} \times 100\% \tag{9-2}$$

式中　K_0——设备的原始价值；

　　　K_t——设备的重置价值；

　　　L——预计的设备残值；

　　　T——设备的最佳使用年限；

　　　K_r——在 T 时间内大修理费用总额。

我国的设备基本折旧率和大修折旧率就是用上述方法计算的。但其中有两个重要参数的取值与上式不同：一是设备使用年限不是按照最佳期确定的，而是普遍地延长设备使用年限；二是设备价值不是采用重置价值，而是采用原始价值。故基本折旧率 α_b' 和大修理折旧率 α_r' 分别为

$$\alpha_b' = \frac{K_0 - L}{T_n K_0} \times 100\%$$ (9-3)

$$\alpha_r' = \frac{K_r}{T_n K_0} \times 100\%$$ (9-4)

式中　T_n——延长的设备使用年限，有的已接近设备的自然寿命。

此外，在规定的统一折旧率的基础上，还应该针对不同行业、不同种类的固定资产设备规定不同的折旧率。

9.2.1.2　加速折旧法

采用加速折旧法的理由是由于设备在整个使用过程中，其效果是变化的。在使用期限的前几年，由于设备处于较新状态，效率较高，为企业可创造较大的经济效益。而后几年，特别是接近更新期时，效率较低，为企业创造的经济效益较少。因此，前几年分摊的折旧费应当比后几年要高些。

下面介绍两种计算方法。

（1）年限总额法

这种方法是根据折旧总额乘以递减系数 A，来确定设备在最佳使用年限 T 内某一年度（第 t 年）的折旧额 B_t，即

$$B_t = A(K_t - L)$$ (9-5)

$$A = \frac{(T+1) - n}{\frac{(T+1)T}{2}}$$

式中　n——第 n 年。

上式中递减系数的分母值为

$$1 + 2 + 3 + \cdots + T = \frac{(T+1)T}{2}$$ (9-6)

下面举例说明具体的计算方法。

【例 9-1】　一台设备的价值为 7400 元，预计残值为 200 元，最佳使用年限为 8 年。试求在使用期内各年的折旧额。

解　先求出递减系数 A，其分母为

$$\frac{(T+1)T}{2} = \frac{9 \times 8}{2} = 36$$

则第 1 年的 $A_1 = \frac{8}{36}$，第 2 年 $A_2 = \frac{7}{36}$，…，第 8 年 $A_8 = \frac{1}{36}$。代入式（9-5）得第 1 年的折旧额 $B_1 = \frac{8}{36}(7400 - 200) = 1600$ 元。

设备的各年折旧额如表 9-1 所示。

（2）双倍余额递减法

这种方法的折旧率是按直线折旧法残值为零时的折旧率的两倍计算的。逐年的折旧基数按设备的价值减去累积折旧额计算。为使折旧总额分摊完，所以到一定年度之后，要改用直线折旧法。改用直线折旧法的年限视设备最佳年限而定。当残值为零，设备最佳使用年限为奇数时，改用直线法的年限是 $\left(\frac{T}{2}\right) + 1\frac{1}{2}$；当最佳使用年限为偶数时，改用直线法的年限是 $\left(\frac{T}{2}\right) + 2$。

表 9-1　按年限总额法计算的折旧额

年　　　度	递　减　系　数	折　旧　额/元
1	8/36	1600
2	7/36	1400
3	6/36	1200
4	5/36	1000
5	4/36	800
6	3/36	600
7	2/36	400
8	1/36	200
合　计	36/36	7200

注：折旧额平均每年递减 200 元。

【例 9-2】　某设备的价值为 8000 元，最佳使用年限为 10 年，残值为零，折旧率按直线法的两倍余额递减，试求各年的折旧费用。

解　折旧率为直线法的两倍，即 $\alpha = 20\%$。由双倍余额递减法改为直线法的年限为：

$$\frac{T}{2} + 2 = \frac{10}{2} + 2 = 7 \text{ 年}。$$

各年的折旧费用计算如表 9-2 所示。第 1 到第 6 年的折旧率为 20%；第 7 年到第 10 年的 4 年折旧额按 4 年分摊（残值为零）。

表 9-2　用双倍余额递减法计算的折旧额

年　　　度	设备净值/元	折旧率/%	折旧费/元
1	8000	20	1600
2	6400	20	1280
3	5120	20	1024
4	4096	20	819
5	3177	20	635
6	2542	20	508
7	2034	以下按 2034/4＝508 平均分摊	508
8	1426		508
9	918		508
10	510		508

9.2.1.3　复利法——偿还基金法

这种方法考虑到费用的时间因素。它是在设备使用期限内，每年按直线法提取折旧，同时按一定的资金利率计算利息，故每年提取的折旧额加上累计折旧额的利息与年度的折旧额相等。待设备报废时，累计的折旧额和利息之和与折旧总额相等，正好等于设备的原值，以补偿设备的投资。

按照直线折旧法，如每年计划提取的折旧额为 B，资金利润率为 i，使用年限为 n，则历年提取的折旧额和利息应为

$$
\begin{array}{c|c}
\text{第 1 年} & B(1+i)^{n-1} \\
\text{第 2 年} & B(1+i)^{n-2} \\
\vdots & \\
\text{第 } n \text{ 年} & B(1+i)^{n-n} = B
\end{array}
$$

则 $B(1+i)^{n-1} + B(1+i)^{n-2} + \cdots + B = K_0 - L$ 整理得

$$B=(K_0-L)\frac{i}{(1+i)^n-1} \qquad\qquad (9\text{-}7)$$

式中　　　　K_0——设备的原始价值；

　　　　　　L——设备的残值；

$\dfrac{i}{(1+i)^n-1}$——资金积累系数（折旧基金率），其值可通过相应表格查得。

【例 9-3】 某设备的价值是 8000 元，预计使用 10 年，残值为 200 元，资金利润率为 8%，试求逐年折旧额和利息。

解 根据式(9-7) 得

$$B=(8000-200)\times\frac{0.08}{(1+0.08)^{10}-1}=538.43 \text{ 元}$$

设备在使用过程中的折旧额和利息表如表 9-3 所示。

表 9-3　折旧额和利息表 元

年　　度	每年提取的折旧额	资金利息额	折旧额加累计利息	年末资金累计额
1	538.43	—	538.43	538.43
2	538.43	43.07	581.50	1119.93
3	538.43	89.59	628.02	1747.95
4	538.43	139.84	678.27	2426.22
5	538.43	194.10	732.53	3158.75
6	538.43	252.70	791.13	3949.88
7	538.43	315.99	854.42	4804.30
8	538.43	384.34	922.77	5727.07
9	538.43	458.17	996.60	6723.67
10	538.43	537.90	1076.33	7800.00

9.2.2　设备的选择

9.2.2.1　设备的选择原则

设备的选择原则是每个企业经营中的一个重要问题。合理地选购设备，可以使企业以有限的设备投资获得最大的生产经济效益。这是设备管理的首要环节。为了讨论方便，结合更新问题进行讨论。

选择设备的目的，是为生产选择最优的技术装备，也就是选择技术上先进、经济上合理的最优设备。

一般来说，技术先进和经济合理是统一的。这是因为，技术上先进总有具体表现，如表现为设备的生产效率高等。但是由于各种原因，有时两者表现出一定矛盾。例如，某台设备效率比较高，但能源消耗大。这样，从全面衡量，经济效果不一定适宜。再如，某些自动化水平和效率都很高的先进设备，在生产的批量还不够大的情况下使用，往往会带来设备负荷不足的矛盾。选择机器设备时，必须全面考虑技术和经济效果。下面列举几个因素，供选择设备时参考。

（1）生产性

生产性是指设备的生产效率。选择设备时，总是力求选择那些以最小输入获得最大输出的设备。目前，在提高设备生产率方面的主要趋向有下列几项。

设备的大型化　这是提高设备生产率的重要途径。如 30 万吨合成氨设备、48 万吨尿素设备等都是向大型化的化肥装置发展。设备大型化可以进行大批量生产，劳动生产率高，节省制造设备的钢材，节省投资，产品成本低，有利于采用新技术，有利于实现自动化。是不是设备越大越好呢？设备大型化受到一些技术经济因素限制。大型化的设备，产量大，相应的原材料、产品和废料的吞吐量也大，同时要受到运输能力的影响，受到市场和销售的制约。而且，在现有的工艺条件下，有些设备的大型化，不能显著地提高技术经济指标，设备大型化使生产高度集中，环境保护工作量比较大。

设备高速化　高速化表现在生产、加工速度、化学反应、运算速度的加快等方面，它可以大大提高设备生产率。但是，也带来了一些技术经济上的新问题。主要有：随着运转速度的加快，驱动设备的能源消耗量相应增加，有时能源消耗量的增长速度，甚至超过转速的提高；由于速度快，对于设备的材质、附件、工具的质量要求也相应提高；速度快，零部件磨损、腐蚀快，消耗量大；由于速度快，不安全因素也增大，要求实现自动控制，而自动控制装置的投资较多等。因此，设备的高速化，有时并不一定带来更好的经济效果。

设备的自动化　自动化的经济效果是很显著的。而且由电子装置控制的自动化设备（如机械手、机器人），还可以打破人的生理限制，在高温、剧毒、深冷、高压、真空、放射性条件下进行生产和科研。因此，设备的自动化，是生产现代化的重要标志。但是，这类设备价格昂贵，投资费用大；生产效率高，一般要求大批量生产；维修工作繁重，要求有较强的维修力量；能源消耗量大；要求较高的管理水平。这说明，采用自动化的设备需要具备一定的技术条件。

（2）可靠性

可靠性是表示一个系统、一台设备在规定的时间内、在规定的使用条件下、无故障地发挥规定机能的程度。所谓规定条件是指工艺条件、能源条件、介质条件及转速等。规定时间是指设备的寿命周期、运行间隔期、修理间隔期等。规定的机能是指额定能力，如压缩机的打气量、氨合成塔的氨合成量、热交换器的换热量等。人们总是希望设备能够无故障的连续工作，以达到生产更多产品的目的。现代化学工业，由于设备大型化、单机化、高性能化、连续化与自动化的水平越来越高，设备的停产损失也越大。因此，产品的质量、产量及生产的总经济效益对设备的依赖性越来越大，所以对设备的可靠性要求也越来越高。一个系统、一台设备的可靠性越高，则故障率越低，经济效益越高，这是衡量设备性能的一个重要方面。

同时，就设备的寿命周期而论，随着科学技术的发展，新工艺、新材料的出现，以及摩擦学和防腐技术的发展，化工设备的使用寿命可以大大延长，这样，每年分摊的设备折旧费就越少。当然，在决定设备折旧时，要同时考虑到设备的无形磨损。

（3）维修性（或称可修性、易修性）

维修性影响设备维护和修理的工作量和费用。维修性好的设备，一般是指设备结构简单，零部件组合合理；维修的零部件可迅速拆卸，易于检查，易于操作，实现了通用化和标准化，零件互换性强等。一般说来，设备越是复杂、精密，维护和修理的难度也越大，要求具有相适应的维护和修理的专门知识和技术，对设备的润滑油品、备品配件等器材的要求也高。因此在选择设备时，要考虑到设备生产厂提供有关资料、技术、器材的可能性和持续时间。

（4）节能性

节能性是指设备对能源利用的性能。节能性好的设备，表现为热效率高、能源利用率高、能源消耗量少。一般以机器设备单位开动时间的能源消耗量来表示，如小时耗电量、耗汽（气）量；也有以单位产品的能源消耗量来表示的，如合成氨装置，是以每吨合成氨耗电量来表示，而汽车以 L/100km 的耗油量来表示。能源使用消耗过程中，被利用的次数越多，其利用率就越高。在选购设备时，切不可采购那些"煤老虎""油老虎""电老虎"设备。已经使用的，要及时加以改造。

（5）耐蚀性

各种化工生产，都离不开酸、碱、盐类等介质，对生产设备基本上都有腐蚀性，仅严重程度有所不同。因此，机械设备应具有一定的防腐蚀性能。诚然，制造一种完全不腐蚀的设备是不可能，经济上也是不合理的。所以要在经济实用的前提下，尽量降低腐蚀速度，延长设备的使用寿命。这需从设备选材、结构设计和表面处理等方面采取相应措施，以保证生产工艺的需要。

（6）成套性

成套性是指各类设备之间及主辅机之间要配套。如果设备数量很多，但是设备之间不配套、不平衡，不仅机器的性能不能充分发挥，而且经济上可能造成很大浪费。设备配套，就是要求各种设备在性能、能力方面互相配套。设备的配套包括单机配套、机组配套和项目配套。单机配套，是指一台机器的主机、辅机、控制设备之间相互配套。机组配套是指一台机器与其他设备配套。这对于连续化生产的设备，特别是化工生产装置显得更重要。项目配套，是指一个新建项目中的各种机器设备的成龙配套，如工艺设备、动力设备和其他辅助生产设备的配套。

（7）通用性

这里讲的通用性，主要指一种型号的机械设备的适用面要广，即要强调设备的标准化、系列化。就一个企业来说，同类型设备的机型越少，数量越多，对于设备的备用、检修、备件储备等管理越有利。目前有不少设备，虽然型号一样，或一个厂的不同年份的产品，由于某些零件尺寸略有差异，给设备检修、备件储备带来很多困难和不必要的资金积压，且增大了检修费用。不少专用设备，目前还采用带图加工的办法，是很不合理的。一是不能批量生产，成本较高，质量不易保证；二是备品储备增加；三是工艺改变，不利于设备的充分利用。事实说明专用设备实行标准化、系列化是完全可能的。如化肥厂国内已基本形成系列，大部分设备已标准化、系列化。再如搪玻璃设备，全国已统一标准，形成了系列，便于组织生产，便于使用厂选用和订购。其他化工专用设备，如反应釜（也有称反应锅、反应罐等）、储罐等，目前都有标准设计。各厂在新设备设计或老设备更新改造时，应尽量套用标准设计，而不要另起"炉灶"。一来可节省设计费用，减少不必要的重复劳动；二来对推动标准化、系列化有益，对改善企业管理有利。

以上是选择机器设备要考虑的主要因素。对于这些因素要统筹兼顾，全面权衡利弊。

9.2.2.2 设备选择的管理

企业选用什么样的设备，是决定企业装备水平的重要环节。企业各业务部门对此既要有明确的分工，又要紧密配合。设备的选择，应以设备管理部门为主，把有关科室组织、协调起来，以便于对设备进行全面评价。

9.3 设备更新与改造的重点及有效途径

9.3.1 设备更新改造的重点

设备更新改造应以满足企业的产品更新换代，提高产品质量，降低产品能耗、物耗，达到设备综合效能最高为目标，所以设备更新改造的重点应该是下述几方面内容。

ⅰ. 对满足产品更新换代和提高产品质量要求的关键设备，更新改造时，应尽量提高设备结构的技术水平，扩大生产能力。

ⅱ. 对严重浪费能源的设备，即企业中使用的是"电老虎""油老虎"的设备，应作为更新改造的重点，其中有些是报废型号的产品，有些虽尚未达到报废程度，但超过有关规定的指标。对于能耗大的动力设备，按规定能源利用率低于以下界限，就必须进行更新和改造。

ⅰ 凡蒸发量≥1t/h、4t/h、10t/h 的锅炉，其热效率分别低于 55%、60%、70% 的。

ⅱ 通风机、鼓风机效率低于 70%。

ⅲ 离心泵、轴流泵效率低于 60%。

ⅳ 电热设备效率低于 40%。

还有一些虽然设计效率不低，但由于受使用条件限制，长期大马拉小车或空载运行，动力得不到充分利用的设备，也应根据生产特点结合企业情况进行工艺调整或改造。

ⅲ. 对于经过经济分析、评价，经济效益太差的设备。

ⅰ 设备损耗严重，大修后性能不能满足规定工艺要求的设备。

ⅱ 设备损耗虽在允许范围之内，但技术上已陈旧落后，技术经济效果很差的设备。

ⅲ 设备服役时间过长，大修虽能恢复技术性能，但经济上不如更新的设备。

ⅳ 严重污染环境和不能保证生产安全的设备。对那些跑、冒、滴、漏严重的老旧设备要优先考虑，因为它污染环境，影响人民身体健康，危及工农业生产。

ⅴ 操作人员工作条件太差，劳动强度大，机械化自动化程度太低的设备。

9.3.2 设备更新改造的有效途径

由于设备的基建投资大小不同，其生产的产品、质量和企业的技术水平、资金状况、经营策略也不相同，需要分析比较各种方案，确定最经济合理的设备更新方案。

设备改造是设备更新的基础，特别是用那些结构更加合理、技术更加先进、生产效益更高、能耗更低的新型设备去代替已经陈旧了的设备。但是，实际情况是不可能全部彻底更换这些陈旧设备的。所以采用大修结合改造或以改造为主的设备更新，是化工企业设备更新的有效途径。

所谓设备改造是指应用现代技术成就和先进经验，为适应生产需要，改变现有设备的结构，给旧设备装上新部件、新装置、新附件，改善现有设备的技术性能，使之达到或局部达到新设备水平。设备改造与设备更换相比，有如下优点。

ⅰ. 设备改造的针对性和对生产的适应性强。这种改造与生产密切结合，能解决实际问题。需要改什么就改什么，需要改到什么程度就改到什么程度，均由企业自己决定。

ⅱ. 设备改造由于充分利用原有设备的可用部分，因而可大大节约设备更换的投资。

ⅲ. 设备改造的周期短。一般比重新设计或制造、购置新的设备所需的时间短，而且还可以结合设备的大修理进行改造设备。

ⅳ. 设备改造还可以促进设备拥有量构成比的改善。通过设备改造可以改善设备的技术性能，从而使结构比向先进的方向转化。

ⅴ. 设备改造的内容广泛，它包括：提高自动化程度；扩大和改善设备的工艺性；提高设备零部件的可靠性、维修性；提高设备的效率；应用设备检测监控装置；改进润滑冷却系统；改进安全维修系统；降低设备能耗；改善环境卫生；使零部件标准化。

9.4 设备更新与改造的管理

对设备的更新改造是设备管理工作当务之急，但又不能为了赶潮流，片面追新、求洋。我国现阶段，既处于设备技术状态落后急需更新改造的状况，又有脱离实际，盲目推广新技术、乱提更新改造计划造成半途而废的现象。设备更新、改造管理包括：编制更新、改造管理计划，选定更新、改造项目；对项目进行技术经济分析，进行技术、物质准备；筹集资金；检查计划执行情况；技术总结，经验推广等。

在进行设备更新、改造时，要注意以下两个问题。

① 结合本企业的产品水平和管理水平　如企业产品技术水平提高快，更新换代周期短，必然要求设备满足其产品发展的需要，设备更新、改造工作也就搞得好。企业的管理水平越高，对设备的经济效益和技术水平要求越高，必然促进设备更新、改造工作的开展。如果企业管理水平低，即使有了先进设备，由于得不到科学管理，还是不能充分发挥其作用。

② 结合企业的人力、物力、财力条件　即使有很先进的设备更新或改造方案，但投资太大，超过了企业的偿还能力，此方案也不可行。所以应根据企业具备的条件来选择生产急需而效益又高的方案。

9.4.1　设备更新的管理

对设备更新的管理可按设备计划阶段管理的要求进行，包括申请计划、可行性研究、审批等环节的管理。

9.4.2　设备改造的管理

根据企业现阶段的设备管理制度，设备改造可按以下要求进行管理。

ⅰ. 设备使用部门所提出的不影响设备基本性能和主要结构，且可自行设计、改造的小型改造，由使用部门提出申请，经设备主管部门工程技术人员审查、领导批准后即可进行。但其所改进部分的技术资料应交设备主管部门归档。

ⅱ. 对大型、关键、精密设备的改进，不论其范围大小，必须由使用单位的技术主管领导申请，呈报设备主管部门审查，并经企业主管领导批准，方可进行设计、改进工作。

ⅲ. 凡对设备的工艺性能和维修性能等进行大的改进或改造时，按图9-1程序进行审批。首先由提出部门将建议、要求和方案整理成书面的《设备改造申请书》，见表9-4。

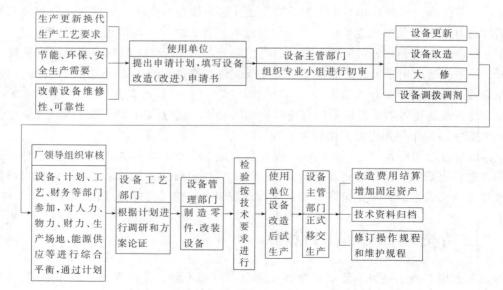

图 9-1　设备改造管理程序

表 9-4　设备改造申请书

设备名称			要求完成日期	
型号			数量	
申请	单位		负责人	
	申请人		会签	
	审核			
设计	单位		负责人	
	设计人			
制造	单位		负责人	
	工艺			
要求改造原因				
改造费用预算和经济效果分析				
主要技术参数				
对结构和控制的要求				
简图				
试车鉴定				
设备主管主管部门意见				
企业领导批示				
备注				

① 对设备改造管理的说明　设备改造申请书中，应对改造原因、预计经济效果及投资概算等详细说明。

申请书由申请部门主管领导审核后报设备主管部门；设备主管部门负责组织对提出项目的初审，由经验比较丰富的工程技术人员和工人组成专业小组进行研究审查。根据全厂设备拥有状况，分析申请改造的原因，对大修、改造、更新、厂内调拨等诸方案，提出审查意见。

如设备主管部门认为必须进行改造，则将审查意见报企业主管领导。由主管领导组织各有关部门进行会审。会审时要对人力、物力、财力、工作场地、能源供应等进行综合平衡，做出最后决策。决不允许对未经研究、批准的设备进行任何改造。

设备改造完工，经过检验、试生产，然后移交生产单位。

② 设备改造的总结　设备改造后，一定要注意总结工作，总结从以下两个方面进行。

ⅰ．经济方面：设备改造后提高劳动生产率的效果如何；每年可节约的材料、动力、劳动力；改造的计划费用和实际费用；改造所消耗的材料和工时；设备的停歇时间等。这些资料为经济核算提供了详细准确的数据。

ⅱ.生产技术方面：整理设备改造过程中的全部技术资料，包括设计调研资料、图纸、材料耗用明细表、关键工艺资料、试制鉴定资料、技术上存在的问题及今后改进意见等。所有这些资料都应归入设备技术档案，为设备检修和进一步推广改造成果提供准确的资料。

9.5 设备更新与改造中几个问题的探讨

设备更新与改造政策性很强，涉及面广，问题较多，本教材不能深入研究。仅对与设备工作关系极为密切的几个问题加以讨论。

9.5.1 设备更新和技术改造应以提高经济效益为目标

企业的生产方向和生产规模应有一个发展规划，要相对稳定。国家发展国民经济的方针，已转为内涵式。对一个企业来说，也应该采用内涵式方针，把企业的精力，从扩建、技措、上新项目等方面，转到研究提高技术水平、提高经济效益方面来，即在生产规模相对稳定的情况下，不断采用新技术、新设备，更新技术落后的旧设备，以达到增产、扩产、减少消耗、降低成本，取得更好经济效益的目的。

9.5.2 要制定切实可行的设备更新与改造规划

目前企业中，老企业占的比例很大，尤其是东北老工业基地改造的任务很艰巨。国家在短时间内投入资金又不可能太多，这就需要根据国家总的方针，在主管部门指导下，结合本企业实际情况制定一个实事求是的、先进的而经过努力又能实现的规划，分期组织实施。

规划的着眼点是创造一个好的生产条件，努力做到安全生产，文明生产，这是企业必须坚持的一个原则。也就是为职工创造一个良好的劳动条件以及必要的安全措施，以保证职工健康和满足环保要求。

在一个时期改造的重点要突出。设备改造的重点是抓企业关键设备的技术改造或更新。如氯碱行业 20 世纪 80 年代初已将石墨电解槽用金属阳极电解槽取代，其设备大小相仿，产量可增加一倍，节电 5％，可延长设备使用寿命，减少检修工作量，经济效果很好。现在抓烧碱蒸发改造，以降低汽耗。氯碱行业这两类设备改造好了，其装备水平就会向设备现代化迈进一大步。化肥厂的造气炉、压缩机、合成塔将是中、小化肥厂的技术改造重点，这些设备水平提高了，化肥企业的装备水平也提高了。

9.5.3 合理正确地选用设备

由于我国当前经济还比较落后，劳动力多，所以在选择什么样的技术来更新与改造现有的技术装备，应该仔细讨论。首先应强调选用适用技术，即经济效果好、投资少、收益大的技术。所以应根据先进、适用和经济相结合的原则来确定技术政策。

先进技术是指对当代发展生产起主导作用的技术，它有一个时代概念。适用技术是指在一定的社会经济条件下，为了达到一定的目的所可能采用的多种技术中，经济效果最好的一种技术。同样的技术在一定的社会经济条件下，能带来比较好的经济效果，而在另外的社会经济条件下却不能。各企业之间存在很大差异，普遍采用先进技术又会遇到设备制造能力、技术掌握能力、投资等各方面的限制。因此应该采用多种水平的技术同时并存的方针，根据本企业的实际情况，选择适合本单位技术、经济条件的先进技术。

企业在进行设备改造前，要了解掌握技术发展情况，认真做好调查研究工作。特别要注意以下几个问题。

ⅰ．近年企业引进装置较多，单机进口的也不少，一般说来，这些设备的技术都比较先进，适合我国目前情况，应大力消化和移植这些技术。

ⅱ．应积极学习同行业兄弟单位行之有效的重大技术革新成果。应大力提倡同行业的技术交流。

ⅲ．积极选用科研单位或机械制造厂的科研成果和新工艺、新设备。

ⅳ．对本厂的设备改造要总结经验和教训。

在调查研究的基础上，经过多方案的技术经济分析，就能做出比较正确的决策。

9.5.4　企业要积极主动，合理安排项目

设备折旧比例偏低，这有待国家逐步解决。在近期内，要国家拿出很多资金供企业进行技术改造也是不可能的。但随着扩大企业自主权和实行经济责任制，企业自有资金，包括折旧基金、利润留成部分中的生产发展资金等，将逐步增加。此时，只要企业统筹安排，合理使用，是可以解决一些急需项目的。

此外企业中专用设备占的比例较大，这些设备通过大修进行技术改造是比较容易的，超过设备原值部分，由技措费用补足，以解决设备"增值"问题。

总之，企业对技术改造，要有一个立足于提高技术、改变企业面貌的规划，并积极筹划，合理地用好企业自有的各类资金，再经过一段时间的努力，大、中型企业的技术装备将会有很大改观。

第10章
现代设备管理技术

现代工业和科学技术的发展，使企业的设备管理发生了质的变化。现代设备具有大型化、自动化、连续化的特点，往往一两台主要设备发生故障，将迫使整个企业停产。设备的可靠性、维修性问题变得更加突出了。现代设备是综合了多种专门技术的高度复杂的有机整体，而且往往价格昂贵，因此对设备的设计、制造、安装、使用、检修及改进等，需要全盘的周密考虑和得力的信息反馈系统。现代设备对操作、维修和管理人员的知识和技能，也有更高的要求。总之，传统管理的局限性是以维修为主要职能，仅按不同的学科分别管理，尤其到了设备的后半生，设备对环境的影响和机器与人的关系等方面常常被忽视。因而传统管理面对现代化的设备，已经不相适应，必须采用现代化的管理技术。设备管理系统工程就是运用系统工程的理论和方法，以设备的一生——包括设备的规划、研制、设计、制造、购买、使用、维护、修理、改造、更新、报废这一全过程为对象，并考虑与之相关的其他因素，进行对设备寿命周期的技术、经济的全过程管理，追求设备寿命周期费用的最优化，达到获得最高的设备综合效率的目标。近些年来，英国的设备综合工程学、日本的TPM（全员参加的生产维修）及美国的后勤学等，都是设备管理系统工程在各国设备管理方面的具体化。

由于电子计算机技术是系统工程的重要支柱，本章在介绍系统工程的同时，还介绍电子计算机在设备管理中的应用。

10.1　系统工程简介

系统工程也称系统工程学，是一门具有高度综合性的研究组织和管理技术的新兴科学，国外已广泛用于军事工程、工农业生产规划、经济管理、交通运输、城市规划及环境保护等方面。近几年，随着我国社会主义经济建设的高速发展，系统工程越来越被人们重视，并进行应用和研究。不少设备工作者，也开始运用系统工程的方法，建立对设备一生的管理，不断提高设备的综合效率，以获得最佳经济效益。

10.1.1　系统的定义和特征

"系统工程"以系统为研究对象。系统一词，人们并不陌生。在经济建设中，常常提到工交系统、财贸系统、文教卫生系统……工交系统中又包括机械系统、化工系统、冶金系统、纺织系统、铁路系统、邮电系统等。对于人体，有消化系统、呼吸系统、血液循环系统、神经系统等。系统一般可以分为自然系统、人造系统和由两者组合的复合系统。自然系统是不通过人的加工自然形成的系统，如太阳系、生物系统和人等。人造系统有生产系统、消费系统、通信系统、计算机系统等。交通控制系统、广播通信系统等，则属于复合系统。

另外，人造系统分实体系统和虚拟系统（概念系统），如生产系统、计算机系统是实体系统；而由订货期、订货量构成的库存系统，就是存在于概念上的虚拟系统。

对于系统工程的系统，只包括人造系统和复合系统。它是由相互作用或相互依赖的若干组成部分结合成的、具有特定功能的有机整体。系统应具有以下 5 个特征。

（1）集合性（综合性）

系统是至少由两个或两个以上具有某种属性的、又可以相互区别的要素（子系统）构成的一个整体。如生产系统就是由人员、设备（包括工具、仪器）、材料、资金、任务和信息等要素构成的。又如，把化学工业作为总系统，则它大致可包括化学肥料、化学矿、酸碱、无机盐、合成材料、合成橡胶、合成纤维单体、合成树脂塑料、有机原料、农药、染料、涂料、声光材料、橡胶制品、溶剂、助剂、试剂、催化剂、化机制造等 20 多个工程系统。每个工程系统又可包括若干子系统、分系统。如酸碱工程系统主要包括硫酸、硝酸、盐酸、纯碱和烧碱 5 个分系统。所有这些系统、子系统、分系统的有机结合，才构成了化学工业总系统。

（2）相关性

构成系统的各要素之间，即总系统与子系统、各子系统之间，都存在相互制约的关系，即事物的内在联系。通过各个要素的有机组合，达到既定的目标，从而使系统整体产生更高的功能。

（3）复杂性和随机性

随着现代科学技术的发展，多输入、多变量的系统更为普遍，即同时输入系统的多参数，需经过一系列的运算、分析、比较，才能权衡出最优方案。而系统的输入，表现在时间、空间或数量上，又具有随机性，所以它是复杂的。

（4）目标性和竞争性

凡是人造系统或复合系统，都是根据一定的目的构筑的，所以都具有目标性。系统有单一目标的，也有多种目标的，而且通常是多目标的。为达到既定的目标，要采取某些手段，以发挥系统的功能。如企业经营管理系统，以取得最佳经济效益（综合了产量、质量、利润、成本等方面）为目标。为此，在企业经营管理中，推行经济责任制，采取加强劳资、设备、物资、技术、质量、成本、销售和安全等诸方面的管理手段，合理组织管理各要素，便能达到既定的目标。系统的目标必须是先进的，否则必然失去同其他系统竞争的能力，而被淘汰。武器系统、机械产品等，其竞争性表现得尤为突出。

（5）环境适应性

系统的外界就是环境。系统处于环境之中，环境是一种更高级的系统。系统与环境之间，通常都有物质、能量和信息的交换，是互相影响的。所以要求系统具有一种特殊的功能，经常保持与环境的最优适应状态，即具有环境适应性。否则，也将被淘汰。系统的环境适应性，表现为自适应、自学习及前馈、反馈等。

系统所处的环境，就是系统的限制条件，或称约束条件。环境对系统的作用表现为对系统的输入。系统在特定环境下对输入进行"加工"就产生了输出。把输入转变为输出，这就是系统的功能，也可以说是系统的目的。所以，也能把系统看作是变输入为输出的转换机构。

10.1.2 系统工程

（1）系统工程定义

目前对系统工程还没有统一的定义。根据中外学者各种不同的看法，可以把它的定义概括为：系统工程是用系统科学的观点，以信息论、控制论等为基础，应用现代数学等最优化方法，加之电子计算机以及其他有关的工程技术，融合渗透而成的综合性的组织管理技术。

系统工程是一种处理系统的工程技术，是各类系统的组织管理技术的总称。根据系统的性质和内容，可以有各种不同名称的系统工程，如军事系统工程、环境保护系统工程，企业经营管理系统工程等。也有以大型工程项目或大型企业为对象的系统工程，如引黄济津系统工程、宝钢系统工程等。

（2）系统工程主要研究内容

系统工程的主要研究内容是系统的模型化、最优化和综合评价。通过这三方面的分析和研究，可对系统进行定量分析，为决策提供依据。

① 系统的模型化　模型是对现实系统的一种抽象描述。平时，我们常接触教学模型，如航空模型、电机模型等，是对照实物按比例缩小了的实物模型。此外，还有用图表表示的模型，称为图形模型，如地图、电路图、生产流程图等，它比实物模型更加抽象。系统工程中，最常用的是数学模型，它是用数学方程式来描述系统要素之间的相互作用和因果关系的一种模型。如物理学中：$V = IR$ 这个公式，表示电压（V）、电流（I）、电阻（R）三者之间的关系。这种数学模型已被引进到设备管理系统中，如用正态分布、指数分布、二项分布、泊松分布和韦布尔分布等分布函数，来研究设备的可靠性等。

从实际系统抽象出模型的工作称为模型化。以模型来正确地反映系统的实际情况，可以测算不同方案的实施结果，预测系统未来的发展，为决策提供依据。尤其是对较大型、较复杂的系统，其方便、速度快、费用低等优点更为突出。企业管理系统经常使用的数学模型有预测模型、库存模型、规划模型和网络模型等。

② 系统的最优化　任何一个系统为达到其特定的功能，总有不同的实施方案；选择其中效果最佳的系统方案，即系统的最优化。系统的最优化方法，一般是建立系统的数学模型，通过分析计算，选择出一个最优方案。在某种情况下，进行必要的试验，也是一种优化的方法。系统分析和系统设计是系统最优化的两个必经阶段。即系统分析是寻求最佳方案的过程，系统设计是最佳方案具体化过程。

系统分析就是对一个系统内的基本问题，用系统观点思维推理；在特定的情况下，探索可能采取的方案；运用各种分析方法对系统的功能和要求进行分析，以获得构成系统所需要的信息。所以，系统分析是一种有效的决策工具。由于系统涉及的范围广，环境及系统的内部情况错综复杂，所以进行系统分析时，必须注意以下原则：

内部条件与外部条件相结合；

当前利益与长远利益相结合；

局部利益与整体利益相结合；

定量分析与定性分析相结合，"定性—定量—定性"循环往复实践。

系统分析可以归纳为以下 4 个步骤。

问题的构成　对研究的对象和需要解决的问题，进行系统的说明。目的在于确定目标和说明问题的重点和范围，提出系统工程的总目标。

收集资料　通过广泛收集各个因素或子（分）系统的有关资料，可以找到系统内部各组成部分之间的连接方式（即系统的结构）；确定系统各组成部分的输入、输出的对应关系（即系统功能）；进一步判断系统结构是否合理，必要时进行调整。除系统的结构与功能外，输入、输出的信息内容、形式、信息的处理方法和流程分析，也是系统分析的主要内容，以确定系统是否应建立反馈途径。

建立模型　根据系统的性质、结构和功能，以及不同的方案，建立各种模型。

选择最佳方案 利用数学模型进行计算、对比，选择出最佳方案。

系统设计是把系统分析规定了的总目标和基本结构、功能及信息关系具体化的过程，是把依照有关系统科学的规律和工程学（或管理科学、经济学等）的方法，运用系统分析的结果，制定出能最大限度地满足系统指标的、有用的新系统。对于系统的构成要素，则应根据系统的目标和设计者选定的可控、不可控要素（变量）或按正常的运行状况，人为给定。

③ **系统的综合评价** 系统的综合评价，就是利用模型和各种资料，对比各种可行方案，从整体最优观点出发，来权衡各个方案的利弊，综合考虑，选择技术上合理、经济上合算的最优方案。

进行系统的综合评价时，要确定一些主要目标，一般常归纳为性能、进度、可靠性、维修性、兼容性、寿命、能源消耗和质量等。同时要制定这些目标的定量数据和影响参数，然后再分析每一目标在任务中所起的作用，并对每一目标用评分法给出定量数值，加以比较，最后计算出系统综合评价值。

10.1.3 系统工程的理论基础和手段

系统工程是以系统为研究对象的工程学。它是在系统科学、控制论、信息论、运筹学和管理科学等的基础上发展起来的一门新兴科学，现已形成了理论基础和技术手段。

（1）系统工程的理论基础

系统工程的理论基础分为两个方面：一个是定性的，辩证唯物论；另一个是定量的，总称为运筹学。下面仅列举运筹学中较主要的几种理论和方法。

线性规划 就数学而言，线性与比例概念相同。线性规划用以处理目标与构成系统诸要素之间存在着促进或促退的比例关系的系统。对于约束条件，可表示为线性等式及线性不等式。目标函数可表示为线性函数时，就被称为线性规划问题。

非线性规划 对于约束条件或目标函数不全是线性关系的，就叫做非线性规划问题。实际工作中，大量的是非线性规划问题。

动态规划 是运筹学的一个重要分支，可以使多维或多级问题转化为一串每级只有一个变量的单级问题。动态规划适用于解决生产计划、运输方面以及经营管理上的许多问题。目前动态规划只有一些在几种具体情况下的特殊解法，如函数迭代法和策略空间法等。

博弈论 也叫对策论，是用来研究有对抗性、有竞争性问题的数学模型。探索最优的对抗策略，是军事系统工程中经常用的。

搜索论 按照一定的规律寻找市场、资源、人力和时间等，也称摸索论。

库存论 是研究在什么时间、以多大的数量、从什么来源保证零部件、器材、设备、资金等的储备，并使库存量和补充采购的总费用最少。

排队论 是用来研究服务系统工作过程的随机聚散现象的一种理论和方法。在系统工程中，服务机构与服务对象如不能相互适应，就要出现排队问题，需要运用排队论来解决。

可靠性理论 研究用具有一定可靠度的因素组成更加理想的可靠系统的一门科学。

网络理论 也叫网络技术。用点和线表示研究对象内部的特定关系，并标上相应数量指标的图形称为网络图。而研究网络图一般规律的理论称为网络理论。

优选法 是近20多年来随着工业大型化发展而出现的一种科学方法，多用于最优配方的选择，还可用于自动控制和近似计算等方面。对单因素有分数法和0.618法（即黄金分割法）；对多因素常用的有降维法、爬山法、模式法、随机试验法等。

除上述 10 种，还有极大值原理法、决策论法、蒙特卡罗法、拉普拉斯变换法和傅里叶变换法等。

（2）系统工程主要手段

① 预测技术　预测技术是解决超工业化社会中越来越多的、变化多端的价值观念或与环境有关的问题时所采取的重要手段。主要包括以下 4 种技术。

探索性的预测技术　是预测技术能力的一种方法，适用于短期计划预测。古典的有外插法，现代的有数学模型法、仿真法、相关树法等。

规范性的预测技术　是以未来的技术目标为规范，从长远观点分析现有技术问题的一种方法。大体上有计划评审技术、关键线路法、DELTA 图、矩阵法和相关树法。

直观性的预测技术　是一种原始的评价方法。实际是一种包括创造性思考和广泛征询意见的调查法。为反映评价项目间相互关系，发展了交叉影响法和交叉相关预算分析法。

需要预测技术　与直观性的预测技术相似，需要再加上各种理论计算方法，如回归分析、时序分析、离散分析、多变量分析等，可提高预测精度和灵敏度。

② 模拟技术　目的是对既包含自然现象也包含社会因素等的大规模的复杂系统的静态、动态进行定量分析。发展这项能够构成与原系统具有相同结构和行为的各种模型的模拟技术，用以达到系统设计前的规划、评价和研究；系统研制中的设计和精密分析；系统完成后用于考核设计和训练操作人员。同时还能有效地避免未经模拟的系统失败所造成的经济损失；了解系统对社会的影响等。

模型的种类多种多样，有：

微观模型、宏观模型；

连续模型、离散模型、统计随机模型；

静态模型、动态模型、结构模型；

模拟模型、数字模型、混合模型；

数学模型、逻辑模型、计算机模型；

线性模型、非线性模型；

实时模型、非实时模型。

此外还有按目标确定的模型，如工厂模型、城市模型、机械模型、经济模型、社会模型、环境模型等。实际采用的模型，绝大多数是几种模型的组合体。

③ 电子计算技术　电子计算技术是系统工程的重要支柱之一。运用系统工程实现系统时，几乎所有的计算环节都离不开计算机。尤其是在实现多目标的大系统时更需要它。随着通信传输技术的发展和计算机本身功能的提高，计算机系统的规模和适用范围的扩大，对计算机系统的要求及其连接方式和使用方式都变得复杂了。通过不同传输线路构成的计算机系统，大致可分为简单结合方式、分级或闭环结合方式、网络结合方式 3 种类型。

对于大规模计算机系统，基本是由运算、存储、控制部分和输入、输出装置等构成。最新的计算机，是能够识别图像的采用空间分布回路网的混合计算机和应用激光全息照相进行傅里叶变换运算的计算机等。对于制造装配性行业，一个完整的企业计算机管理系统由 12 个职能的子系统组成：技术和生产数据管理子系统，用户订货服务子系统，预测子系统，生产计划大纲编制子系统，库存资料管理子系统，生产作业计划编制子系统，开发工作子系统，工厂监控子系统，工作维护子系统，采购及进货子系统，库存管理子系统，成本计划及管理子系统。其他企业或工程可根据具体情况，建立自己的计算机系统。

④ 图表　系统工程除上述技术手段外，经常采用各种图表，表示一个系统的各子系统、

或各事项、各状态的相互关系。常用图表大致有如下几种。

线图及矩阵　如网络图等。

流程图　例如图 10-1 是表示 PM 或 CM 检修方案的制定过程流程图。

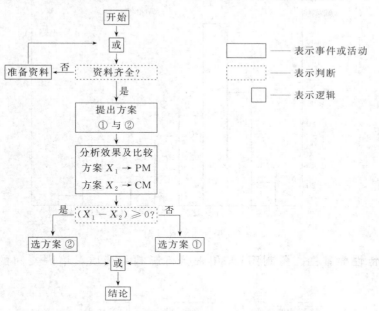

图 10-1　PM 或 CM 检修方案制定过程流程图

进度表或顺序图　即条形图（或横道图）。

方块图　把系统用简单的方块、直线、箭头等图形及文字符号描绘出来，用以说明在系统运行中，各元素或系统的职能和相互关系。

排列图（主次因素图）　是用来分析影响系统功能和结果的主次因素的一种统计图，如图 10-2 所示。

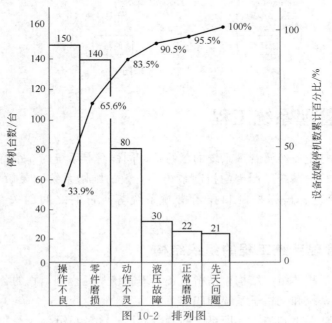

图 10-2　排列图

直方图（系统质量分布图） 是控制系统质量的主要统计方法之一，如图 10-3 所示。

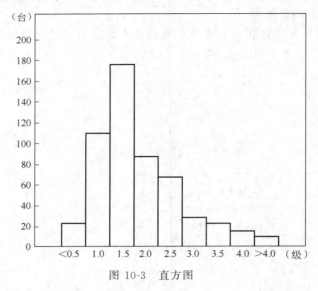

图 10-3　直方图

因果图（特性要素图、鱼刺图） 用来分析影响系统质量诸因素间的因果关系，如图 10-4 所示。

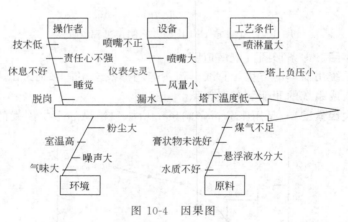

图 10-4　因果图

10.2　设备管理系统工程

设备管理系统是企业经营管理系统的子系统，同样具有系统的 5 个特征。一个设备管理系统应包括健全的组织系统、严密的控制系统、有效的维修系统、灵敏的信息系统，还有物资供应、计划管理、预算控制和技术措施系统等。它们之间的关系，大致如图 10-5 所示。

10.2.1　设备管理系统工程的组织结构

设备管理系统工程的组织结构，是指设备管理系统从诞生到消亡的各阶段，以及它的垂直子系统、平行子系统和交错子系统的职能关联。

设备管理系统从诞生到消亡，即系统的寿命周期，大致可分为 4 个阶段。

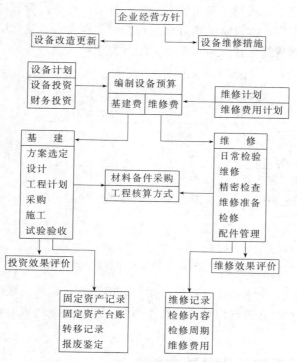

图 10-5　企业设备管理系统关系图

第一阶段——设备系统概念的形成和方案的确定。

第二阶段——设备系统的开发、设计和研究。

第三阶段——设备制造、安装。

第四阶段——设备系统的运行和维修。

一般把第一阶段作为战略决策，第二、三阶段为战术措施，第四阶段为具体实施。每个阶段还可以再细分更多的部分。现以图 10-6 为例，说明设备维修管理子系统内部职能关联。

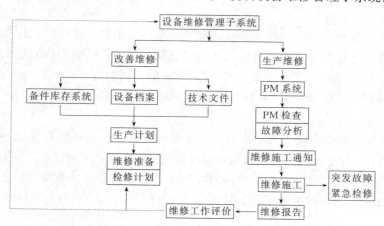

图 10-6　设备维修管理子系统内部职能关联图

把设备管理系统垂直剖分，得到它的垂直子系统，即计划、预算、设计、施工、检修、备件等子系统；横向剖分得到平行子系统，即战略决策层、管理层和执行层等（图 10-7）。

战略决策层指设备管理组织机构中最高领导层的管理职能，它主要确定设备管理的指导思想、方针和目标，审定长远规划，确定资源分配、投资评价等。管理层是根据经营目标制定实施方案，组织实施程序，以及对偏离目标进行控制和调度等。执行层根据作业日程计划实现具体要求，进行实际成果统计、简单调整，编写完工进度报告等。

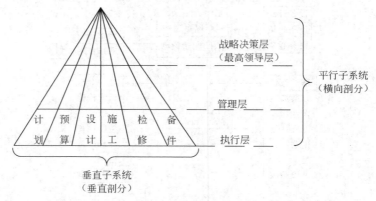

图 10-7　设备管理系统工程组织结构图

在设备检修中，经常应用交错子系统。例如，组织临时性的大检修工程指挥系统，除了设备管理部门，还要吸收有关部门参加。这类系统一般随任务结束而自行解散，需要时再重新组织。

10.2.2　设备管理系统工程的基本原则

设备管理系统工程中，有以下几项原则应予以充分注意。

（1）全局性（系统性、综合性、整体性）原则

由于系统具有集合性的特征，所以系统往往由具有不同目标和功能的子系统组成。但是当诸目标都达到最优化有困难时，应确定主要目标。例如，系统中安全与产量发生矛盾时，应以安全为主。设备综合工程学中，关于对设备"一生"的管理，即体现了全局性的原则。在进行系统分析的综合时，常常运用这个原则。

（2）分解（分工）原则

分解原则，则是对已确定的约束条件，即针对管理水平和工作的特点，规定本部分的功能，或者为了从最终结果分析各部分的相关性及其联系。如设备管理中制定的各种规程和各项责任制等。人们常说"分工不分家"，既强调各职能部门的分工，同时也要相互密切配合。"分解"与"全局"是统一的，分解是为了认识全局，对全局又常常需要分解。

（3）反馈原则

反馈原则在设备管理系统工程中占有十分重要的位置。一个系统靠准确、及时的信息反馈，才能具有活力，才能不失时机地做出管理决策和实施措施，才能把矛盾解决于萌芽状态。

反馈原则是建立在大量、及时、准确的信息之上的。设备管理系统的信息，包括从计划开始，直到报废的各个阶段各种信息，应按需要进行分类。表 10-1 表示设备故障信息的分类情况。

（4）优化（满意）原则

设备管理系统的优化原则，即最优计划、最优设计、最优控制、最优管理等。关于这个原则在 10.1 节已有介绍，这里不再重复。

表 10-1　故障信息分类

分　类		内　容	信　息　来　源
输入	原始数据	预防维修实施状况	日常检查记录表、定期检查记录表、精密检查记录表、故障记录表、润滑记录表、设备档案、各种实施计划及其他
输出	分析数据	数据分析结果	各种故障分析数据、资料及其他
	成果数据	维修效果数据	各种管理图表、检修图表及检查记录等
其他	标准资料数据	规范、作业标准及定额等	日常检查标准、验收标准、检修作业标准

10.3　系统工程在设备管理系统中的应用

　　运筹学是系统工程的理论基础，表 10-2 说明了运筹学在设备维修管理系统中的应用。这里，仅给出动态规划法和模拟技术在设备管理中的应用例子。

表 10-2　运筹学在设备维修管理系统中的应用

序　号	运筹学方法	应　用	序　号	运筹学方法	应　用
1	线性规划	维修物力分配	8	样本调查理论	完善维修方案
2	二次计划法	维修物力分配	9	抽样统计理论	完善维修方案
3	动态规划	维修、检查程序的选定、设备更新	10	实验计划法	分析故障原因
			11	统计检验和估计	维修效果的评价
4	库存理论	维修物资的库存管理	12	计划评审和关键线路法	拟定检修计划
5	排队理论	维修物资的库存管理	13	模拟	维修对策、备件库存管理
6	博弈理论(对策论)	拟定维修方案	14	信息理论	维修信息的传递
7	搜索理论	确定检查顺序	15	替换理论	拟定维修频度

10.3.1　动态规划法在设备更新中的应用

　　所谓设备更新问题，就是求出设备从投入使用一直到更新的最佳使用期限，使设备产生的经济效益最好。这是企业设备管理要解决的一个基本问题。可以利用动态规划方法来寻求设备更新的最优决策。

　　以泵作为设备的例子。新泵的效率高，维修费支出少。几年后，维修费将增加而收入减少。假设 t 为泵已使用的年数，则有：

　　$r(t)$ 是泵使用 t 年中每年所得的收入额，随着 t 的增大，泵变旧，$r(t)$ 减少；

　　$u(t)$ 是泵使用 t 年中每年所需的维修费，它随 t 的增大而增大；

　　$c(t)$ 是更新一台使用了 t 年的旧泵所需的净费用，若设新泵价格稳定，旧泵折价随 t 增大则下降，故 $c(t)$ 随 t 的增大而增大；

　　$r(t)$、$u(t)$ 和 $c(t)$ 对 t 的关系见图 10-8，其中 r_0、u_0 和 c_0 分别为新泵每年的收入额、维修费支出和买一台新泵所需的费用。

　　一台泵使用 t 年后再继续使用一年，在这一年内所得的回收额（收入额减去维修费）为

$$g_k(t) = r(t) - u(t) \tag{10-1}$$

　　若这时把使用了 t 年的旧泵更新，则这一年所得回收额为

$$g_p(t) = r(0) - u(0) - c(t) \tag{10-2}$$

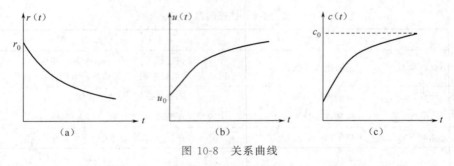

图 10-8　关系曲线

为了确定泵的最佳使用年限，要考虑从 t 年以后连续 N 年的总回收额，以便决定哪年更新泵。为此假设：

$f(t)$ 是使用 t 年的旧泵，从某年开始继续用到规定的 N_0 年为止的 N 年内所得回收额总和；

$f(t+1)$ 是已使用了 $t+1$ 年的旧泵，继续使用到规定的 N_0 年为止，这期间的回收额总和；

$f(0)$ 是一台新泵使用到 N_0 年的总回收额；

$f(1)$ 为已使用一年的新泵，继续用到 N_0 年，这期间的总回收额。

把 $f(t)$ 定为目标函数，应使 $f(t)$ 取尽可能大的值，有关系式

$$f(t)=\max\begin{Bmatrix}P:r(0)-u(0)-c(t)+f(1)\\K:r(t)-u(t)+f(t+1)\end{Bmatrix} \tag{10-3}$$

式中，P 和 K 分别表示旧泵更新和继续使用的两种情况。

由图 10-8 可看出，$r(t)$、$u(t)$ 和 $c(t)$ 均为非线性函数，而且新泵价格也会变化，维修费也不只是 t 的函数，用解析法很难求出 $f(t)$ 的最优解，而且泵多了，问题更复杂。

用动态规划方法，可用分段方法把问题变为多阶段决策过程。即使有各种使用年代不同的泵，也可分别求出其最优解，确定更新时间。

为此，定义目标函数 $f_n(t)$ 为已经使用了 t 年的泵，在第 n 年又继续使用或更新，一直到第 N_0 年，这几年内所得的最大总回收额。

显然有
$$f_{N_0+1}(t)=0 \tag{10-4}$$

在第 n 年更新的泵，满足以下递推关系
$$f_n^{(P)}(t)=r_n(0)-u_n(0)-c_n(t)+f_{n+1}(1) \tag{10-5}$$

若第 n 年不更新，继续使用，则有
$$f_n^{(K)}(t)=r_n(t)-u_n(t)+f_{n+1}(t+1) \tag{10-6}$$

其中，角标（P）表示更新；（K）表示继续使用。

比较 $f_n^{(P)}$ 和 $f_n^{(K)}$ 的大小，选择其中较大的，可得第 n 年的决策和目标函数
$$f_n(t)=\max\{f_n^{(P)}(t),f_n^{(K)}(t)\} \tag{10-7}$$

或写成下式

$$f_n(t)=\max\begin{Bmatrix}P:r_n(0)-u_n(0)-c_n(t)+f_{n+1}(1)\\K:r_n(t)-u_n(t)+f_{n+1}(t+1)\end{Bmatrix} \tag{10-8}$$

当 $n\geqslant N_0+1$ 时

$$f_n(t)=0 \tag{10-9}$$

以上递推关系说明第 n 年使用的泵，在以后若干年的总回收额的大小取决于第 $n+1$ 年的目标函数。因此，为了得到 $f_n(t)$，必须从继续使用的最后一年（N_0 年）开

始往回计算，即逆序计算。先求出 $f_{N_0}(t)$，再依次算出 $f_{N_0-1}(t)$，直至 $f_1(t)$。这个 $f_1(t)$ 就是已经使用了 t 年的泵，按最优决策逐年继续使用或更新，从第 1 年到 N_0 年的最大总回收额。

以上计算把求若干年的总回收额问题，用递推关系式(10-8) 和式(10-9) 变换成逐年的子决策过程，而最后得到的 $f_1(t)$ 就是原问题的最优解——按最优决策逐年继续使用或更新得到的若干年的总回收额。它也适用于求解企业的其他设备更新问题。

10.3.2 模拟技术在备件库存管理中的应用

备件的品种繁多，需要的数量不一致，价格相差悬殊，而且在一定时间某种备件的需要量往往不相同，从签订合同到备件到货的时间，也不能确定。总之由于存在着上述一系列的随机（偶发）因素，所以备件的库存管理比较困难。一般来说，库存管理应解决以下问题：使得库存管理总费用为最少时，每种备件的补充量以多少为宜？在库存量为多少时，该提订货（采购）计划？出现领缺的可能性有多大？

解决上述几个问题，都需要知道备件提前领用量及其概率。现以一简例，说明怎样利用模拟技术解决随机性问题。

【例 10-1】 据统计资料表明备件 A 的领用量和提前时间分别如表 10-3、表 10-4 所示。

表 10-3 备件 A 的领用量

每日领用量/件	概率	每日领用量/件	概率
0	0.40	2	0.20
1	0.30	3	0.10

表 10-4 备件 A 的提前时间

提前时间/天	概率	提前时间/天	概率
1	0.25	3	0.25
2	0.50		

对于这种简单问题，可直接分析如下。

提前三天时间的最大领用量为 9 件，即每天都是 3 件，其概率为
$$0.25 \times 0.1 \times 0.1 \times 0.1 \approx 0.0003$$
提前领用 8 件的情况有三种：

ⅰ. 第一天领 3 件，第二天领 3 件，第三天领 2 件；

ⅱ. 第一天领 3 件，第二天领 2 件，第三天领 3 件；

ⅲ. 第一天领 2 件，第二天领 3 件，第三天领 3 件。

其概率为
$$0.25 \times 0.1 \times 0.1 \times 0.2 + 0.25 \times 0.1 \times 0.2 \times 0.1 + 0.25 \times 0.2 \times 0.1 \times 0.1 = 0.0015$$
以此类推，无人领用的情况有三种：

ⅰ. 提前时间为 1 天；

ⅱ. 提前时间为 2 天；

ⅲ. 提前时间为 3 天。

其概率为 $0.25 \times 0.4 + 0.5 \times 0.4 \times 0.4 + 0.25 \times 0.4 \times 0.4 \times 0.4 = 0.196$

最后的分析结果如表 10-5 所示。由表中可以看出，领用备件超过 9 件的概率为零。提前时间内未领用备件与按规定时间领用备件的概率和（0.196＋0.804）当然为 1。

表 10-5　提前领用件数及概率

提前时间里的领用件数	概率	累计概率	提前时间里的领用件数	概率	累计概率
0	0.1960	0.8040	5	0.0477	0.0261
1	0.2310	0.5730	6	0.0190	0.0071
2	0.2260	0.3470	7	0.0053	0.0018
3	0.1797	0.1673	8	0.0015	0.0003
4	0.0935	0.0738	9	0.0003	0.0000

实际上，备件领用情况以及订货后到货情况比较复杂，不便采用分析方法，可采用模拟法。现仍以上例说明模拟法。

在口袋 1 内放入 10 个球，其中 4 个白色，3 个蓝色，2 个黄色，1 个绿色，分别代表无人领用、领用 1 件、领用 2 件和领用 3 件。

在口袋 2 内放入 100 个球，其中 25 个白色、50 个蓝色、25 个黄色，分别代表提前时间为 1 天、2 天和 3 天。

通过摸出口袋中不同颜色的球，可以模拟在提前时间内的领用量，顺序如下。

ⅰ. 从口袋 2 中任意摸出一个球，辨出颜色后放回。如摸出白球，表示提前时间为 1 天，可从口袋 1 中摸出一个球，记下颜色后放回。如此球是白色，领用量记为零，是蓝色记 1，黄色记 2，绿色记 3。

如摸出蓝球，表示提前时间为 2 天。故可从口袋 1 内连摸两次。每次记下球的颜色后马上放回。假如第一次是蓝色、第二次是黄色，领用量记为 1＋2＝3，相当于提前时间内的领用量。

如摸出黄球，表示提前时间为 3 天。故应从口袋 1 内连摸三次。每次记下球的颜色后，也同样放回。如果摸出绿、白、白球时，领用量为 3＋0＋0＝3 件。

以上求得了第一个数据。

ⅱ. 第二次仍从口袋 2 内摸出一个球，按照求第一个数据的办法，记下第二次的领用量，求得第二个数据。

ⅲ. 第三次从口袋 2 内摸出一个球，按照上述办法，求得第三个数据。

如果模拟的次数足够多，就可以统计出领用量和相应的频率值，其结果与表 10-5 十分接近。实际上，靠摸球模拟也是不现实的，它只是说明概念的一种方法。常用的工具是"随机数表"。表中列出的数都是随机出现的，即使知道列在前面的很多数，也无法预测下一个数是什么。因此，在"随机数表"中依次读数，就像在口袋里摸球一样，数字出现的可能性都一样大。这样可规定：

00～39　表示领出 0 件，40～69 表示领出 1 件；

70～89　表示领出 2 件，90～99 表示领出 3 件。

而且，00～24　表示提前时间为 1 天，

25～74　表示提前时间为 2 天，

75～99　表示提前时间为 3 天。

读出一个"随机数"相当于摸一个球，根据读数的大小，决定提前时间和领用量，整个过程可用计算机实现，计算流程如图 10-9。

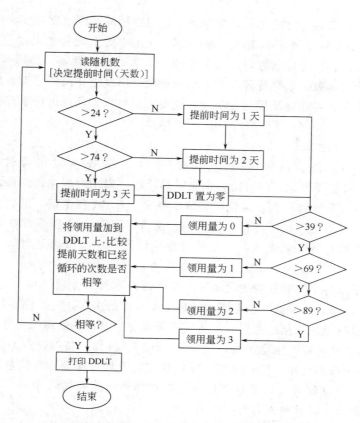

图 10-9　提前时间内领用量（DDLT）的计算流程图

10.4　信息技术在设备管理中的应用

国内外设备管理的研究表明，信息技术的高度发展，改变了现代设备管理模式。管理信息系统、专家系统（ES）、智能决策支持系统（IDSS）、管理科学和运筹学（MS/OR）等对设备管理产生了深远的影响。设备管理的发展方向从凭经验的定性分析管理转向通过数学模型求解的定量分析管理；从传统的作坊式的维修转向基于网络技术的远程故障诊断的社会化维修（远程维修）；从手工记台账到设备维修管理信息系统，再到维修决策支持系统和智能的维修决策支持系统。目前具有代表性的设备管理信息系统有企业资产管理（Enterprise Asset Management，EAM）和企业资源计划（Enterprise Resources Planning，ERP）中的PM模块。

10.4.1　企业资产管理概述

EAM 起源于美国航空业，是信息技术与设备维护管理两个领域最新理论与实践相结合的产物。EAM 的宗旨是"对设备等资产的整个使用寿命周期进行科学管理"，它将企业的设备采购、库存管理、人力资源管理和财务管理等职能集成在一个数据充分共享的信息系统中，使设备、维修、库存、采购、分析等环节环环相扣，有关信息"一处录入、多处共享"，最终实现科学合理的设备规划、设备采购、设备安装、设备调试、设备运行、设备维护和设备报废。

EAM 的核心理念就是根据大量历史遗留和后期积累的数据信息，在统计分析的基础上对设备进行管理。设备运行时间越长，数据越多，规律性的东西也就越多，提供的有效信息就越多，可以说 EAM 是一个越用越可靠的系统。EAM 的系统功能主要包括：基础管理、工单管理、资产管理、作业计划管理、安全管理、预防性维护管理、检修管理、库存管理、采购管理、报表管理、数据采集管理等基本功能模块，以及工作流程管理、决策分析等可选模块，集成的工业流程与业务流程配置功能，使得用户可以方便地进行系统的授权管理和应用的客户化改造工作。

10.4.1.1　EAM 的管理体系

EAM 融合了预防维修（PM）、全员生产维修（TPM）、以可靠性为中心的维修（RCM）等先进设备管理理念，同时结合企业资源计划（ERP）理念，强调设备全寿命周期管理，推行预防性设备维修管理，强化财务成本核算。EAM 在电信、电力、石油、冶金等资产密集型企业已逐步得到认可。有专家认为：设备资产占公司总资产的 50% 以上或公司的生产设备已达到数百万美元量级时，传统管理手段已经是"捉襟见肘"，EAM 系统必不可少。

（1）建立基于全寿命周期管理的设备资产基础管理体系

ⅰ.设备资产基础管理是搞好企业资产管理必不可少的工作，包括设备基本标准的建立、设备台账管理、设备基础数据的收集、设备资产报表统计、设备管理综合考评等。

ⅱ.建立标准的设备资产信息结构，使设备、运行、维修、备件管理工作一体化。

ⅲ.以设备部为数据对象，建立完整的设备技术、管理、作业标准信息库或知识库。包括点检标准、定期检查标准、状态检测标准、保养标准、故障代码体系、润滑"六定"标准、维修标准、检修工器具和人力资源等信息库。

ⅳ.做好设备全寿命周期管理模型设计以及开放的设备资产树设计。

ⅴ.通过设备资产周期费用的采集与分析，定量地评价和分析设备资产的经济价值表现、运行性能、管理工作质量和效率，为设备维修、改造与更新决策提供支持。

ⅵ.建立设备管理关键绩效（KPI）评价与分析体系。

ⅶ.自动集成设备的采购、安装、运行、变动、折旧、维修、保养、润滑、报废等全过程的管理数据记录，形成包含动态数据在内的完整的设备管理档案。

（2）建立以点检和故障分析为核心的设备运行维护和预警体系

EAM 通过运行记录、停机记录、点检、完好检查、定期检查、精度检验、故障记录、事故记录、状态监测、保养及润滑等管理方法和现代化技术手段，客观记录历史数据并跟踪监控设备的运行状态，通过平均故障间隔时间（MTBF）和平均修复时间（MTTR）的统计运算，分析设备运行的可靠性和经济性，为制定科学合理的维修策略提供量化依据。主要内容包括：

ⅰ.建立故障体系与故障分析模型，降低主要设备的故障停机率。

ⅱ.巡检及其预防性检查的计算机管理。

ⅲ.设备的可靠性管理与可靠性评价。

ⅳ.建立基于故障体系的标准作业计划。

ⅴ.状态监测数据的采集与处理。

ⅵ.预防性维护管理。包括设备的检验和检定、设备的定期润滑和监视、检测设备的检验和检定。

（3）建立基于标准化维修和预防维修的现代维修管理体系

ⅰ.建立以标准化维修和预防性维修为主的现代维修管理体系。

ⅱ.建立故障维修（BM）、定期维修（PM）、状态维修（CBM）、可靠性维修（RCM）、设备大修、技术改造、现场维修、零部件更换等八种维修类型的综合任务计划处理模型。

ⅲ.日常维修计划管理。

ⅳ.预防维修管理。

ⅴ.维修资源平衡与维修工单管理。

ⅵ.维修标准建立、维修周期分析与维修标准项目库建立。

ⅶ.维修决策（策略）分析，等。

通过这些管理功能的实现，提高设备维修的标准化程度，逐步推行以预防性维修为主的维修体系，为控制维修质量和维修费用奠定长远的技术基础，并通过对重要和关键生产设备的维修周期分析，保障设备的长周期运行。

（4）建立基于备件合理库存与采购的数字化管理体系

建立备件库存预警、合理储备（定额）评价、供货周期、厂商信誉分析、提供库存、厂商信誉分析、多类型仓库统一管理模型，提供库存评价的自学习功能。

根据维修任务计划和合理储备及预警，自动生成或编制采购计划，计算分析合理库存水平、在途预达备件数量、预计备件出库数量等，制订备件的补库计划与紧急采购计划，通过严格控制采购计划达到控制备件库存的目标。

10.4.1.2 EAM 的分析决策功能

EAM 系统可以提供管理绩效评估与分析功能，为企业决策提供数据支持。数字化工作平台可以为管理分析和决策提供如下依据。

① 设备采购的经济技术分析 确定企业在用设备与库存设备中，哪些是可以满足生产需要的，应最大化地利用企业现有的设备资源，节省设备投资费用。

② 设备寿命周期费用分析 通过设备寿命周期费用的采集与分析，确定设备的经济寿命，分析设备的运行价值，为设备维修、改造与更新决策提供支持。

③ 设备的 KPI 管理与分析 支持企业建立设备的 KPI 管理体系，并通过 KPI 分析，利用关键绩效指标判断、评价、诊断设备管理工作，为改善设备管理工作、提高设备运行效能和降低维修与维护成本提供管理依据。

④ 设备故障分析 通过故障频率、强度、停机率倾向、原因等分析，发现和寻找故障的特点和规律，采取针对性措施，预防或减少故障，并对故障的发生趋势进行预测。

⑤ 设备可靠性分析 计算评价设备可靠性的两个指标：平均故障间隔时间（MTBF）、平均修复时间（MTTR），一方面关注设备的可靠性变化趋势，另一方面作为 KPI 的重要指标，支持企业的 KPI 管理。

⑥ 维修决策分析与维修质量分析

ⅰ.分析定期维修的合理维修周期，在制订维修计划时评价一个维修计划的经济性及其维修策略的正确性。

ⅱ.为设备维修、改造与更新决策提供数据分析支持。

ⅲ.提供维修质量跟踪与评价分析。

⑦ 备件合理库存分析 动态计算备件的合理库存水平（确定备件最大库存量与最小库存量）与自动库存预警，支持对备件采购计划的控制，并合理地确定补库计划与紧急采购计划，有效降低备件库存，节省采购资金。

⑧ 维修人力资源分析　计算和分析维修人力资源的拥有量、占用量和剩余量，为维修计划的合理安排、加班费用的计算和控制提供管理依据。

⑨ 管理流程分析　分析主要管理流程中工作节点的工作计划完成率和工作效率，为管理流程优化和再造提供依据。

10.4.2　ERP 中的 PM 模块应用

10.4.2.1　ERP 与 EAM 的区别

ERP 是指企业资源计划，是由美国的计算机技术咨询集团（Gamier Group）于 1990 年初提出的。ERP，是在美国生产与库存协会（APICS）对 MRPII（制造资源计划）有了比较统一的内涵基础上，把它作为一个增强的 MRP 型系统而进一步发展起来的。ERP 所包含的管理思想是非常广泛和深刻的，优化生产和经营过程中的人、财、物等资源计划和调配，实现经营高效化。

EAM 是指企业资产管理，是从 MRO（维护、维修、运行）和 CMMS（计算机维护管理系统）发展起来的，逐步扩展到企业各种要素，含人力资源与库存采购等。其定义是：对企业各种自然资源的生命周期的系统计划与控制，包括论证，设计，基建以及资产的运行维护、更改，同时也涵盖资产的报废与处理。生产设备是企业的核心，是企业谋求利润的主要手段，设备资产占企业总资产的大部分，用计算机信息系统来管理设备的运营和维修已经有20 多年的历史，在国外通常把它称之为计算机维护管理系统（CMMS），现在趋向于称为资产管理系统（EAM）。

ERP 和 EAM 是两个不同的系统，它们所关心的和要解决的问题各有侧重。ERP 的核心管理思想是供需链的管理，物料需求计划是其核心，管理企业生产过程中与产品相关的生产、供应、销售信息，目标是控制生产过程，平衡期望的产品销售与制造这些产品所要消耗的资源之间的关系，以追求经营的高效化。EAM 的核心管理思想是生产设备全生命周期的管理，生产设备的维护和维修是其核心，目标是保证投资在备件库存、维护、维修上费用最小的情况下，使设备的可用性最好。设备的可用性好指的是设备能力发挥到最高，故障少（停止型故障、质量型故障），性能提高（质与量的提高），环境的改善等。

10.4.2.2　ERP 系统 PM 模块简介

SAP 公司的 ERP 系统（以下简称 SAP 系统）体现了如下管理思想：一是体现对整个企业供应链资源进行管理的思想；二是体现精益生产、并行工程和敏捷制造的思想；三是体现了以财务为核心，集成企业各个部门运作业务的管理思想。

SAP 系统设备管理模块整体解决方案是以资产设备台账为基础，以工作单的提交、审批、执行、跟踪为主线，按照缺陷处理、计划检修、预防性维修、预测性维修等几种可能，以提高设备维修效率、降低总体维护成本为目标，将采购管理、库存管理、财务管理、项目管理集成在一个数据充分共享的信息系统中。

（1）设备台账

设备台账管理是企业设备管理的基础资料。设备台账的完整性和设备基础信息的完整性直接决定了企业设备管理人员使用设备管理系统的积极性和便捷性，因此 SAP 系统的 PM 模块充分考虑到了企业用户的需求，通过系统标准字段或用户自定义字段两种方式来满足企业用户的需求。

在 PM 模块中，设备台账所涉及的设备信息包括：设备分类信息、制造信息、位置信息、技术参数、组织结构、运行状态信息、维修历史数据、图纸文档等，同时，PM 模块还以层次化的形式来管理设备自身的层次关系以及设备的安装位置层次关系。

（2）可靠性为中心的管理

在 PM 模块中，可以记录设备每次故障和维修的信息，并会依据用户的运算逻辑和 SAP 系统中存在的故障信息，进行设备的故障位置、故障原因、故障种类、影响程序、维修措施等方面的报表分析，为企业设备管理部门和设备管理领导制定维修策略、大纲和维修决策提供依据。

（3）预防/预测性维护

在 PM 模块中可以录入设备的标准操作规程，按照国家规定、设备安全要求、设备供应商建议和设备管理需求，规定各类不同维修等级的工作内容和检修周期，从设备预防性和预测性维修两个方面来确保设备的安全运转。

（4）维修工单

工单管理是 SAP 系统 PM 模块的一个核心功能，它是将包括外委服务和维修、物资采购功能、物资库存管理与设备维修财务管理连接起来的一个桥梁。

工单管理系统管理内容为：无论是普通的事故报告，还是紧急抢修，或者计划性的维护，其所有信息都应该保证完整地记录在工单中，包括所需员工的技能、工具、计划的工作时间、实际发生的工时、安全措施、维修工序、施工单位、预算控制、计划和实施成本、工期进度、物料消耗、外委服务管理等内容。每个工单都记载了具体设备、具体维修的维修对象、维修人员、维修工具、维修消耗物料。通过工单管理，PM 模块能够统计每次维修活动的维修成本。

（5）实物管理和财务管理的一体化

在 SAP 系统的设备管理解决方案中，和企业的实际业务操作一样，针对同一资产，存在侧重价值的资产台账和侧重实物的设备台账，二者的管理细度和侧重点不尽一致。当同时使用 SAP 的 PM 模块和固定资产管理模块，并在系统中创建新增的设备记录时（如工程竣工时），可以在指定字段中输人其对应的固定资产号，就可以实现固定资产实物管理与财务管理台账的一体化。同时为了避免因为分类口径不一致而导致双方数据的无法映射，通过PM 模块的功能配置，可以保证设备和资产的分类有着严格的对应关系。通过设备编号和固定资产号之间的关联，就可以做到设备台账和资产台账共享信息并达到一致，如其中的所属公司、负责人、成本中心、位置等信息。保持一致的方式可包括实时的同步更新以及通过工作流实现的可控异步更新。这样实物新增或者变更时，就能够及时地反映到资产台账上。

（6）折旧、退役和报废

设备运行过程中需要计提折旧，折旧业务主要在会计模块中进行。当设备到了生命周期的后期，需要退役和报废时，可以先在设备维护模块中将设备置于退役或者报废状态，或者转移到报废区。这些调整动作可以作为事件触发预定义的后续工作流，启动资产报废的账务处理，实现资产账物相符。

（7）报表分析功能

SAP 系统的 PM 模块提供了各种设备维修信息的标准查询和报表统计功能，同时，还为关键用户提供了满足简单个性化需求的报表开发功能。当上述两种方式还是不能满足用户的个性化需求时，SAP 系统允许用户按自己设定的逻辑，由 SAP 系统软件开发人员按其要求的格式开发出所需的统计报表。

附录
设备管理体系、要求

1 范围

本标准规定了拥有设备资产的组织（以下简称组织）范围内设备管理体系的原则和总要求、方针、策划、支持、实施和运行、检查和绩效评估、持续改进的通用方法及要求等。

本标准适用于不同行业、不同类型、不同规模的拥有和使用设备的组织，也适用于设备的制造商、供应商和运行维护服务商。

注：本标准的应用，受组织的需求、具体目标、规模和结构、所采用的过程、所使用的设备、各种生产实际状况等因素的影响，由组织自行决定本标准对其设备管理的适用部分。

2 术语和定义

术语和定义适用于本文件。

3 原则和总要求

3.1 原则

3.1.1 闭环管理原则

3.1.2 全寿命周期价值管理原则

3.1.3 设备风险管理原则

3.2 总要求

4 方针

5 策划

5.1 目标

5.2 体系策划

5.3 机构和职责

5.4 制度文件

6 支持

6.1 支持重点

6.2 知识管理和教育培训

6.3 现场管理和改善活动

6.3.1 现场 6S 管理

6.3.1.1 6S 定位和策划

组织应建立 6S 制度或管理办法（内容包括：职责分工、责任区域划分、活动要求、6S 检查、绩效评价和激励机制等），推动 6S 管理活动的持续开展。

6.3.1.2 6S 标准

组织应：

a. 建立生产现场和办公区域等典型区域的 6S 标准或要求；

b. 适用时，建立野外作业生活区域的 6S 标准或要求。

6.3.1.3　6S 执行

组织应：

a. 按照 6S 标准持续开展工作，打造高效的工作场所；

b. 提升员工素养，规范员工行为表现；

c. 做好 6S 活动过程记录，通过图片显示和数据分析，呈现活动前后的变化及进步。

6.3.2　可视化和定置化管理

组织应：

a. 在管理过程中有意识地应用可视化和定置化管理工具；

b. 完善可视化和定置化管理工具的应用流程；

c. 借助各种可视化管理工具（例如：色彩、标识、图表、录像以及标准化示范图片等），强化管理的可视性和直观性；

d. 视需要，组织应编制发布可视化和定置化标准管理手册，内容涵盖主要的管理对象类别。

6.3.3　清除六源活动

为培养员工的问题意识和从分析源头到解决现场问题的能力，组织应：

a. 建立清除六源活动的管理要求和流程，形成闭环；

b. 能识别和消除工作区域内各类问题源头；

c. 能与相关要求相结合（例如：安全、环保管理要求等）；

d. 做好过程记录，通过图片显示和数据分析，呈现改善前后的变化及进步。

6.3.4　全员改善活动

6.3.4.1　管理策划

组织应：

a. 建立全员改善活动的管理要求和流程；

b. 提供必要资源，促进基层员工有效参与。

6.3.4.2　活动形式

组织应：

a. 视需要，开展多种形式的全员改善活动；

b. 视需要，可将改善成果定期汇编成册；

c. 建立用于展示、交流全员改善活动的机制和平台，促进组织内改善成果的分享。

6.3.4.3　过程管理

组织应：

a. 培训员工，使其掌握开展改善活动所需的常用分析方法或工具；

b. 对全员改善活动的开展情况进行统计、分析、总结、指导与改进；

c. 保存全员改善活动的相关资料和记录。

7　实施和运行

7.1　设备前期管理

7.1.1　管理重点和核心理念

7.1.2　设备规划和选型决策

7.1.2.1 设备规划

组织进行设备规划时，应从经营战略和目标出发，考虑生产和市场需求、新产品开发、节能减排、安全环保、循环经济、寿命周期费用以及投资回报等方面的需要：

a.组织相关人员特别是设备工程技术人员参与设备规划；

b.规划人员的技术构成应全面，熟悉该领域设备的技术进步情况，并注意知识和信息的积累与更新，避免因规划决策不当而造成设备先天不足及经济损失。

7.1.2.2 设备选型

组织应：

a.根据工艺要求及市场供应情况，按照技术先进、经济合理、生产适用、安全可靠和促进企业技术进步的原则，提出多种可选方案，择优选购所需设备；

b.视需要，成立设备选型决策小组，明确设备选型决策的评价要素，对候选设备及供应商进行多指标加权综合评价排序。

7.1.3 设备招标投标和购置合同管理

7.1.4 设备的监造和监理

7.1.5 设备的安装调试及验收

7.1.6 设备运行初期管理

7.2 设备基础管理

7.2.1 设备基础信息

7.2.2 设备分级

7.2.3 固定资产管理

7.2.4 设备经济管理

7.3 设备使用和维护

7.3.1 设备使用

7.3.1.1 对设备操作人员的要求

组织应：

a.通过开展知识和技能培训，使操作人员了解和掌握岗位工作要点（包括：设备结构、设备性能、安全须知、设备操作规程等），确保操作人员通过考评后持证上岗；

b.要求设备操作人员执行好相关岗位制度（包括：交接班制度、安全操作规程、要害场所管理制度、巡回检查制度、岗位责任制等）；

c.适用时，建立机制，要求设备操作人员在操作使用设备过程中，具备发现异常问题、能立即有效应对的能力。

7.3.1.2 交接班制度

组织应：

a.针对多班运行的重要设备，建立交接班制度；

b.交接班时，设备操作人员要与设备日常检查相结合，进行交接班检查；

c.设备操作人员对设备日常运行情况要及时记录或报告；

d.适用时，针对难以界定责任的连续换班作业，建立关联评估考核机制。

7.3.2 设备维护

7.3.2.1 管理机制

组织应：

a.明确设备维护工作的执行责任人（例如：操作人员或跟班维修人员）；

b.确保责任人能有效开展设备清洁、日常检查和基础保养等工作；

c.视需要，确保责任人能记录设备的运行状况和维护效果。

7.3.2.2　作业指导书

组织应：

a.根据设备保养需求，制定操作性强的作业指导书并分发到相应岗位；

b.定期确认作业指导书的适用性，视需要进行相应修改。

注：作业指导书内容一般包括：维护的周期或时机、维护的设备和部位、维护内容、标准、方法、流程、手段和工具以及维护检查人员等；必要时，可包含维护的依据或原理。

7.3.2.3　效果评估和持续改进

组织应：

a.通过汇总并跟踪设备故障指标的变化趋势，评估设备维护活动效果；

b.采取有效措施推动设备维护水平持续提升；

c.结合自身实际，主动探索设备智能化升级后，设备维护模式的适用性；视需要，适时导入智能点检和智能维护手段。

7.3.2.4　自主维护

适用时，组织应：

a.策划开展设备操作人员的自主维护工作，并建立闭环机制；

b.明确每台设备的自主维护责任人；

c.培养操作人员发现和排除设备隐患的能力，减小因操作失误对设备产生的不利影响；

d.视需要，自主维护工作量占设备维修工作总量的比例不低于20%。

7.4　设备润滑管理

7.4.1　润滑管理规划

7.4.2　管理机制和业务流程

7.4.2.1　管理机制

7.4.2.2　业务流程

7.4.2.3　作业要点

组织应：

a.适用时，基于业务流程，确定润滑管理等环节的作业要点；

b.适用时，针对内部化验润滑剂的情形，按照润滑剂化验国家或行业标准，编制作业技术要求（包括润滑状态监测技术规程、设备清洗换油技术规程、新油入库检验规程、再用油按质化验规程等）；

c.视需要，制定具体的实施细则或办法，确保润滑管理作业要点得到严格执行。

7.4.3　润滑作业指导书和润滑剂储存

7.4.3.1　润滑作业指导书

组织应：

a.根据设备类别，编制润滑作业指导书；

b.定期优化润滑作业指导书（重点结合设备故障分析、润滑效果、润滑剂选用、加注方式、润滑剂维护、润滑剂质量分析等情况），确保润滑作业的有效性；

c.视需要，聘请有资历的润滑专家或有资质的润滑剂检测机构，对润滑剂优化、润滑方式、润滑剂维护管理进行指导和鉴定，避免润滑失误。

7.4.3.2　润滑剂储存

组织在储存润滑剂时，应做到：

a.分类存放、防晒防水、干净整洁、标识清楚、时效分明、安全可靠；

b.配备必要的转运、过滤设施，确保无污染保管；

c.在储存场所（润滑站）配备必要的防尘、防静电、防爆、防火等器材，保持干燥通风。

7.4.4　润滑实施和过程控制

组织应：

a.适用时，执行润滑过程"六定""三级过滤""二洁""一密封"管理；

b.加强润滑用具的管理，做到专剂专具，标识清晰；

c.避免润滑剂用具混用，保持其清洁；

d.适用时，定期开展润滑剂重要理化指标的检测分析；

e.适用时，制定设备动、静密封及泄漏评定标准并对密封泄漏率进行控制；

f.适用时，导入自动润滑系统；

g.重视可视化管理工具在润滑管理实践中的应用。

7.4.5　防污染与废弃处置

7.4.6　润滑档案的规范化管理

适用时，组织应按照规定的流程和制度，做好相关技术文件和信息（润滑图表）的收集整理、分类立卷、保管利用、更新销毁等工作（重点包括：润滑剂计划、采购、验收、润滑剂常规理化指标检测分析、入库、发放、使用、泄漏治理、污染控制、回收及处置等）。

7.5　设备点检管理

7.5.1　管理机制

7.5.2　点检标准和点检计划

7.5.3　点检实施

7.5.4　劣化倾向管理

7.5.5　点检与维修的管理闭环

7.5.6　点检总结与改进

7.6　设备状态监测与状态维修

7.6.1　管理机制

组织应：

a.制定状态受控点的管理制度和流程，落实职责分工，明确状态监测人员培养和绩效评价激励措施；

b.适用时，建立业务沟通流程，依据状态监测信息制订维修计划和安排维修任务；

c.视设备实际和管理需要，通过经济评价，引入在线或离线的设备状态监测仪器，明确需纳入设备状态监测的设备部位、受控点及控制参数。

7.6.2　管理实施

组织应：

a.确保由具有相应资质的单位或人员，按照既定周期对受控点项目进行监测与分析，编制状态监测诊断分析报告；

b. 针对经诊断发现的设备异常状况采取措施，并尽快制定对策直至消除异常；

c. 确保受控点状态监测手段满足管理与控制需要，并不断完善和更新，使设备状态监测准确、有效；

d. 视需要，依据设备状态监测结果数据及信息，定期优化设备状态监测技术标准；

e. 依据设备状态监测结果，应用大数据技术和互联网技术，为设备智能维护提供决策支持。

7.7 设备维修管理

7.7.1 维修模式和维修策略

组织应：

a. 根据生产经营目标、资源配置和组织架构，确定合适的维修模式；

b. 按照维修模式，综合考虑各类设备的重要程度、劣化特性等因素，制定设备的维修策略。

7.7.2 维修计划管理

组织应制订各级、各类设备维修计划，编制现场维修方案，统筹协调配置维修资源，主要依据包括：

a. 生产计划和销售计划；

b. 安全、环保、质量、技术改造等要求；

c. 设备的实际状况和功能需求等。

7.7.3 维修规程

组织应：

a. 根据维修管理的需要，制定合理的维修工作流程和管理要求，指导维修作业有序进行；

b. 基于不同的设备专业和使用条件，编制维修规程（维修技术标准），规范维修作业，提高维修质量和效率。

7.7.4 维修过程管理

7.7.4.1 管理机制

组织应对维修实施的全过程进行管理，重点包括：

a. 做好设备维修前的准备、维修过程的监控和维修后的验收；

b. 合理安排维修时间，提升维修保障水平和维修质量水平；

c. 形成闭环机制，定期评估并持续改进。

7.7.4.2 维修方案准备和维修单位确定

a. 设备维修前，根据设备技术状态检测和检查的情况，确定维修技术要求，编制维修方案；

b. 根据组织的管理规定和程序，选择维修单位；

c. 适用时，大型设备和装置检修等委外维修项目应依照招标制度执行。

7.7.4.3 过程管理

组织应确保维修过程的有效管控（重点包括：标准化作业、安全管理、进度管理、质量管理、现场管理等）。

7.7.4.4 验收交付

视需要，组织应进行全面的检测（重点包括：设备空运转试车、负荷试车、生产运行的质量及效果等），形成验收意见，办理验收手续并交付生产。

7.7.5　维修费用管理

7.7.5.1　维修费用预算

组织应编制总体设备维修费用预算和单项维修费用预算，重点依据：

a.经营状况、生产成本的总体目标；

b.上年度设备管理实绩；

c.设备维修计划；

d.标杆企业水平。

7.7.5.2　维修费用控制

组织应：

a.做好维修费用分解、过程监控和结算管理，控制预算调整及费用变更；

b.做好维修过程中可用零配件和材料的回收；

c.做好相关维修材料和工具耗用管控，控制成本在合理范围内。

7.7.6　维修记录的分析反馈

组织应：

a.建立设备维修记录，收集设备的维修信息（包括：维修日期、维修部位、维修内容、维修类型、维修人力和备件耗用情况等）；

b.定期对维修记录进行统计和分析，不断优化维修项目和维修周期；

c.总结经验和教训，提升维修单位的维修技能、维修效率、维修精度和管理水平；

d.优化未来的维修计划、维修规程和维修策略；

e.视需要，编制并分享设备维修情况分析报告。

7.8　设备故障管理

7.8.1　故障等级分类

要求如下：

a.组织应建立设备故障等级分类原则；

b.视需要，组织可编制设备故障代码及其解决方案指南。

7.8.2　故障统计与分析

组织应：

a.整理、统计、分析故障（事故）数据，根据管理需要，汇总各类设备的故障次数、时间、频率、平均故障间隔期、直接损失费、设备故障（事故）发生原因等，识别故障（事故）管理的重点，策划管理工作方向；

b.视需要，运用大数据技术和故障诊断方法，掌握设备的故障动态趋势和故障原因，找出故障发生规律，采取针对性措施；

c.定期将故障信息分析结果反馈到维修计划编制岗位，作为改善和优化维修模式及计划安排的依据；

d.建立机制积累多种形式的故障（事故）案例，为今后维修工作提供参考和借鉴依据（包括：通过影像形式记录故障状态、设备解体和故障处理过程等信息）。

7.8.3　故障管理闭环

组织应：

a.保存设备故障管理记录，确保故障信息及时、有效的传递；

b.确保故障记录表填写的内容具体、详实，符合管理要求；

c.明确设备故障（事故）处理过程的规范要求（包括：发生、报告、现场保护、原因分析、制定预防与纠正措施、执行措施、执行结果验证、记录归档、他机类比排查计划安排等），形成防止此类事故发生的管理闭环；

d.发生设备故障（事故）后，在抢修恢复的同时，及时采集现场故障（事故）信息并通报；

e.发生设备事故后，落实事故管理相关要求，重点寻找事故根源，制定根除预案措施。

7.9 设备备件管理

7.9.1 管理机制

组织应：

a.建立备件管理机制（重点涵盖：备件的分类、编码、库存模型、备件计划、审批、采购、验收、存储、入出库、盘点、备件国产化、修旧利废、再制造、异议处理和经济指标数据分析总结等），按照备件管理制度开展工作；

b.追求用最少的备件资金和合理的库存储备来保证设备维修的需要，不断提高设备可靠性和维修的经济性；

c.制定备件编码规则和分类方法；

d.根据备件分类方法，按类别采取不同的管理模式；

e.运用数据分析方法，优化备件库存模型和安全库存、批量采购数量等内容，管控备件库存金额。

7.9.2 备件计划管理

组织应强化备件计划管理，重点包括：

a.依据备件计划管理职责和流程，规范备件计划表单；

b.对申报的备件计划汇总并分析优化；

c.建立备件临时性申报计划管控措施；

d.不断提升备件计划的时效性。

7.9.3 备件采购管理和库存管理

组织应：

a.适用时，探索备件社会化协作模式，构建备件共享合作模式；

b.建立备件采购的价值分析机制，完善和丰富备件采购定价机制和采购方式；

c.视需要，采取备件战略采购和战术采购相结合的模式；

d.规范备件采购的合同管理；

e.建立备件质量异议处理机制；

f.视需要，在备件采购招标投标决策中，探索周期备件费用最优化原则的应用；

g.探索进口设备备件国产化途径；

h.加强备件仓库管理（重点包括：仓库区域布局策略、储位规划、合适的货架等仓储设施选用、备件货位编码、仓库环境条件保持、备件账物出入库管理、备件保管和维护等工作）；

i.不断提升备件库房 6S、可视化和定置化管理水平。

7.9.4 备件经济管理和消耗控制

组织应：

a.选择合适的备件经济和管理指标，通过指标数据的日常统计、分析和绩效评价，不断完善并提升备件管理水平。

b. 适用时，加强对备件消耗、备件质量和备件寿命跟踪管理，为备件计划和经济、可靠储备提供依据；

c. 加强备件的循环利用和报废管理，视需要，将备件的修旧利废、再制造纳入常规工作；

d. 依照组织制度、法律法规要求处置备件报废。

7.10 设备更新与改造

7.10.1 新技术应用和技术改造

组织应：

a. 根据国际国内先进技术水平，结合行业标杆及组织内部技术水平，定期开展设备技术评估（重点是设备技术能力和状态）；

b. 在科学有效的经济分析基础上开展设备的更新和技术改造工作；

c. 确保在设备技术改造决策时，能够依据设备技术寿命和经济寿命不断缩短的变化趋势而动态调整。

7.10.2 设备节能降耗

组织应：

a. 按照绿色、低碳、环保的要求，制定设备节能、减排和降耗等措施，指导现场工作；

b. 探索设备低耗、高效运行的有效途径与方法，通过设备全寿命周期的精细化管理以及持续改善活动，促进设备节能减排；

c. 适用时，及时淘汰高耗低效的旧设备；

d. 推广应用节能技术，对设备进行技术更新和改造，追求设备和工艺的最佳匹配，促进设备和系统的经济优化运行。

7.10.3 再制造

适用时，组织应积极开展报废设备、在役设备的再制造和绿色维修工作。

7.10.4 设备变更管理

组织应：

a. 规范变更管理，消除或减少由于变更而引起的潜在事故隐患，避免由于变更失控而引发各类事故的发生；

b. 针对永久性或暂时性的变化（包括：人员、管理、工艺、技术、设施等）进行有计划的变更管理控制，避免或降低设备变更风险；

c. 适用时，建立变更管理闭环（包括：风险评估、变更申请、变更实施、变更验收等）。

7.10.5 特种设备及专用设备管理

组织应：

a. 重视生产配套类专用设备的管理（包括：特种设备、计量仪器、工业机器人、连锁保护装置、紧急停车装置、高价值试验或检验仪器、消防设施、环保设施等）；

b. 适用时，建立相关管理制度，制定具体的管理要求（包括：设备及人员档案管理、取证培训、检定、安装告知、使用登记、维修资质、技术规范等）；

c. 按照国家法律法规和要求（含地方性法规），对特种设备及专用设备实施周期性校准及检验，整改存在的缺陷和问题，并保存相关证书和记录。

7.11 设备管理信息化

7.11.1 整体规划和系统建设

7.11.2 基础条件

7.11.3 功能范围

设备管理信息化的范围应涵盖：

a. 与设备全寿命周期管理相关联的主要数据（包括：基础数据、运行数据、业务数据等）；

b. 设备管理体系中的主要功能模块；

c. 设备管理业务的主要管理流程；

d. 设备管理的主要日常工作；

e. 设备寿命周期费用管理；

f. 设备管理的考核评价报表与指标，等。

7.11.4 实施部署

7.11.5 效果评价

7.12 智能制造与智能维护

组织应：

a. 根据现状和战略目标，策划和编制智能维护发展规划并实施；

b. 从多方面不断提升智能维护应用水平；

c. 适用时，通过与相关管理系统的对接，实现设备实物流、价值流、信息流等的融合，基于适时分析评价对设备管理与维护做出精确的决策与指导；

d. 适用时，调整设备管理架构和专业配置以适应智能工厂运行模式；

e. 适用时，建立设备全寿命周期智能维护体系生态圈。

7.13 设备服务社会化

8 检查和绩效评估

8.1 绩效监测

8.2 内部检查

8.3 管理评审

9 持续改进

9.1 纠正和预防措施

9.2 持续改进

9.3 创新与新模式

9.4 激励

参 考 文 献

[1] 李葆文.设备管理新思维新模式（第三版）.北京：机械工业出版社，2010.

[2] 赵艳平，姚冠新，陈骏.设备管理与维修.北京：化学工业出版社，2004.

[3] 郁君平.设备管理.北京：机械工业出版社，2006.

[4] 张锁庚，王凯.管理学概论.北京：中国农业出版社，1995.

[5] 马殿举.化工设备管理.延边：延边大学出版社，1992.

[6] 翟以平.现代企业经营管理.南京：南京大学出版社，2000.

[7] 荆冰，陈超.现代企业生产管理.北京：北京理工大学出版社，2000.

[8] 王继勃.中国企业管理现代化之路.北京：企业管理出版社，1996.

[9] 干春晖.管理经济学.上海：立信会计出版社，1998.

[10] 邓荣霖.现代企业制度概论.北京：中国人民大学出版社，1995.

[11] 周三多.管理学——原理与方法.上海：复旦大学出版社，1997.

[12] 王凯.管理学基础.南京：河海大学出版社，1999.

[13] 黄梯云.管理信息系统.北京：高等教育出版社，1998.

[14] 张占耕.无形资产管理.上海：立信会计出版社，1998.

[15] 王方华.现代企业管理.上海：复旦大学出版社，1996.

[16] 黄瑞荣.现代企业管理学.广州：暨南大学出版社，1995.

[17] 约翰科特.企业文化与经营业绩.北京：华夏出版社，1997.

[18] ［美］斯蒂芬，P.罗宾斯.管理学.北京：中国人民大学出版社，1997.

[19] 荆冰，陈超.现代企业生产管理.北京：北京理工大学出版社，2000.

[20] 全国注册资产评估师辅导教材编写组.资产评估学.北京：中国财经出版社，1999.

[21] 刘炜光.企业设备管理创新.北京：中国石化出版社，2015.

[22] 中国设备管理协会.设备管理体系要求.2017.

[23] 刘正周.管理激励.上海：上海财经大学出版社，1998.

[24] 吉化集团机械有限责任公司，设备管理标准.2004.